每天读点
心理学故事

熊秀英◎编著

中国纺织出版社

内 容 提 要

心理学很神秘，但在我们的生活中到处都要用到心理学知识。没有人可以完完全全地掌握心理学，但心理学家所研究和讲述的内容绝对让我们受益匪浅。

本书从众多心理学大师的角度讲述人们对心理学的不同认知，将全面、翔实的专业理论与趣味、易懂的故事结合起来，为读者展现神奇的心理学世界，并帮助内心有困惑的人减轻心灵的重压，找到打开束缚内心枷锁的钥匙。

图书在版编目（CIP）数据

每天读点心理学故事 / 熊秀英编著.--北京：中国纺织出版社，2017.5（2023.1 重印）
ISBN 978-7-5180-3338-6

Ⅰ.①每… Ⅱ.①熊… Ⅲ.①心理学—通俗读物
Ⅳ.①B84-49

中国版本图书馆CIP数据核字（2017）第033464号

责任编辑：闫 星　　责任印制：储志伟

中国纺织出版社出版发行
地址：北京市朝阳区百子湾东里A407号楼　邮政编码：100124
销售电话：010—67004422　传真：010—87155801
http：//www.c-textilep.com
E-mail：faxing@c-textilep.com
中国纺织出版社天猫旗舰店
官方微博http://weibo.com/2119887771
佳兴达印刷（天津）有限公司印刷　各地新华书店经销
2017年5月第1版　2023年1月第5次印刷
开本：710×1000　1/16　印张：20.5
字数：285千字　定价：58.00元

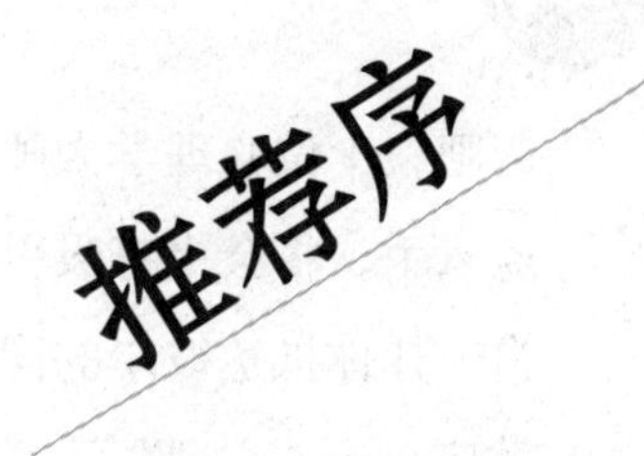

推荐序

“心理”学“效应”

无论您懂不懂，有意无意，心理学都在影响着您的生活、工作。

好比，我们去吃饭的时候总喜欢找人多的餐厅，而不愿去客人比服务员还少的餐厅，这是一种从众心理，于是有人利用这种心理极大地促进了自己的生意：

某烧饼店开业前半个月，雇了几十个人每天排队买，过往的人都觉得这家店很神奇，每天都排起长龙，真有这么好吃吗？于是就跃跃一试，也跟着排队，发现更神奇的是，还限量购买！等了半天终于买到了，肚子也饿了，然后吃什么都是香的，于是更强化了这家店真牛掰的印象，甚至还会到处帮忙免费宣传。于是真实客户慢慢多起来了，群众演员也越来越少了，不变的是每天排队的人依然很多。

房地产商在新楼房开盘时更是将人的从众心理运用得淋漓尽致，购房者一进去就看到乌泱泱的人像抢白菜一样的抢得面红耳赤，本来只是走过路过的吃瓜群众也忍不住手一滑，输了6位数字，卡里马上少几十万元、上百万元，整个过程只听到一声响（银行短信提示），连水花都不溅一个。

……

如果您愿意探究事情背后的原因，或者对心理学感兴趣，那就从这本书读

起吧，十位心理学大师们的主要观点都在这里了！同时本书从各种心理学的效应入手，将会更有吸引力、更容易入门，它就像带你登陆神奇桃花岛的一叶小舟，让你抵达彼岸的同时，还能领略沿途的美好风景。总之，学心理先学心理效应——“心理”学“效应”。

熊老师善于将心理学效应运用于日常生活中，将生活中的事例总结归纳到对应的心理学效应，相互印证，用通俗易懂的语言、深入浅出的故事为大家分享心理学的精彩。看完常常有种“哇”、“噢”、“耶”的感觉，不断体验到心理学的神奇与奥妙，大呼过瘾。

心理学的这些效应就在您身边，它来自于各种场景：两性关系、亲子沟通、商务谈判、日常闲聊等，学完之后最终也是为了应用到自己的场景里，“心理学来源于生活，又回归于生活”，知识本身不是力量，只有转化应用了才能产生力量，也衷心期待大家学习后先内化再创新，融会贯通，一通百通。

铁哥

2017年初春

前言 preface

在人们的心目中，心理学一直是一门比较神秘的学科。近几年，在众多领域中，懂得一些心理学知识的人往往拥有更多竞争的砝码。确实，我们不得不承认的是，心理学能帮助我们了解自己、了解他人、了解很多社会心理现象，可以帮助我们解决很多心理问题，从而帮助我们更好地面对未来的生活和工作。

实际上，心理学与我们的日常生活是紧密相连的，心理学并不是直接显现出来的，而是隐藏在生活表象下，以此来支配和影响着人们的行为和思想。其实，每一个人的行为背后都体现着一定的心理奥秘。

可能你曾对生活中的一些现象感到奇怪：为什么一些漂亮的女孩们会选择相貌平平的男孩？为什么看到鲜艳的颜色我们会感到高兴？为什么我们对着镜子笑，我们的心情就真的变好了……人们为什么会有这样那样的情绪？你的孩子又为什么学习成绩提高不上去？我们又该如何打动爱人……

这些问题，或许会让你感到迷惑，也无法探究其根源，这是因为你对心理学还没有一个全面系统地认识和了解，如若你能学习并了解心理学，那么对于这些普遍常见的行为，就可以轻松探究出其背后隐藏的心理秘密。

这正如德国著名心理学家约翰·弗里德里希·赫尔巴特所说：“每个人都应该了解心理学基础，因为人类活动的全部可能性的概要均在心理学中由因到果地陈述了。”

其实，我们的很多行为，都有一些神奇的心理法则作为指引，它们似乎有着魔力，总是在无形中指引着我们每个人的行为——有人积极，有人消极；有人悲，有人喜；有人成功，有人失败；有人感觉在天堂，有人认为在地狱……

当然，任何知识都必须要运用到实践中才能产生效用，心理学知识同样如此。在掌握了心理学的理论知识后，我们还应该将之运用到具体的生活中。而其实，心理学知识不仅可以帮助我们认知自我、释放压力、获得激励，还能帮助我们解决很多现实生活中的问题，例如，亲子教育、经营婚姻等，但前提是我们要熟悉地掌握一些基本的心理学方法，这样，在各个场合下，我们都能掌握他人的心理动态，然后对症下药，才能让我们说对的话、做对的事，然后达到我们想要的结果。总之，心理学是一门非常有趣又实用的学问。

可以说，本书是一本心理学知识的集合，书中阐述了众多心理学家曾经讲述的心理学故事，其中还涉及心理自修课、幸福探秘课和战胜困境、巩固信念、激励自己、美化心灵、看轻得失、善于交际、经营家庭等方面的内容，从而让每一位读者都能获得心灵启迪，并将之运用到生活中，而如果你能每天学习一点点，那么，你一定可以找到前进的航标，从而最终提升自己、激发潜能。

编著者

2016年1月

目录
contents

上篇

下篇

上篇

第一堂课
弗洛伊德老师主讲“欲望”

弗洛伊德的精神分析学认为：人之为人，首先其是一个生物体，既然人首先是生物体，那么，人的一切活动的根本动力必然是生物性的本能冲动，而本能冲动中最核心的冲动为生殖本能（即性本能或性欲本能）的冲动，而在社会法律、道德、文明、舆论的压制下，人被迫将性本能压抑进潜意识中，使之无法进入人的意识层面上，而以社会允许的形式下发泄出来。

弗洛伊德说：被欲望战胜还是战胜欲望

提到心理学，不能不想到弗洛伊德，任何一个对心理学略知一二的人，都熟悉这个名字。这里，我们说的弗洛伊德，指的是奥地利著名精神分析学家西格蒙德·弗洛伊德（1856年5月6日—1939年9月23日），犹太人，他是精神分析学派的创始人。弗洛伊德的一生，主要著作有《梦的解析》《性学三论》《图腾与禁忌》《日常生活心理病理学》《精神分析引论》《精神分析引论新编》等。

弗洛伊德出生在一个犹太大家庭中，他上面有两个同父异母的哥哥，下面有两个同胞弟弟和五个妹妹。弗洛伊德自幼天资聪颖，中学时代，成绩一直名列前茅，17岁的他就以优异的成绩考进维也纳大学医学院，在他20~25岁这五年内，跟随著名生理学家艾内斯特·布吕克教授从事理论研究工作。1881年，他开了自己的私人诊所，担任临床神经专科医生。

弗洛伊德认为被压抑的欲望绝大部分是属于性的，性的扰乱是精神病的根本原因。他提出潜意识；主张人格结构的三层次；主张性欲论。他的很多学说，虽然一直以来都有很大的争议，但不可否认的是，他有创立新学说的杰出才赋，是一位先驱者和带路人。

弗洛伊德提出心理可分为三个部分：本我、自我与超我。

潜意识的本我代表思绪的原始程序—我们最为原始，属满足需求的思绪；同属潜意识的超我代表社会引发生成的良心，以道德及伦理思想反制本我。大部分属于意识层次的自我则存于原始需求与道德/伦理信念之间，以此平衡。健康的自我具有适应现实的能力，以涵纳本我与超我的方式，与外在世界互动。弗洛伊德极为关注心智这三部分之间的动态关系，特别是三者间如何互相产生冲突的方式。

这三个系统并不相互独立，而是交互作用的，继而产生人类的各种思想以及行为。本我意识下，人们满足内心的欲望，而超我则会将这一欲望压制下去，处于中间状态的自我则会协调两个方面，依照现实情况，适当采取措施。

人常说："得不到的永远是最好的。"想想生活中的我们，是不是有过这样的经历呢？"窈窕淑女，君子好逑；求之不得，寤寐思服"，追求异性时，越是被拒绝，就越喜欢，越想越觉得这辈子就认定了那个人；买衣服时，货源充足的情况下，我们会表现得买不买无所谓的态度，可若是卖完了，就会突然觉得好像那件衣服特别适合自己，甚至吃饭睡觉都会想着它。"吃着碗里的，想着锅里的"，大多数人心里都认为得不到的才是最好的。

事实上，这是人的"本我"欲望在作怪。"本我"这一词语来自精神分析大师弗洛伊德，他指出，人的本能就是追求喜欢的东西。"求而不得"时，欲望没有满足，自然久久难忘。

欲望是个奇怪的东西，常常在人们心中表现得模糊不清、躁动不安。当欲望降临我们内心的时候，这可能是上帝赐予我们的一次机遇，但也可能只是一个诱惑而已，被诱惑所占据，很有可能会跌入谷底，是欲望还是不良诱惑，关键在于我们怎样用理智去看待、把握和化解。但似乎有些人并不是很明白这个道理，以求爱为例，当求爱被拒后，他们想方设法再次讨好对方，甚至寝食难安、焦虑难耐，当求爱不成，就会产生怨恨、报复的情绪，最终伤害了别人，也伤害了自己。

其实，不妨借鉴“吃不到葡萄说葡萄酸”的心态开解、安慰自己。另外，告诉自己活在当下、珍惜已经拥有的，才是最佳的生活态度，切不可为了满足自己的欲望头脑发热、忘乎所以。

心理启示

弗洛伊德的欲望论解释了人性的奥秘：人类是拥有丰富欲望的群体。遗憾的是，现实生活中并非所有欲望都能满足。无论如何，我们需要明白的是，人不能做欲望的奴隶，人是精神支配的人，而不是器官支配下的人。能战胜自己欲望的人才是真正的强者。

梦的形成——愿望的达成

我们先来计算一下，假如一个人可以活到70岁，当然，这只是假设。人的一生有三分之一的时间是在睡眠中度过的，那么，他用在睡眠上的时间大约为27年，在这27年的睡眠当中，用于做梦的时间至少要有五六年之久。但可能令很多人感到好奇的是，人为什么会做梦？奥地利著名精神病学者和心理学家弗洛伊德曾经指出：“一切梦的共同特性，第一就是睡眠。”“梦是愿望的达成。”

我们知道，当睡眠时，即使在熟睡时，人体和周围环境也并非完全隔绝，某些外界刺激仍能通过感觉系统传入大脑，去唤起大脑中某些细胞群的“觉醒状态”而做起梦来。这就是说，睡眠中大脑的某些区域仍可对外界刺激保持一定的联系，这就是做梦。

人在做梦时，大脑内部会产生极为活跃的化学反应，这时，人的脑细胞会进行蛋白质的合成和更新，并且会达到高峰，在这个过程中，新的氧气、养

料会将废物运走，为来日投入新的活动打下基础。从这个意义上说，做梦是有助于睡眠和第二天活动的。脑中的一部分细胞在清醒时不起作用，但当人入睡时，这些细胞却在“演习”其功能，于是乎形成了梦。

其实，梦离不开日常生活。

有些梦，往往与我们在白天经历的某些事情密切相关，比如，受到电影、小说、生活中见闻的影响；还有一些梦，是因为身体某部分受到刺激后产生的。例如，在憋尿时，就常常会梦到找厕所。形成梦的另一个原因是强烈的愿望。恋爱时，梦中经常会出现恋人的身影。当特别想到某个地方去玩，或特别想吃某样东西时，在梦中就经常会如愿以偿。这就是弗洛伊德关于梦的形成的解析。

梦给人痛苦或愉快地回忆，做梦锻炼了脑的功能，梦有时能指导你改变生活，还可部分地解决醒时的冲突，将使你的生活更加充实。做梦是人体一种正常的、必不可少的生理和心理现象。

正常的梦境活动，是保证机体正常活力的重要因素之一。心理学家认为，人的智能有很大潜力，一般情况下只用了不到1／4，另外的3／4潜藏在无意识之中，而做梦便是一种典型的无意识活动，通过做梦能重新组合已有的知识，把新知识与旧知识合理的融合在一起，最后存入记忆的仓库中，使知识成为自己的智慧和才能。

梦境可以帮助你进行创造性思维，许多著名科学家、文学家的丰硕成果，不少亦得益于梦的启迪。有人对英国剑桥大学卓有成就的学者进行调查，结果有70%的学者认为他们的成果曾在梦中得到过启发。瑞士日内瓦大学对60名数学家也做过类似调查，有51人承认许多疑难问题曾在梦中得到解答。如果人不会做梦，则有可能在某种程度上导致心灵及个性上的紊乱，甚至影响思维灵感的发挥。

无梦睡眠不仅质量不好，而且还是大脑受损害或有病的一种征兆。临床医生发现，有些患有头痛和头晕的病人，常诉说睡眠中不再有梦或很少做梦，经诊断检查，证实这些病人脑内轻微出血或长有肿瘤。医学观察表明，痴呆儿童有梦睡眠明显地少于同龄的正常儿童，患慢性脑综合征的老人，有梦睡眠明显

少于同龄的正常老人。

最近的研究成果亦证实了这个观点，即梦是大脑调节中心平衡机体各种功能的结果，梦是大脑健康发育和维持正常思维的需要。倘若大脑调节中心受损，就形成不了梦，或仅出现一些残缺不全的梦境片断，如果长期无梦睡眠，倒值得人们警惕了。当然，若长期恶梦连连，也常是身体虚弱或患有某些疾病的征兆。

心理启示

弗洛伊德认为，人会不停地产生愿望和欲望，这些愿望和欲望在梦中通过各种伪装和变形表现和释放出来，这样才不会闯入人的意识，把人弄醒。也就是说，梦能帮助人们排除意识体系无法接受的那些愿望和欲望，是保护睡眠的卫士。

为什么有些人会心理变态

日常生活中，我们常常听到有人说某个人变态，这只是一句戏谑之言，对于什么是真正的心理变态，大概人们无法给出具体的定义。那么，有些人为什么会心理变态呢？心理学家给出的答案是：在心理变态者的内心需要与欲望满足没有平衡。

心理变态又称“心理异常”“心理障碍”。指人的知觉、思维、情感、智力、意念及人格等心理因素的异常表现。

变态或接近变态的心理有很多种，如催眠状态、梦游、幻觉、性变态以及各种精神病和神经病等。另外，心理变态不只包括这些外显的、可以由他人察觉出来的活动或精神异常，也包括那些思想、情绪、态度、能力、人格特征等各方面内隐的异常。

我们再举几个例子：

比如说吃饭，如果一个人在饥饿的状态下，突然看见食物，那么，他很有可能会因为太过饥饿而饥不择食，也不管食物的好坏。这一点，我们在很久之前的战场上都会找到案例。那些上阵杀敌的战士，在回到祖国的时候，看见鲜美的食物，就毫无顾忌地吃，到最后，还有些人撑死了，其实，这都是因为他们对于食物的欲望被长时间压抑以后出现的变态反应。

另外，生活中，我们发现，很多小孩子有奇怪的行为，他们喜欢抠墙土吃，挖泥吃，这就是人们说的“异食癖”，这都是一种被压抑，没被满足的欲望从另外一种变态的角度表现出来了。

还有一种是我们常见的，就是被压制的性欲，当性欲望被压抑到一定程度后，就会反应到一些奇奇怪怪的事情上。比如说，男女之间，产生心理欲望，是一件再正常不过的事情，但当这些欲望一直被压抑后，就很容易变态，变态到男人对女人没有感觉，倒是对女人穿的衣服有感觉了。于是开始疯狂的偷女士的内衣，然后收藏起来，这就是“恋物癖”。还有人会发生“恋兽癖”、偷窥癖等。这种欲就是我们说的被过分压制以后出现的变态反应，叫“嗜欲”。

所以，很多人考验自己的男朋友或者老公，是只对自己的肉体有欲望，还是真的对自己动了情，有一个很简单的判别方法，就是在有了性爱以后，男友或者老公是倒头呼呼大睡，还是跟她有缠绵、有话说或者有交流。如果他转身倒头就睡，意思是他生理功能满足了，他这种“欲”就没了。

世间万事万物，都有一个度，人的欲望也是如此，凡事过度，混淆了欲望和需求的定义，就会到一种变态的地步。

一个人是不是变态，其实我们可以从他的心灵窗户——也就是眼神来判断。如果他对某个事物产生特别的喜好，那么，他会动心，会兴奋，会不自觉瞳孔放大，也就是人们常说的“出神”。所以，过分地放纵自己的欲望以后，眼睛会开始疲劳，然后会“出神”。我们说养神怎么养，就是通过闭目来养。

心理启示

人的欲望就是渴望被充实、满足。有些人认为欲望就是内心的需求，而其实，这是两个概念，我们不可压抑它。一些人之所以心理变态，就是因为他们一味地压抑内心的欲望。因为你在压抑欲望的同时，它最终会通过其他一些方式发泄出来。

糖果的诱惑：克制欲望，做行为的主人

心理学故事：

美国著名的心理学家米卡尔曾经做过一个著名的“糖果实验”。

实验的对象是一群四岁的孩子。米卡尔将他们留在一个房间里，发给他们每人一颗糖，然后告诉他们：“我有事情要出去一会儿，你们可以马上吃掉糖，但如果谁能坚持到我回来的时候再吃，就能得到两块糖。”他离开后，大概有百分之三十的孩子因为经受不住糖果的诱惑而吃掉了糖；有一部分孩子一再犹豫，等待，但还是忍不住将糖塞进了嘴里；而另外一部分孩子却通过做游戏、讲故事甚至假装睡觉等方法抵制诱惑，坚持了下来。20分钟后，实验者回到房间，坚持到最后的孩子又得到了一块糖。

实验者跟踪研究了14年后，发现前后两种孩子的差异非常显著。坚持下来、自制能力强的孩子社会适应力较强，较为自信，人际关系也较好，也较能面对挫折，会积极迎接挑战，不轻言放弃。相反，那些自控力差的孩子怯于与人接触，优柔寡断，容易因挫折而丧失斗志，经常否定自己，遇到压力容易退缩或不知所措，更容易嫉妒别人，更爱计较，更易发怒且常与人争斗。

这些孩子在中学毕业时又接受了一次评估，结果表明，4岁时能够耐心等待的孩子在校表现更为优异，他们学习能力较好，无论是语言表达、逻辑推理、集中精力、制订并实践计划、学习动机等都比较好。更让人意外的是，这

些孩子的入学考试成绩普遍较高；而最迫不及待吃掉糖果的那三成孩子，成绩则最差。

由此，我们可以看到，一个人若想成功，跟他能否控制住自己的欲望有非常密切的关系。人们分析发现：古往今来，凡是成功人士，他们往往具有一个共性特质：善于自律，以达到某种目标。我们都听过这样一句话：“上帝要毁灭一个人，必先使他疯狂。”这句话的意思是，一个人，一旦失去了自制力，那么，他距离灭亡的距离也就不远了。的确，一个人如果连自己的行为也不能控制，又怎么能做到以强大的力量去影响他人，获得成功呢?

我们不难发现，随着物质生活水平的不断提高，很多人都过上了衣食无忧甚至是奢华的物质生活，而这也造成了一些人贪图享乐的心理，久而久之，他们的意志力和自控力逐渐被磨灭。然而，我们都知道，很多时候，一个人能否控制住自己的欲望，是否有自制力，它的意义就好像汽车的方向盘对于汽车一样。不难想象的是，一辆汽车，如果没有方向盘的话，它就不能在正确的轨道上行驶，最终也只能走向车毁人亡。

心理启示

一个人，如果能战胜自己的欲望，那么，他就是个自控能力强、意志力强的人。我们生活中的每个人，都要记住，你虽然平凡，但你也依然可以追求不平凡的生活。只要经常修剪自己的欲望，任何环境中的人，都可以走向成功。

别让无节制的饮食损害身心

心理学故事：

20世纪60年代，科学家们做了很多研究，其中有些研究让饮食研究发生了革命性变化。他们曾经做过这样一个实验：

一天下午，研究人员找来一些被试者，他们被安排在一个房间里做问卷，这些问卷的题目很多，需要很长时间才能完成。

研究者在房间内放了一些零食，有巧克力，有奶昔，这些被试者可以一边做问卷一边吃零食，在被试者的旁边，还放了一个时钟。为了达到实验目的，研究者对时钟做了点“手脚”，研究者发现，当他把时钟调快一点时，肥胖者比其他人吃得多，因为时钟告诉他们，快到晚饭时间了，是时候饿了。他们不留意身体的内部信号，而是根据时钟的外部信号吃东西。

这个实验给了我们一个启示：对于食物，人们的需求与自身的心理因素有很大的关系，很多时候，人们只是“想”吃，而不是“饿”了，也有时候，他们并不是“吃饱了”就“不吃”了，而是根据外部信号而做出决定。这一点，大概也是一些人暴饮暴食的原因。认识到这一点后，我们就必须要学会在饮食上控制自己。否则，一旦我们的饮食习惯失去常性时，我们就后悔莫及了。

专家警告说，一旦染上“吃瘾”，要想改变这种危害身心的饮食习惯，其实比那些有毒瘾和赌瘾的人戒掉恶习更艰难，因为，我们每天都需要“吃”，以此来补充身体的能量，我们不可能彻底戒掉“吃”。

可能很多身体肥胖的人在饮食上都有这样一个感受：他们有一些被禁止的食物，但他们偶尔会心痒，会主动去尝试一下这些食物，他们认为只吃一口没什么事，但他们没有料到的是，他们根本没有毅力控制自己不去吃第二口，吃了一种被禁止的食物就会想吃第二种。等意识到这个问题的时候，他们发现自己在半个小时内已经吃掉了相当于一个月的被禁止的食物。

而导致无节制饮食的关键是没有始终把自己的行为和最终目标联系在一起。你要问自己，你吃的目的是什么，吃完是否达到目的了？如果你能得出正确的答案，你就能做出明智之举。

事实上，人们也找到了许多能够应付无节制饮食的方法。对于某些在饮食控制这一问题上意志力较差的人来说，最好的方法就是在饮食的时间、地点以及内容上预先设定好。同时还有一些规则来帮助抵抗无节制饮食的欲望。

（1）某些食物坚决不要尝试，也就是说，没有开始就不存在停止一说。

（2）最好不要独自进食。在与他人同时进食时，暴饮暴食会让你感到尴

尬，你也就能收敛自己的嘴。

（3）尽量避免和那些与你有同样饮食问题的人一起进食，因为他们的饮食习惯也会给你错误的暗示。

（4）不要在家中存储那些会诱惑你的食物。

（5）用餐之后，请立即把所有的餐具刷洗干净，然后刷牙、洗脸，这样，有事可做的你便不会因为无聊而再去进食。

以上这五点规则可能会对你有所帮助。总之，你要对你自己负责，要把无节制饮食的习惯彻底根除，而不是向它投降。

心理启示

无节制地饮食会对我们的身心产生巨大的危害：身体上，摄入食物太多，热量过高，会导致肥胖、高血压等一系列身体问题。精神上，饮食紊乱会加重神经的负担，而后又会加剧饮食紊乱，如此恶性循环，最终我们便很难摆脱饮食无度带来的苦恼。曾有医学专家提出了这样的忠告，如果感到饥饿，就吃清淡和精致一点，在快饱了的时候，马上放下手中的食物，会帮助你有效地控制自己的食欲。

欲壑难填，别迷失自己

心理学故事：

从前，有一户人家，弟兄三人。

老大是个笨蛋，村里人认为他是个智力不健全的人，如今，他已经是个四十好几的人了，还没娶妻生子，一个人住在一间破茅屋里，连一件像样的衣服都没有。有人问他：“你最大的心愿是什么？”他情不自禁地脱口而出：“天天有新衣穿。”

老二，则是小康之家，衣食无忧，但也不知道为什么，他偏偏长相难看，

结果，他只能娶一个很难看的妻子。所以，当问到他的心愿时，他就迫不及待地说："天天娶美妻。"

而老三是个聪明人，会做生意，现在的他已经是富甲一方的人了，当人们问他有什么心愿时，他却毫不顾忌地说："挖一窨金。"……

这是个故事，但从中足可以深刻地看出人的贪婪之心。"人心不足蛇吞象"，多么贴切的比喻。贪婪之心，就像是一个恶魔，一旦附身，就会让人迷失自己。仔细再想，其实我们每个人又何尝不是如此呢？读过这个故事，我们都应该好好的反思一下。如果我们能舍弃这些无止境的欲望，想想自己到底需要什么，我们是不是会收获更多呢？

人们常说："欲壑难填"，尤其是对物质欲望、富贵荣耀、名利的追求，更是无穷无尽，而这，很可能会让我们迷失自己，保持一颗平常心，拿捏好尺寸，才能得之淡然、失之坦然，才能合理地节制自己的欲望！

《论语别裁》中说："有求皆苦，无欲则刚"。其实，有欲，是人的一种生理本能，每一个人都有形形色色的"欲"。把欲望控制在一定范围内，它能成为我们奋斗的动力，然而，这个前提就是"度"，如果欲望的心没有节制，那么，人就会有越来越多的贪念，最终导致欲壑难填。在生活中，越来越多的贪求欲者被物欲、财欲、权欲等迷住心窍，攫求无度，终至纵欲成灾。然而，一个人活着就无法摆脱各种各样的欲望，只要有欲望，就会有所求，而有所求又必然导致人们与痛苦纠缠。

其实，不管你是在温室中成长，还是在困苦中挣扎，欲望都会存在于你的心中，欲望可以成为我们的信念，支撑我们渡过难关，但是欲望也像鸦片，容易上瘾。皮埃尔·布尔古说过："人们常常听到这样一句话：'是欲望毁了他。'然而，这往往是错误的。并不是欲望毁了人，而是无能、懒惰，或糊涂。"

然而，现代社会中的人们，对于欲望，拿起来容易，舍下却难。生活在商品经济的大潮中，每个人都要面对物欲横流的红尘世界的诱惑，那些纷纷扰扰的现实，时刻都在迷惑着人们的眼球，欲望追求加快了人们前进的脚步，总觉得不远处的鲜花和掌声正在向我们招手。其实，舍弃这些无止境的欲望也并

非难事，只要我们学会关注眼前的幸福，体会人生，去欣赏生活中点滴的美好，我们的心境自然会豁然开朗。可见，有时，我们要懂得享受过程，真正让我们得到满足的也是过程，人的一生也是如此，最美的不是结果，而是人生的旅途。

心理启示

生命的过程不可能重新来过，因此，我们必须珍惜这仅有一次的生命。面对名利，我们必须要学会自控，充实自己的内心，坚守自己的心灵，以清醒理智的态度、步履从容地走过人生的岁月。只有这样，我们的生活就会更加轻松自在，我们的人生才会丰富多彩，豁然开朗！

第二堂课
荣格老师主讲“心灵”

荣格对“心灵”一词大概怀有某种偏爱，他把人格的总体称为“心灵”，认为心灵包含一切有意识的思想、情感和行为。心灵既是一个复杂多变的整体，又是一个层次分明相互作用的人格结构，意识、个人无意识和集体无意识是心灵的三个层次。

荣格说：意识和潜意识

有人说，历史上，唯有极少数的灵魂拥有宁静的心灵，以洞悉自己的黑暗。而开创分析心理学的大师——荣格，便是这少数之一。

荣格（1875年7月26日—1961年6月6日）出生于瑞士，是著名的哲学家、心理分析学家，他是分析心理学的开创者。

早年的荣格曾与弗洛伊德一起工作，曾被弗洛伊德任命为第一届国际精神分析学会的主席，后来由于两人观点不同而分裂。与弗洛伊德相比，荣格更强调人的精神有崇高的抱负，反对弗洛伊德的自然主义倾向。

荣格的家庭是一个对宗教相当热衷的家族，他八个叔叔及外祖母都是担任神职人员，父亲则是一位虔诚的牧师，几乎把信仰当成他生命的全部。浓厚的宗教家庭氛围培养了荣格的神秘主义倾向。

和弗洛伊德的关系决裂后，荣格开始了他的危险历程。在1914年时，他辞掉了职位，开始了一连串的旅行，并专心的去探讨自己的潜意识。

在荣格看来，意识心理学能帮助我们解释人类对现实生活的欲求，但如果一个人患有神经官能症，那么，一份既往病史还是很必须的，因为它比意识里的知识更能深刻地展示一个人；另外，每当需要作非比寻常的决定时，我们就会做梦，如何诠释这个梦，也需要比个人记忆中更多的知识才行。

荣格认为精神病患者的幻想或妄想是建立在自古以来的神话、传说、故事等共通的基本模式上的，因此他提倡所谓原型的观点。以此观点为基础，他广泛着眼于世界宗教中，而反对所谓的欧洲中心主义，不断努力促使支撑欧美文化的基督教与自然科学两者相对化。

在荣格的研究中，他用了很多特定的词汇来描述心灵的各个部分，包括日后经常被人们提及的“意识”和“潜意识”。这些概念源自于他大量的临床观察经验，涵盖他早期所做的词语联想的实验研究，而词语联想则是日后多种波动描记器的前身，也是心理情结这个概念的基础。

荣格的分析心理学，他的集体无意识理论，不仅对精神分析做出了伟大的贡献，对心理学和精神病学产生了影响，而且深深波及宗教、历史和文化领域，著名学者汤因比、伟利和马姆福德等都把荣格看作一种产生灵感的源泉。

荣格概念中的心理图谱可划分成两个基本的区块：意识与潜意识。潜意识又可以进一步区分为个人潜意识和客体心灵。荣格之前用“集体潜意识”这个词来指称客体心灵，而集体潜意识这个词至今依然是讨论荣格心理学时使用最广泛的词汇。荣格提出客体心灵这个词，是为了避免与人类的各种群体有所混淆，因为他想特别强调的一点就是，人类心灵的深度一如外在、“真实的”、集体意识的世界一样的客观真实。心灵有四个层次：

1.个人意识

或称日常的觉察；也称自我，是人有意识的心智，是心灵中关于认知、感觉、思考以及记忆的那部分。

2.个人潜意识

其之于个别心灵而言是独特的，但无法被察觉；由心灵中曾经被意识到，但又被压抑或遗忘，或一开始就没有形成有意识的印象构成。它类似于弗洛伊德的前意识。

3.客体心灵

或称集体潜意识，人格中最深、最不易碰触到的层次。在荣格看来，如同我们每个人在个人潜意识里积累并存放所有个人记忆档案那样，同样，人类集体作为一个种族，也在集体潜意识里存放着人类和前人类物种的经验。

4.集体意识

其显然是人类心灵普遍存在的结构；集体意识中的世界，有共同价值与形式的文化世界。

心理启示

荣格的意识心理学研究的是心灵的结构和动力，分为意识和潜意识两部分，后者扮演补偿意识型态的角色，如果意识太过于偏执相对，无意识便会自动的显现，以矫正平衡。潜意识可以透过内在的梦和意象来调整，也可能成为心理疾病，它的内容可以外显出来，以投射作用的方式出现在我们的周遭生活。

人的心灵世界会遗传吗

心理学故事：

荣格出生在一个犹太家庭，他有两个哥哥，但都在他出生之前夭折了；他的父母不和睦，经常吵架，母亲的性情反复无常。自小荣格便具有特别的个性，是个奇怪而忧郁的小孩，他大多是和自己作伴，常常以一些幻想游戏自娱。

到了6岁之后，除了父亲开始教他拉丁语课外，也开始他上学的生涯，借着和同学们的相处，荣格慢慢发现家庭之外的另一面。多年之后回想起来，他将自己分成了两个人格——一号和二号。一号性格是表现在每天的日常生活中，此时的他就如同一般的小孩，上学念书、专心、认真学习；另一人格犹如

大人一般，多疑、不轻易相信别人，并远离人群，靠近大自然。

荣格的一生，他把主要精力都放到了心灵的研究上，在个体的潜意识之外， 他又发现了一种社会或集体的无意识，并以此来解释个体以及集体的行为。

按照荣格的解释，“集体无意识是心灵的一部分，它有别于个体潜意识，就是由于它的存在不像后者那样来自个人的经验，因此不是个人习得的东西。个人无意识主要是这样一些内容，它们曾经一度是意识的，但因被遗忘或压抑，从意识中消逝了。至于集体无意识的内容则从来没有在意识里出现过，因而不是由个体习得的，是完全通过遗传而存在的。个体潜意识的内容大部分是情结，集体无意识的内容则主要是原型。”所谓原型，指的是人心理经验的先在的决定因素。原型的存在促使了个体按照他的本族祖先遗传的方式去发生某种行为。事实上，人类的很多集体行为，都可以用原型来解释，由于集体无意识可用来说明社会的行为，所以荣格的这一概念对于社会心理学有着深远的意义。

荣格认为，心理分析人员最重要的工作就是找到心灵力量的动向。他指导许多前来求诊的人，让他们接受并学习他的方法，成为心理分析家。但是他常告诉他的学生们：“分析是面对面的参与，每一个病人都是独特的例子，而且，只有受过伤的医生才知道要如何助人。并且记住，不要追问病人婴儿时期的记忆，不要忘了灵性方面的问题，更不可忘记病人的秘密故事。”

荣格认为原型有许多表现形式，但以其中四种最为突出，即人格面具、阿尼玛、阿尼姆斯和阴影。一个人经常会用人格面具来掩饰真正的自我，这也是现代人所说的“角色扮演”，意指一个人的行为常常是为了契合别人对他的期望。

阿尼玛和阿尼姆斯的意思是灵气，分别代表男人和女人身上的双性特征，阿尼玛指男人身上的女性气质，阿尼姆斯则指女人身上的男性气质。阴影接近于弗洛伊德的伊底，指一种低级的、动物性的种族遗传，具有许多不道德的欲望和冲动。除这四种原型之外，荣格的“自性”概念也是一种重要的原型，它包括了潜意识的所有方面，具有将整个人格结构加以整合并使之稳定的作用。

与集体无意识和原型有关的另外一个概念是曼达拉，意指在不同文化中反复出现的一种象征，表现为人类力求一种整体的统一。

因此，从荣格的理论中，我们可以确定的是，祖先能遗传给他们心灵世界。

心理启示

个人层次的心灵是以客体心灵或集体潜意识里的原型为基础的。个人的领域，不管是属于意识或潜意识的层次，都是从客体心灵这个母质发展出来的，并且持续以深刻而动态的方式与心灵这些更深层的领域发生关联，虽然以此发展出来的自我不免天真的以为自身才是心灵的中心。这就好比太阳是绕着地球转，或者地球是绕着太阳转这两者思维的差别。

剥开自己和他人的“人格面具”

心理学故事：

小王是一名外企职员，负责市场部的信息工作。最近，小王接到了经理分配的一个任务，那就是探清楚合作公司的虚实，因为该公司有利用这种商业联谊窃取商业机密的嫌疑。

这下可把小王急坏了，这根本是件没有突破口的任务，在对方公司，小王并没有认识的熟人。苦苦思索之后，小王豁然开朗，既然没办法让他们自己承认，就只有主动出击了，他想到的办法就是让对方代表“酒后吐真言”。

那天，小王把对方代表约出来，两人很快就称兄道弟起来，然后小王开始慢慢的给对方灌酒，对方代表的酒量不好，不一会儿，就开始“胡说八道”，小王乘机问：“你们公司和我们公司合作到底是为了什么？”从那个人“口供”中，如小王和所有领导所料，他们公司只不过是为了获得第三方的资料。

现代社会中，人们从事社交活动，多是带有一些目的的，其中也不乏对我们不利的目的。我们只有学会剥开他人的人格面具，识别对方的真实目的，才不会在交际中被人利用。现实生活中，一个高明的人，无论是做人还是做事，都能以理智的态度面对，他们既能看到自己行为的不足，从而更完善自己的言行，也能从他人的一言一行中观察对方的内心世界，做出更进一步的交际措施。

如果人们在生活中戴上了面具，就很难让人识别他的真相。在演戏中，演员都会化装，也是为了使人认不出真实的他。我们可以说，戴面具是人们真实生活的变形或升华，反映了人们的某种内在情感和企图，而又超越于现实生活之上，是内在自我的变形表现，与客观的内我有着一定的差异。当然，所谓的面具，不是一定要戴在脸上，也可以是一些掩饰的语言或行为。

这里有一个很有兴味的表现形式，就是西班牙妇女十分有趣的“扇语”。风情万种的西班牙妇女通常会借助扇子来表达对男人的感情：如将扇子半遮面部，意思是在问对方“你喜欢我吗？”将扇子贴近脸颊，是说“我爱你”；把扇子开了又合，合了又开，是告诉对方“我非常想念你”；把扇子翻来翻去，是表示“你真讨厌”；用右手快速摇扇子，是向对方发出“快离开我”的警告；将扇子收折起来，是表明“你这个人不值得一爱”；而将扇子掷在桌子上，则是宣告“我不喜欢你”。

西班牙女人特殊的传情达意的方式，就是“内我”和“面具”在社会生活中的显现。再以简单的家庭生活为例，一个男人，明明生了老婆的气，但依然用微笑来掩饰自我。

人格是由“面具”（persona，简称“人格面具”）构成的。一个面具就是一个子人格，或人格的一个侧面。人格就是一个人所使用过的所有面具的总和，人在不同的场合使用不同的面具，而且无时无刻不戴着面具。摘掉“假面具”后所暴露出来的“真面目”也是一个面具。因此，面具没有真假之分，只有公开面具和隐私面具的区别。时刻戴着面具，意味着所有的心理活动都是通过面具来表达的，心理障碍就是“面具障碍”。

那么，生活中的你，是否也带着人格面具呢？

心理启示

荣格认为，人格是通过个体的性格、气质、能力特征所表现出来的人的个体尊严、价值、道德品质的总和。现实生活中，每个人都生活在一定的“角色丛”中，每个人都有多套“面具”。人格面具之所以被普遍使用的内驱力，就在于人的需求。但是，无论人格的内在状态和外在状态的具体情形是多么复杂多变，最终都可以从对立统一的规律中把握其双重人格。

反躬自省，学会认知自我

心理学故事：

布思·塔金顿是20世纪美国著名小说家和剧作家，他的作品《伟大的安伯森斯》和《爱丽丝·亚当斯》均获得普利策奖。在塔金顿声名最鼎盛时期，他在多种场合讲述过这样一个故事：

那是在一个红十字会举办的艺术家作品展览会上，我作为特邀的贵宾参加了展览会。其间，有两个可爱的十六七岁的小女孩来到我面前，虔诚地向我索要签名。

“我没带自来水笔，用铅笔可以吗？”我其实知道她们不会拒绝，我只是想表现一下著名作家谦和的对待普通读者的大家风范。

“当然可以。”小女孩果然爽快地答应了，我看得出她们很兴奋，当然她们的兴奋也使我备感欣慰。

一个女孩将她的非常精致的笔记本给我，我取出铅笔，潇洒自如地写上了几句鼓励的话语，并签上我的名字。女孩看过我的签名后，眉头皱了起来，她仔细看了看我，问道：“你不是罗伯特·查波斯啊？”

“不是。”我非常自负地告诉她，“我是布思·塔金顿，《爱丽丝·亚当斯》的作者，两次普利策奖获得者。”

小女孩将头转向另外一个女孩，耸耸肩说道：“玛丽，把你的橡皮借我用用。”

那一刻，我所有的自负和骄傲瞬间化为泡影。从此以后，我都时时刻刻告诫自己：无论自己多么出色，都别太把自己当回事。

确实，无论我们有什么样的成就，都不要太把自己当回事。一个不关注内心的人，通常都看不到真正的自己，他们眼界狭小，认为自己伟大、功勋卓著，久而久之，他们的心灵就会被蒙蔽。而那些真正伟大的人，则能够看得高远，既清楚自己在自己的小环境中所处的位置，也知道在大环境下的处境。既能看到现在自己的成功或是不足，也能够预见未来自己的境遇和发展，这才是真正聪明的人所应该做的。

人是世界上最聪明的动物，因为人类总是善于向他人学习，学习其先进之处，进而不断变得强大，最终能够掌控世界。但人类最大的弱点也就在于其过于聪明——看清别人，却不能认清自己。我们善于对事物的某些物理属性一目了然，也总是去追求事物的本质特征，而对自己的本来面目却认不清楚。这是因为我们通常喜欢用眼睛，而不是用心去看待、审视自己，一个人，只有认清自己内心真正的想法，经常反躬内省，才能去善待他人。

人无完人，每个人都有缺点，生活中，有些人自以为自己完美、优秀，故步自封，看不到真正的自己；但有些人却能不断认识到自己的缺点和不足，并不断地改正缺点，完善自我，从而使自己变得更加完美，实现自己的价值！

心理启示

我们应该全方位地审视自己，审视，是一种积极的自我超越，正如每日照镜子一样。没有审视的活着，实际上是对自我存在的极不负责的纵容。当然，全方位审视自己，这不仅包括发现自己的不足，还包括明确自己的优势。相反，一味地吹嘘自己，你可能会暂时获得心灵上的某种满足感，但事实上，你不一定能获得他人的认同，而最为可悲的是，你会因此蒙蔽自己的双眼而失去努力的动力。

发现自我，聆听自己的心声

心理学故事：

夜幕降临，喧闹的城市终于安静了下来。

他和所有的城市白领一样，忙完一天的工作后，准备回家，但心情郁闷的他还是决定去呼吸一下新鲜空气。今天，他和上司吵架了，他们在下半年的年度计划安排上产生了很大的分歧，他遭到上司的批评，在考虑要不要辞职的事。

他把车停在了护城河边上，接下来，他打开自己喜欢的轻音乐，然后靠在了椅背上，他感觉自己好累。在这家公司工作了五年，五年来，他一直很努力，但不知道为什么好像总是得不到上司的肯定，也一直没有得到晋升的机会。可以说，他在这家公司一直工作得不开心，这到底是自己的原因还是因为没有得到肯定呢？

他反复思考着这个问题，最终发现，原来自己根本不喜欢这份工作，他一直倾向于设计类的工作，从大学开始，设计就是他的职业理想，但毕业后的他却因为生计问题选择了现在的工作。

想通了以后，他轻松了很多。第二天，他将辞呈放到上司的办公桌上，离开了公司，这让很多同事感到愕然，但其中原由只有他自己知道。

故事中的“他”为什么做出辞职这个重大决定？因为他静下心来发现，自己的职业理想并不是现在的工作。

挪威航海家弗里德持乔夫·南森说：“人生的第一大事是发现自己，因此，人们必须不时孤独和沉思。”是啊，学会探究自己的心灵，你才会发现真正的自我。学会聆听自己的心声，你才能更加从容的上路。

任何一个拥有自我的人，都能做到静静地倾听自己内心的声音，以此认识到自己不为人知的另一面，这一面或许是为人处世中的不足与优势，或许是某种特长等，但无论是哪一方面，只要我们能及时探究，就有利于自身的发展。

我们生活的周围，一些人却把命运交付在别人手上，或者人云亦云，盲目跟风，他们忽视了自己的内在潜力，看不到自身的强大力量，甚至不知道自己

到底需要什么，不知道未来的路在哪里，于是，浑浑噩噩地度过每一天，一直在从事自己不擅长的工作和事业，以至于长期无所成就。因此，我们要做到的是倾听自己内在良知的声音，寻找到属于自己的人生意义，然后勇往直前坚持到底。

现实生活中的人们，都要学会独处，只有这样，我们才能从人群和繁琐的事务中抽身出来，回到了自己。这时候，我们独自面对自己和上帝，开始了理智与心灵的最本真的对话。诚然，与别人谈古论今、闲话家常能帮我们排遣内心的寂寞，但唯有与自己的心灵对话、感受自己的人生时，才会有真正的心灵感悟。和别人一起游山玩水，那只是旅游；唯有自己独自面对苍茫的群山和大海之时，才会真正感受到与大自然的沟通。

任何一个人，只有学会倾听自己内心的声音，才可能不断挖掘出自身发展过程中不足的部分。面对激烈的竞争，面对瞬息万变的环境，那些不愿意反省自己或者不愿意及时改正错误的人，必将面临衰败的结局。同样，在快节奏的信息社会中，一个人如果不能及时察觉自身的缺点，不能用最快的速度修正自己的发展方向，也必然会在学业和事业中落伍，被无情的竞争所淘汰。

心理启示

跟自己的心灵对话，才能让它得到净化。只有静下心来，才能回归自我。心灵有家，生命才有路，心智才会成熟，心胸才会宽广。

改变自己的意识，不做自私鬼

心理学故事：

在一座古庙里，年轻的小和尚问方丈：“听说除了我们生活的世界外，还有天堂和地狱，那地狱到底是什么样的地方呢？”

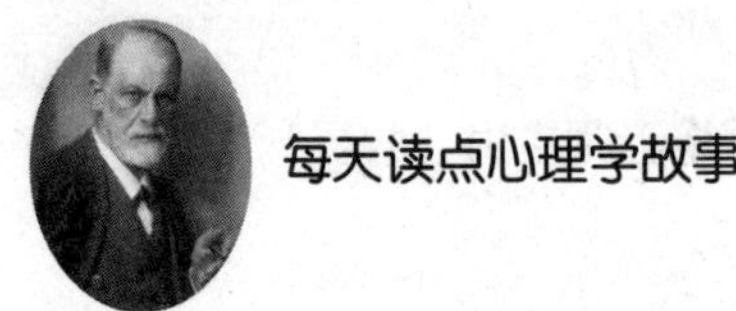

面对小和尚的疑问，老方丈这样回答道："那个世界内，既有天堂，也有地狱，其实，表面上看，它们并没有太大差别，只是人们心不同。"

老方丈的话让小和尚更迷糊了："怎么不同呢？"

老师继续讲道："在地狱和天堂里，其实都有一个相同的锅，锅里煮着味道鲜美的面条，但是，要想吃到面条却很辛苦，因为只能使用长度达一米的筷子。面对食物，住在地狱的人，他们争前恐后地抢着吃面条，但可惜的是，筷子太长，面条不能送到嘴里去，最后他们开始抢夺别人的面条，于是，一口锅内的面条全部洒了，谁也没吃到。这就是地狱内的人的生活。"

"那住在天堂里的人是怎样生活的？"小和尚好奇地问。

"和地狱里的人相反，住在天堂的人，他们都知道，要想自己吃到面条是不可能的。他们用自己的长筷子夹住面条，就往锅对面人的嘴里送，'你先请'，让对方先吃。这样，吃过的人说'谢谢，下面轮到你吃了'，作为感谢和回赠，帮对方取面条。所以，天堂里的所有人都能从容吃到面条，每个人都心满意足。"

听完方丈的话，小和尚若有所思。

我们是住在地狱还是天堂，完全取决于我们的心。这就是这个小故事想要告诉世人的道理。

我们都知道，自私是一种较为普遍的心理现象，是一种近似本能的欲望，人都有追求某种需要的权利，都希望发展自己，但如果我们不对自己的私欲加以控制，那么，就可能做出损人利己的事来，甚至还会触犯到道德和法律的底线。然而，自私是一种处于人的心灵深处的心理活动，隐藏得较深，有自私行为的人并非已经意识到他在干一件自私的事，相反他在侵占别人利益时往往心安理得。因此，如果你是个自私的人，如果你想改变自己，就需要从改变你的潜意识开始。

有人说，在人类的灵魂里，同时住着魔鬼和天使，他们一直在角斗。魔鬼，一定代表罪恶。天使，一定代表善良。魔鬼与天使的差别往往只是一念之差，一步之遥。善恶一念之间，但为善还是为恶，是可以通过思维意识控制的，善意的思考和恶意的思考自然而然就导致事物最终走向不同的结果。日常

生活中，我们都应该培养自己的利他感情，多行善，多为他人着想，那么，最终获利的还是你自己。

事实上，那些自私的人正面临着心灵的荒漠，人格的缺陷，甚至导致人生的失败：他们因得不到某种满足或者把别人的一点点不足过失常常耿介于怀，因此往往痛苦多于欢乐，怨恨多于感动；还可能因为极端的自私和狭隘，而演化成为危害社会、危害他人的危险成分。相反，亡羊补牢，为时不晚，如果你愿意改变自己，那么，你就能获得快乐。的确，多一份宽厚、多一份仁慈，我们的生活就会多一份开心。对别人宽厚仁慈，我们就会收获一份发自内心的尊重、一份鼓励、一份赏识、一份浓浓的爱。这种爱，就是宽容的爱，平等的爱，激励的爱。

心理启示

每个人的个性都是后天形成的，因而也是可以通过后天的努力来改变的。因此，即使你是个自私的人，也可以从改变自己的意识开始，纠正自己的自私心理。当有一天，你认为自己是个胸怀坦荡、无私待人的人时，你不但能获得心灵的释放，还可以拥有良好的人际关系，从而最终做到自己借力发力，终成大器。

第三堂课
艾宾浩斯老师主讲“记忆”

遗忘曲线是由德国心理学家艾宾浩斯研究发现，人体大脑对新事物遗忘的循序渐进的直观描述，人们可以从遗忘曲线中掌握遗忘规律并加以利用，从而提升自我记忆能力。要想做好学习的记忆工作，是要下一番功夫的，单纯地注重当时的记忆效果，而忽视了后期的保持和再认，同样是达不到良好效果的。因此，根据艾宾浩斯的记忆曲线，我们要明白，学习要勤于复习，而且记忆的理解效果越好，遗忘得也越慢。

艾宾浩斯说：遗忘是有规律的

德国有一位著名的实验心理学家名叫艾宾浩斯，他是实验学习心理学的创始人，也是最早采用实验方法研究人类高级心理过程的心理学家。

艾宾浩斯生于德国波恩附近巴门的一个商人家庭，他曾先后就读于波恩大学、哈雷大学和柏林大学，在这些学校学习历史、语言和哲学，并为这三所大学建立和扩充了实验室，与克尼格合作创办《感官心理学与生理学期刊》。著有《记忆》（1885）、《心理学原理》（1902）、《心理学纲要》（1908）等论著。

他在心理学上有很大的贡献，比如：

（1）创造无意义音节、完全记忆法和节省法，对高级心理过程的记忆首次进行实验研究，并对记忆做了定量的分析。

（2）首次发现保持与遗忘的规律，即学习后经过的时间越长保持越少，遗忘速度呈先快后慢的趋势，为绘制遗忘曲线提供科学根据。

（3）采用实验和统计方法，对形成联想的过程和条件以及某些联想规律做了较深入的分析，发现影响学习和保持有诸多变量，如材料的长度、意义性、重复率、保持间歇时间等。还考查了过度学习、集中学习、分布学习等效应。

艾宾浩斯在1885年发表了他的实验报告，首先，实验者记忆100个生单词，实验结果显示：

时间间隔	记忆量
刚刚记忆完毕	100 %
20分钟之后	58.2%
1小时之后	44.2%
8~9小时之后	35.8%
1天后	33.7%
2天后	27.8%
8天后	25.4%
1个月后	21.1%

这条曲线告诉人们在学习中的遗忘是有规律的，遗忘的进程很快，并且先快后慢。观察曲线，你会发现，学得的知识在1天后，如不抓紧复习，就只剩下原来的25%。随着时间的推移，遗忘的速度减慢，遗忘的数量也就减少。

艾宾浩斯遗忘曲线的过程是这样的：输入的信息在经过人的注意过程的学习后，便成为了人的短时记忆，但是如果不经过及时的复习，这些记住过的东西就会遗忘，而经过了及时的复习，这些短时的记忆就会成为人的一种长时的记忆，从而在大脑中保持着很长的时间。

那么，对于我们来讲，怎样才叫作遗忘呢？很简单，就是对我们曾经记忆过的东西不再回想起来，或者产生记忆的错误或偏差，这都是遗忘。

艾宾浩斯在做这个测试时是以自己为对象的，通过测试，他得出了一些关于记忆的结论。他选用了一些根本没有意义的音节，也就是那些不能拼出单词来的众多字母的组合，比如asww，cfhhj，ijikmb，rfyjbc等。

他经过对自己的测试，得到了一些数据。然后，艾宾浩斯又根据这些点描绘出了一条曲线，这就是非常有名的揭示遗忘规律的曲线。

这条曲线告诉人们在学习中的遗忘是有规律的，遗忘的进程不是均衡的，不是每天遗忘多少，而是在记忆的最初阶段遗忘的速度很快，后来就逐渐减慢，到了相当长的时间后，几乎就不再遗忘，这就是遗忘的发展规律，即“先快后慢”的原则。观察这条遗忘曲线，你会发现，学得的知识在一天后，如不抓紧复习，就只剩下原来的25%。随着时间的推移，遗忘的速度减慢，遗忘的数量也就减少。有人做过一个实验，两组学生学习一段课文，甲组在学习后不久进行一次复习，乙组不予复习，一天后甲组保持记忆率98%，乙组保持记忆率56%；一周后甲组保持83%，乙组保持33%。乙组的遗忘平均值明显高于甲组。

心理启示

从艾宾浩斯的记忆曲线中，我们可以得出一点，在学习过程中，及时复习，可以抓住记忆的最好时机；经常自测，可以弄清哪些知识没学好、没记牢，哪些地方容易混淆、有误差，以便马上核实校正。

找到自己的最佳记忆模式

心理学故事：

在同学们眼里，丹丹是个过目不忘的人，尤其在英语这门课程上，丹丹似乎什么单词都能记得住，不管老师头一天教了同学们多少个生词，第二天她总是能默写出来。

后来，在一次学习心得交流班会上，丹丹说出了自己的方法：“其实，我有个记忆的小窍门，不知道对大家有没有用，自从学习英语以来，我都是这样

记单词的。每天晚上睡觉前，我都会复习一遍那些单词的拼写和运用，早上醒来后，翻一番晚上放在枕边的书，这样双重巩固后，这些单词就立刻浮现在我脑海里了。”

这里，丹丹的学习经验验证了一点：人的黄金记忆时间是晚上入睡前和早上醒来后。

睡前的这段时间可主要用来复习白天或以前学过的内容，对于24小时以内接触过的信息，根据艾宾浩斯遗忘规律可知能保持34%的记忆，此时稍加复习便可巩固记忆。

而早晨起床后，再重新复习一遍昨晚复习过的内容，那么，整个上午都会对那些内容记忆犹新。所以说睡前和醒后这两个时间段千万不要浪费，若能充分利用，必定能收到事半功倍之效。

从艾宾浩斯提出的遗忘曲线中，我们可以看出，遗忘的时间原本就从学习之后开始的，而且遗忘的进程并不是均衡的。随着时间的推进，遗忘的速度是先快后慢的。

我们都知道，人的一生就是由很多记忆组成的，但记忆是个奇妙的东西，很多时候，我们希望记住的事物却常常被遗忘，有些不经意的事物却被深深刻在了我们的脑海中。而对于那些学习中的人来说，拥有好的记忆力能帮助他们更好地学习。然而，令很多学习者头疼的是，我们的大脑似乎很健忘。而如果根据自己的记忆规律抓紧学习，是能获取知识的。

因此，在了解遗忘曲线的同时，做好记忆计划也是十分必要的。具体来说，我们可以掌握以下复习要点：

1.单元系统复习

一般来说，一个单元的知识是有一定联系的，并且，老师在带领学生学习完一单元后，都会对学生进行单元检测，在单元复习时，要抓重点和难点，并使知识系统化、结构化。对错题进行再次练习被证明是提高成绩的法宝。

2.多种形式复习

复习是对已学习到的知识的重新编码，我们应充分利用各种形式整理知识，例如，听、说、读、写、背、看，而不需要机械地采用一种方法。

3.掌握最佳的复习时间

在听课后，你需要在相当短的时间内进行复习，否则，老师上课的内容很快会被你遗忘。

4.假期坚持复习

每年的寒暑假以及五一、国庆等，假期都比较长，我们除了完成家庭作业外，还应督促自己要适当复习，防止遗忘。在节假日，你还可以适当阅读课外书，加深和拓宽对知识的理解、巩固和运用。

知识的积累，就像建造房子，从砖到墙、从墙到梁，是一个循序渐进的过程。学习也一定要掌握一定的方法，这样，复习的时间不需要很长，但效果会很好，磨刀不误砍柴工，就是这个道理！

心理启示

根据艾宾浩斯遗忘曲线，我们可以发现的是，遗忘的规律是先快后慢，特别是识记后48小时左右，如果不经再记忆，遗忘率则高达72%，所以不能认为隔几小时与隔几天复习是一回事，应及时复习，间隔一般不应超过2天。

人脑是如何储存信息的

心理学故事：

有这样一个实验：

研究学者的研究对象是老鼠，其中的一个样品是转基因老鼠，而它已经被除去了回忆陈旧记忆的能力，这样做的目的是为了要确定老鼠大脑前扣带脑皮质在记忆处理过程中扮演的角色。

保罗·弗兰克兰博士是多伦多病童医院研究所科学家、多伦多大学生理学助理教授，他说，“众所周知，大脑中的海马体，其机能是处理近期记忆，但

不能永久地储存记忆，我们经过研究发现，那些陈旧的、或者永久的记忆是在前扣带脑皮质中得到存储和恢复。”

弗兰·克兰博士还说，“我们认为海马体和大脑皮质之间存在着活跃的交互作用，在这两个区域之间所进行的记忆传递处理过程可以一直持续数周，甚至在人睡觉的时候也在进行。”

加州大学洛杉矶分校神经生物学教授阿辛诺·斯里瓦说：“在大多数人看来，记忆是他们一生体验的积累，但一直以来，我们对大脑如何储存和记忆的问题却是迷惑不解。现在，我们已经知道了该从哪里入手，这有助于我们进一步开发出有效的药物来治疗与记忆混乱有关的大脑疾病。”

从这个实验和弗兰·克兰博士的总结中，我们可以得出一些关于大脑信息储存的知识，储存近期记忆的是海马体，而永久性记忆是在前扣带脑皮质中得到存储和恢复。

那么，什么是海马体？

所谓海马体，又名海马回、海马区、大脑海马，海马体主要负责学习和记忆。在我们的日常生活中，短期记忆会被储存到海马体中，比如，某个记忆片段、某人的电话号码或者地址等，都会被存入海马体中，而当这些记忆被重复记忆的时候，就会自动将其转存入大脑皮层，成为永久记忆。

可见，在记忆的过程中，海马体充当的是转换站的功能。当讯息传递到我们的大脑皮质中的神经元时，接下来，它们会把讯息传递给海马体。假如海马体有反应，神经元就会开始形成持久的网络，但如果没有通过这种认可的模式，那么脑部接收到的经验就会自动消逝无踪。

在记忆的生成过程中，有两种情况：第一种是新记忆的形成，它包含着神经细胞之间的突触连接加固的过程；而回忆的过程则包含了神经细胞或者神经细胞网络被重新激化的过程。随着记忆的老化，神经细胞网络也逐渐改变。刚开始时，日常事件的记忆似乎主要依靠大脑中海马体的神经细胞网络来完成，然而随着时间的推移，这些记忆日益变得依靠大脑皮质来进行。

人脑的思维形式有两种：一种是形式化思维，是人脑演绎能力的表现；另外一种是模糊性的思维。是人脑归纳能力的表现，可同时进行综合的整体的

思考。

在任何人的一生中，每个小时大约都有1000个神经细胞发生障碍，一年内有近900万个神经丧失功能，然而，即使如此，我们的大脑也没有瘫痪，仍能正常地工作，最主要的原因，就是大脑有足够的“后备军”。一些神经细胞发生故障，另一些“备用”的神经细胞马上顶替上来。

从人脑的工作原理上，科学家们受到了启发，从而研制成功了现在人们熟悉的计算机。可以说，20世纪最大的发明就是电脑。它具有非凡的计算能力，现代最快的计算机在1秒钟内，能完成上亿次运算，这样的计算速度和计算过程的可靠性，是人工计算望尘莫及的。计算机还能模仿人的某些感觉和思维功能，按照一定的规则进行判断和推理，代替人的部分脑力劳动。正因为这样，计算机受到了人们的高度重视，被称之为“电脑”，而且在各个领域里得到了广泛的应用。

心理启示

我们的大脑对于日常生活中得来的信息是通过分门别类来存储的，譬如物体和人脸就属于不同的类别，分存于不同的脑区。记忆其实就是大脑神经细胞之间的连结形态。不过要储存或抛掉某些信息，却不是有意识的行为，而是由人脑中一个细小的构造——海马体来处理。

如何才能学好英语

心理学故事：

小俊是班上的“大忙人”，似乎他的时间总是不够用。他的爸爸认为未来社会语言能力很重要，于是，没有征求小俊的意见就为他报了各种英语学习班，有口语班、听力班等，小俊连自己的时间都没有，周六上午去练口语，下午要练习听力，还要完成老师布置的课下作业，时间被排得满满的。

每当周末去培训班的路上，小俊看到同龄的孩子在自由玩耍的时候都特别羡慕。他多想和爸爸说他不喜欢那些培训班，但是看到爸爸陪他时的辛苦，又难以开口。他觉得很压抑，生活得很不开心，这些培训班已经影响了他的正常学习。

可能很多人和故事中小俊的父亲一样，认为学习英语最好的方法就是勤奋、专注，只有勤奋练习，才能获得好成绩。而其实，我们都知道，英语最重要的就是记忆。依照艾宾浩斯遗忘曲线，我们也应该明白，只有按照大脑的记忆规律，才能把输入的信息变成长时规律。这就大大的说明了，各种速成学习法是靠不住的。最多只能增加你的短时记忆。而如果每周学习时间超过大脑可以负荷的学习时间，其学习就会变得无效，被大脑遗忘。但同时，我们也应该明白，在相同的有限学习时间内，如果可以遵循一定的规律记忆学习，就会比单纯的突击能取得更好的效果。

为此，心理专家为我们指出几条学习英语的方法:

首先，找到最佳的记忆单词的方法。

一些人认为，单词背得越多越好，其实，一个人的词汇量是一个长期的日积月累的过程，绝不是一两个月的突击就能有好效果的。况且，大部分人都没有这么好的记忆力，会被这种枯燥的背单词“工程”吓倒的，到头来还是会选择放弃。

研究表明：最常用的前5000个单词，出现几率或使用频率达97%。一个人的词汇量在5000左右就可以和老外正常的交流了，重要的是培养自己造句子的能力，能不能用有限的词语造出不同的句子，举一反三，把不同的句子用在不同的场合，再根据自己的生活和工作所需，去补充一些新的单词，理解地记下来，然后使用他们，渐渐地你就具备了驾驭英语的能力，从而快速走出“要学英语，先背单词”这个大大的误区。

1.复习点的确定

而对于背单词，艾宾浩斯记忆曲线也告诉我们应掌握最佳的记忆时间。

（1）第一个记忆周期：5分钟。

（2）第二个记忆周期：30分钟。

（3）第三个记忆周期：12小时。

（4）第四个记忆周期：1天。

（5）第五个记忆周期：2天。

（6）第六个记忆周期：4天。

（7）第七个记忆周期：7天。

（8）第八个记忆周期：15天。

2.背诵方法

（1）初记单词时需要记忆的内容。

a）单词外观特征

b）单词的中文释义

c）单词的记忆法

（2）每个list的具体背诵过程（每个list按12页，每页10个单词计）。

a）背完一页（大约5分钟），立即返回该页第一个单词开始复习（大约几十秒）

b）按上面方法背完1～6页（大约在30分钟），回到第1页开始复习（两三分钟）

c）按上面同样方法背完7～12页，一个list结束

d）相当于每个list被分为12个小的单元，每个小的单元自成一个复习系统；每6个小单元组成一个大单元，2个大单元各自成为一个复习系统。背一个list总共需要一小时左右的时间

（3）复习过程。

a）复习方法：遮住中文释义，尽力回忆该单词的意思，几遍下来都记不住的单词可以做记号重点记忆。

b）复习一个list所需的时间为20分钟以内

c）当天的list最好在中午之前背完，大约12小时之后（最好睡觉前）复习当天所背的list

d）在其后的1，2，4，7，15天后分别复习当日所背的list

（4）注意事项。

a）每天连续背诵2个list，并完成复成任务

b）复习永远比记新词重要，要反复高频率的复习，复习，再复习

c）一天都不能间断，坚持挺过这15天，之后每天都要花大约1小时复习

其次，英语学习应有系统性。

市场上学英语的资料、方法、信息铺天盖地，处理不好就会带来不良的后果。今天用这个学、明天换另一个，或者干脆学习的内容和练习表达的内容毫无关系，学习便失去了系统性，也就无法达成完整的语言使用系统。

心理启示

英语学习最重要的莫过于记忆，很多人说记单词和学英语是件痛苦的事，而实际上，这是因为他们没有掌握最佳的记单词方法。学习中的遗忘是有规律的，掌握遗忘先快后慢的规律，能指导我们更好地学习英语这门记忆学科。

要记忆，更要学会遗忘

心理学故事：

哈佛大学校长曾经来北京大学访问时，讲了一段自己的亲身经历：

有一年，这个校长心血来潮，准备过一段时间与众不同的生活，于是，他向学校请了假，然后告诉自己的家人，不要问我去什么地方，我每个星期都会给家里打个电话，报个平安。

接下来，他一个人，带着简单的行李，去了美国南部的农村，开始了他所谓的与众不同的生活——农村生活。在农村他到农场去打工，去饭店刷盘子。在田地做工时，背着老板吸支烟，或和自己的工友偷偷说几句话，都让他有一种前所未有的愉悦。最有趣的是最后他在一家餐厅找到一份刷盘子的工作，干了四个小时后，老板把他叫来，跟他结账。老板对他说：“可怜的老头，你刷盘子太慢了，你被解雇了。”

三个月后，这个“可怜的老头”重新回到哈佛，回到自己熟悉的工作环境后，却发现，一切原本熟悉不过的东西顿时都变得新鲜起来，工作成为一种全新的享受。

对于这个哈佛校长来讲，这三个月的经历，就是一次遗忘的过程，也是洗涤心灵的过程，自己原本洋洋自得，甚至呼风唤雨的哈佛大学校长职位，自己原本认为的博学与多才，在新的环境中一文不值。更重要的是，回到一种原始状态以后，就如同儿童眼中的世界，也不自觉地清理了原来心中积攒多年的“垃圾”。

人生在世，难免会遇到一些挫折、失败和痛苦，这都是不顺心的事。但如果我们把痛苦埋在心里，日积月累，长此以往，一个人就会深陷意志消弭的泥潭而不能自拔，跌进精神萎靡的深渊而不能解脱。因此，要远离痛苦演绎的“悲惨世界”，就要找到一剂“止痛”的良方，这剂良方就是忘却。

忘却也是保持心理平衡的好办法。忘记烦恼、忘记忧愁、忘记苦涩、忘记失意、忘记昨天、忘记自己、忘记他人对你的伤害、忘记朋友对你的背叛、忘记脆弱的情怀、忘记你曾有的羞愧和耻辱……这样你便能乐观豁达起来。

既然这样，我们就要学会善于淡化烦恼，忘记烦恼，那么，如何才能淡化和化解烦恼呢？你可以尝试以下方法：

1.逆向思维比较法

试想比如发生了重大的车祸，死伤多人，皆为不幸。未伤者受惊，轻伤者轻痛，重伤者重痛，死亡者惨痛，由前往后比，虽是不幸，但又是大幸；从后往前比，则是不幸中的大幸。

2.把一切交给时间

时间是淡化、忘却痛苦的最好方法。遇到烦恼之事，倘若你主动从时间的角度来考虑一下，心中对此烦恼之事的感受程度可能就会大大减轻。受了上级的当众批评，面子很过不去，心里难以承受，不妨试想一下，三天后，一星期后甚至一个月后，谁还会把这件事当回事，何不提前享用这时间的益处呢？

3.忘却不是逃避

就是勇于承认现实，坦然面对现实，对任何既成事实的过失以及灾祸，不

必为之过多的后悔和烦恼，也不必因此而不休的责备自己或他人，而应把思想和精力放在努力弥补过失，最大可能的减少损失方面，否则过多的后悔、不休的责备，不仅于事无补，而且还会扩大事端，增加烦恼。

当然，忘却不快，并非是简单地对过去的抹去和背叛，而是把往昔的痛苦与烦恼沉淀于心底，更好地主宰自己的命运，把握未来。学会遗忘，走出烦恼泥潭，便会倍感生命的可贵，生活的绚丽，从而让生命更富于朝气和力量。

心理启示

人生旅途所经所历需要记住。记住经验，记住关怀，记住友谊，记住爱情，但生活也需要遗忘。不会遗忘，被名利缠身，为是非所累，被琐事所用，就人为地背上了思想包袱，关闭了心扉，就会活得很苦累。如果你想永远开心，那么，请你经常换一下心情，学会遗忘，以真实的快乐去对待每一天。

第四堂课
马斯洛老师主讲“性格”

马斯洛认为人都潜藏着七种不同层次的需要，这些需要分别是生理需求、安全需求、社交需求、尊重需求、认知需要、审美需要和自我实现的需要。这些需要在不同的时期表现出来的迫切程度是不同的。马斯洛指出，已经满足的需求，不再是激励因素。人们总是在力图满足某种需求，一旦一种需求得到满足，就会有另一种需要取而代之。大多数人的需要结构很复杂，无论何时都有许多需求影响行为。一般来说，只有在较低层次的需求得到满足之后，较高层次的需求才会有足够的活力驱动行为。

马斯洛说：人性的需求

在美国的心理学界，有个很著名的人物——亚伯拉罕·马斯洛，他是美国第三代心理学的开创者，人格理论家，人本主义心理学的主要发起者。

马斯洛于1908年4月1日出生于纽约市布鲁克林区一个犹太家庭。他是智商高达194的天才，伟大的先知。对于人的动机，他持整体的看法，他的动机理论被称为“需要层次论”。1968年当选为美国心理学会主席。著有《人的动机理论》《动机和人格》《存在心理学探索》《科学心理学》《人性能达到的境界》等。

马斯洛认为人的本性是向善的、中性的，他认为的完美人性是可以实现的，可以说，这是一种乐观主义的美学，但问题是，这更是一项离开实践的审

美活动，也是片面的、抽象的。

著名哲学家尼采有一句警世格言——成为你自己！在马斯洛的一生，他把精力都放到了证明这一思想上，他成功地树立了一个具有开创性的形象。《纽约时报》评论说：“马斯洛心理学是人类了解自己过程中的一块里程碑”。还有人这样评价他：“正是由于马斯洛的存在，做人才被看成是一件有希望的好事情。在这个纷乱动荡的世界里，他看到了光明与前途，他把这一切与我们一起分享。”的确，弗洛伊德为我们提供了心理学病态的一半，而马斯洛则将健康的那一半补充完整。

马斯洛的人本主义心理学为其美学理论提供了心理学基础。其心理学理论核心：人的多层次需要系统是通过“自我实现”来体现的，这个需要系统是多层次的，以此来达到“高峰体验”，重新找回被排斥的人的价值，实现完美人格。他认为人作为一个有机整体，具有多种动机和需要，包括生理需要（Physiological needs）、安全需要（Safety needs）、归属与爱的需要（Love and belonging needs）、自尊需要（Esteem needs）和自我实现需要（Self-actualization needs）。

马斯洛认为，当人的低层次需求被满足之后，会转而寻求实现更高层次的需要。其中自我实现的需要是超越性的，追求真、善、美，将最终导向完美人格的塑造，高峰体验代表了人的这种最佳状态。

创造美和欣赏美，是自我实现的一个重要目标，审美需要源于人的内在冲动，审美活动因而成为自我实现的需要满足的必要途径。审美活动的形象性、无直接功利性、超时空性、主客体交融性，使之对完美人格的创造，具有极其重要的意义；同时，审美与完美的紧密关系，使美具有真的、善的和内容丰富的性质。这样，通过审美活动，包含真、善、美于一身的完美人格形成了，审美活动成为人的一种基本的生存方式。

高峰体验，是审美活动的最高境界，完美人格的典型状态。高峰体验可以通过审美活动以外的知觉印象的寻求获得，只要是能获得丰富多彩的知觉印象的活动，都可能带来高峰体验，如爱的体验、神秘的体验、创造的体验等。高峰体验中主客体合一，既无我，也无他人或他物；对于对象的体验被幻化为整

个世界；同时意义和价值被返回给审美主体；主体的情绪是完美和狂喜，主体在这时最有信心，最能把握自己、支配世界，最能发挥全部智能。

心理启示

马斯洛认为人都潜藏着七种不同层次的需要，这些需要在不同的时期表现出来的迫切程度是不同的。人最迫切的需要才是激励人行动的主要原因和动力。人的需要是从外部得来的满足逐渐向内在得到的满足转化。马斯洛在人生的两个阶段提出了不同的观点，所以我们在一些书上只能看到马斯洛需要层次的五个层次：生理需要、安全需要、爱与归属的需要、尊重的需要、自我实现的需要。

人的七种不同层次的需要

马斯洛将人的需求分为七个层次。

具体地说，按照重要性和层次性排序，七种不同层次的需要主要指：

1.生理需求

生理上的需要是人们最原始、最基本的需要，如吃饭、穿衣、住宅、医疗等。若不满足，则有生命危险。这就是说，它是最强烈的不可避免的最底层需要，也是推动人们行动的强大动力。当一个人为生理需要所控制时，其他一切需要均退居次要地位。

2.安全需求

安全的需要要求劳动安全、职业安全、生活稳定、希望免于灾难、希望未来有保障等。安全需要比生理需要较高一级，当生理需要得到满足以后就要保障这种需要。每一个在现实中生活的人，都会产生安全感的欲望、自由的欲望、防御的实力的欲望。

3.社交需求

社交的需要也叫归属与爱的需要，是指个人渴望得到家庭、团体、朋友、同事的关怀爱护理解，是对友情、信任、温暖、爱情的需要。社交的需要比生理和安全需要更细微、更难捉摸。它与个人性格、经历、生活区域、民族、生活习惯、宗教信仰等都有关系，这种需要是难以察悟，无法度量的。

4.尊重需求

尊重的需要可分为自尊、他尊和权力欲三类，包括自我尊重、自我评价以及尊重别人。尊重的需要很少能够得到完全的满足，但基本上的满足就可产生推动力。

5.认知需要

又称认知与理解的需要，是指个人对自身和周围世界的探索、理解及解决疑难问题的需要。马斯洛将其看成克服阻碍的工具，当认知需要受挫时，其他需要的能否得到满足也会受到威胁。

6.审美需要

“爱美之心人皆有之”，每个人都有对周围美好事物的追求，以及欣赏。

7.自我实现

自我实现的需要是最高等级的需要，是一种创造的需要。有自我实现需要的人，往往会竭尽所能，使自己趋于完美，实现自己的理想和目标，获得成就感。马斯洛认为，在人自我实现的创造过程中，产生出一种所谓的“高峰体验”的情感，这个时候的人处于最高、最完美、最和谐的状态，具有一种欣喜若狂、如醉如痴的感觉。

马斯洛需求层次理论假定，人们被激励起来去满足一项或多项在他们一生中很重要的需求。更进一步的说，任何一种特定需求的强烈程度取决于它在需求层次中的地位，以及它和所有其他更低层次需求的满足程度。

马斯洛认为七个层次要按照次序实现，由低层次一层一层向高层次递进。只有先满足低层次的需要才能去满足高层次。所以一定程度上，过于机械化。但是我们也要肯定马斯洛理论的完整性，以及他对管理、教育等方面作出的贡献和启示。

心理启示

马斯洛的需求层次理论，在一定程度上反映了人类行为和心理活动的共同规律。马斯洛从人的需要出发探索人的激励和研究人的行为，抓住了问题的关键；马斯洛指出了人的需要是由低级向高级不断发展的，这一趋势基本上符合需要发展规律的。因此，需要层次理论对企业管理者如何有效的调动人的积极性有启发作用。

性格不合到底是怎么回事

心理学故事：

琪琪在相亲派对上认识了一位男士，开始两人相处的还不错，但很快，琪琪就发觉两人性格不合，打算找一些借口断绝和对方的往来。

“下周末我们还去郊外钓鱼怎么样?”临分别的时候，那个男士又邀请琪琪。

“下周我们一直都要上班，周末也是。”

“那就再下周了。”

“再说吧，最近总是在周末出去玩，我周一上班都没什么精神，我要回去休息了。”说完以后，琪琪以为对方会找借口离开，但没想到的是，这个男孩居然问：“我知道你是想拒绝和我交往了，我想知道这是为什么。”

一句话问得琪琪马上脸红了，不过她还是坦诚地回答：“是的，我觉得我们确实性格不合，就没有必要再交往下去了。”

“没有所谓的性格不合，只是我们内心的深层次需要不同而已，我想，我们之间还是缺乏沟通，希望你能再给我一次机会，也许你会发现一些不一样的东西。”

这一番话着实让琪琪刮目相看，也许自己该重新考虑一下坐在对面的这个人了。

和故事中的琪琪一样，有些情侣分手，夫妻离婚后，被人问及原因，她们

或他们，会轻描淡写地说：性格不和吧！这种口气像是在谈一件考古的事。我们知道“性格决定命运”这句话，几乎被说得有点俗套了。既然这命运都决定了，还能不决定婚姻?

而故事中琪琪的这个相亲对象说的一番话是有道理的。没有所谓的性格不合。性格不合都是找得到深层次原因的。如修养不和，品位不和。或者更深入一些，在马斯洛需要层次理论，可以看到每个人走到的层面不同。生理需要，安全需要，爱和归属的需要，尊重的需要，求知的需要，审美的需要，自我实现的需要。

生活中，不同的人有不同的需求，有的人只求吃饱穿暖，有的人要求有房子遮风避雨，有人要求有个相依相偎的家足矣，而也有人希望自己的能力得到他人和社会的认可，有的人更注重自身知识的充实，相同或类似要求的人就更容易相处，相反，不同心理需求的人也就导致了所谓的性格不合。

五种需要可以分为两级，生理上的需要、安全上的需要和感情上的需要都属于低一级的需要，这些需要通过外部条件就可以满足；尊重的需要到自我实现的需要是高级需要，它们是通过内部因素才能满足的，而且一个人对尊重和自我实现的需要是无止境的。

一般来说，这七个层次的需要，一旦某一层次的需要相对满足了，会向高一层次发展。

心理启示

马斯洛认为，人类价值体系存在两类不同的需要，一类是沿生物谱系上升方向逐渐变弱的本能或冲动，称为低级需要和生理需要。一类是随生物进化而逐渐显现的潜能或需要，称为高级需要。同一时期，一个人可能有几种需要，但每一时期总有一种需要占支配地位，对行为起决定作用。任何一种需要都不会因为更高层次需要的发展而消失。各层次的需要相互依赖和重叠，高层次的需要发展后，低层次的需要仍然存在，只是对行为影响的程度大大减小。在高层次的需要充分出现之前，低层次的需要必须得到适当的满足。

自我实现者的人格特征

心理学故事：

1809年2月12日，伟大的美国总统林肯诞生了。他出生很卑微，是一个私生子，并且相貌丑陋，言谈举止都不招人喜欢，这些缺点都让敏感的林肯感到很自卑。最终，他决定靠自己的力量改掉这些缺点，于是，他拼命自修以克服早期的知识贫乏和孤陋寡闻。他学会了借助烛光、水光读书，尽管他的视力大不如前，但头脑的越发丰富让他开始充满了自信，他最终摆脱了自卑，并成为有杰出贡献的美国总统。

生活中，历尽沧桑和饱受无情打击的人不少，但却很少有人能像林肯那样百折不挠。每次竞选失败过后，林肯都会激励自己："这不过是摔了一跤而已，并不是死了爬不起来了。"这些词汇是克服困难的力量，更是林肯终于享有盛名的利器。

从心理学的角度看，我们每个人都应该像林肯一样追求自我价值的实现，而林肯自身也被著名心理学家马斯洛列举为具有自我实现者的人格特征。

自我实现理论是马斯洛人本主义心理学的理论支柱之一，马斯洛认为，自我实现的人具有最健康和最完美的人格。马斯洛之所以会探讨这个领域，是受其大学时代的两位恩师（一位是完形心理学的主要创始人之一，一位是著名文化人类学家）的学术思想和学术品格的影响，马斯洛从他们身上找出共同的高贵品质，便开始了他的研究。而他研究的对象，也都是历史上最有名的人物，如晚年的林肯、托马斯·杰斐逊和威廉·詹姆斯等，表明马斯洛希望找出对人类社会做出重大贡献的人的人格特征。

马斯洛发现，在这些人的内心，也存在一定的恐惧和焦虑，但他们之所以成功，是因为他们能接纳并喜欢自己，继而不易受到焦虑和恐惧的影响。他们虽然也有缺点，但因为能够接受自己的缺点，所以他们较一般人更真诚、更不防卫，也对自己更满意。

他认为只有在这些人身上所体现的人性特征，才能代表人性所蕴含潜能的

最高限度，才能展现出人性的美好本性与丰富色彩。

马斯洛认为，自我实现者的人格特征（即性格特征）有：

（1）了解并认识现实，人生观比较实际。

（2）悦纳自己、别人乃至周围的世界。

（3）在情绪与思想表达上较为自然。

（4）视野广阔、考虑事情能就事论事，较少考虑个人利害。

（5）能享受自己的私人生活。

（6）有独立自主的性格。

（7）对生活有热情，不厌烦平凡的事物。

（8）在生命中曾有过引起心灵震动的高峰经验。

（9）爱人类并认同自己为全人类之一员。

（10）有至深的知交，有亲密的爱人。

（11）民主，尊重别人的意见。

（12）有伦理观念，能区分手段与目的；绝不为达到目的而不择手段。

（13）带有哲学气质，有幽默感。

（14）创新，不墨守成规。

（15）对世俗，和而不同。

（16）有改变现在生活状态的愿望和能力。

对那些希望自己的人生也能臻于自我实现境界的人，马斯洛提出了以下7点建议：

（1）把自己的感情出口放宽，莫使心胸像个瓶颈。

（2）在任何情境中，都尝试以积极乐观的角度看问题，从长远的利害做决定。

（3）对生活环境中的一切，多欣赏，少抱怨；有不如意之处，设法改善；坐而空谈，不如起而实行。

（4）设定积极而有可行性的生活目标，然后全力以赴求其实现；但却不能期望未来的结果一定不会失败。

（5）对是非之争辩，只要自己认清真理正义之所在，纵使违反众议，也

应挺身而出，站在正义之一边，坚持到底。

（6）莫使自己的生活僵化，为自己在思想与行动上留一点弹性空间；偶尔放松一下身心，有助于自己潜力的发挥。

（7）与人坦率相处，让别人看见你的长处和缺点，也让别人分享你的快乐与痛苦。

心理启示

自我实现是一种连续不断的发展过程，它意味着一次次地做诸如此类的选择：是说谎还是诚实，是偷窃还是保持清白，并且使每一次选择都是成长性选择。这种成长性选择也就是走向自我实现的运动。

为什么你对工作毫无热情

心理学故事：

在很多人梦寐以求的微软公司，曾有一个临时清洁女工升职成为正式职工的故事：

她是办公楼里临时雇佣的清洁女工，在整个办公大楼里，有好几百名雇员，她是唯一没有学历的人，工作量最大，薪水最少，可她却是整座办公楼里最快乐的人！

每一天，她来得最早，然后面带微笑，开始工作，对任何人的要求，哪怕不是自己工作范围之内的，也都愉快并努力地跑去帮忙。周围的同事都被她感染了，有很多人成了她的好朋友，甚至包括那些被大家公认为冷漠的人，没有人在意她的工作性质和地位。她的热情就像一团火焰，慢慢地整个办公楼都在她的影响下快乐了起来。

盖茨很惊异，就忍不住问她：“能否告诉我，是什么让您如此开心地面对每一天呢？”“因为我热爱这份工作！”女清洁工自豪地说，“我没有什么

知识，我很感激企业能给我这份工作，可以让我有不菲的收入，足够支持我的女儿读完大学。而我对这美好现实唯一可以回报的，就是尽一切可能把工作做好，一想到这些，我就非常开心。”

盖茨被女清洁工那种热爱工作的态度深深地打动了：“那么，您有没有兴趣成为我们当中正式的一员呢？我想你是微软最需要的。”“当然，那可是我最大的梦想啊！”女清洁工睁大眼睛说道。

此后，她开始用工作的闲暇时间学习计算机知识，而企业里的任何人都乐意帮助她，几个月以后，她真的成了微软的一名正式雇员。

这名女清洁工是怎么获得成长的？因为她对当下工作的热爱和对计算机知识的渴望。当她还是一名清洁员工时，她能以正确的心态去面对工作，不是怨天尤人，不是得过且过，而是以一种积极的、向上的心去感染周围的每个人。

然而，和这名清洁女工不同的是，我们工作的周围，总是有这样一些人，他们把工作当成是获取生活物资的一种手段，他们对工作毫无积极性和热情，他们做一天和尚撞一天钟，每个月能让他们唯一感到存在的是发薪水的那天，而如果有人问他们为什么不愿意离开这个工作岗位时，他们的回答是：“没办法，要养家糊口。”那为什么又不努力工作呢？他们又有自己的理由，这份工作不适合自己。

那么，到底是工作不适合你，还是其他原因让他们提不起兴趣呢？

我们可能都有这样的感受：学生时代，我们偶尔会上课打瞌睡，有很多原因，其中重要的一点是我们对这门功课不感兴趣。其实，任何一件事情又何尝不是这样呢？如果我们认为一件事枯燥无味，那么，我们便提不起兴趣，效率自然也不高。

那么，我们的工作热情从何而来？事实上，我们认为的工作不合适自己，原因是工作满足不了我们的需求，根据马斯洛的“需要层次论”，当我们低层次的需要得到满足，自然就有了高层次的需要。通常我们认为的不适合，无非是待遇、薪水满足不了我们的要求，或者说我们的自我价值无法在当下的工作岗位中得到实现。

然而，作为我们自身，也应该明白的是，企业为我们提供工作和价值实现的机会，我们就应端正态度努力工作。其实，认真是和兴趣成正比的，如果你能努力、认真地工作，那么，你就会取得好成绩，就会获得一种成就感，反过来，成就感会刺激你继续认真、努力地工作。形成良性循环后，你的工作积极性自然就提高了。

心理启示

工作过程中，我们应看到自己内心的需求，并找到工作的热情。如果你认为工作只是一种应付性活动，那么，你是不会有很高的工作效率的。对于这种情况，你有必要调节自己的内心，当你能做到保持不甘落后、积极向上、奋发有为的精神状态，有只争朝夕的紧迫感，那么，你一定会不断进取！

人的最终追求是高尚的精神还是物质财富

心理学故事：

很久以前，在西方，有一个人在死后来到一个美妙的地方，这里能享受到一切他曾经没有享受过的东西，包括妙龄美女和美味佳肴，还有数不尽的佣人伺候他，他觉得这里就是天堂，可是在过了几天这样的生活后，他厌倦了，于是，对旁边的侍者说：“我对这一切感到很厌烦，我需要做一些事情。你可以给我找一份工作做吗？”

他没想到，他所得到的回答却是摇头：“很抱歉，我的先生，这是我们这里唯一不能为您做的。这里没有工作可以给您。”

这个人非常沮丧，愤怒地挥动着手说：“这真是太糟糕了！那我干脆就留在地狱好了！”

“您以为，您在什么地方呢？”那位侍者温和地说。

这则寓言故事，似乎告诉我们：一个人，最终追求的并不是奢华的物质财

富，而是精神世界的充实。

从心理学上来说，我们生活中的每个人，最终追求的目标都只有两个字——幸福。对于幸福的追求也是人的需求的一部分。人生在世，我们都有各种各样的需求，对此，社会心理学家马斯洛提出需求层次力量，并将人的需求分为五种，像阶梯一样从低到高，按层次逐级递升，分别为：生理上的需求，安全上的需求，情感和归属的需求，尊重的需求，认知的需求、审美的需求、自我实现的需求。从这里，我们可以看出，人的心理需求应该是更高层次上的需求。

也许，很多人认为，所谓的幸福就是衣食无忧，有用之不尽的金钱就是幸福，然而，如果我们失去了实现自我价值的方式，那么，我们则会感觉犹如活在地狱一般。

马斯洛的理论认为，激励的过程是动态的、逐步的、有因果关系的。在这一过程中，一套不断变化的“重要”的需求控制着人们的行为，这种等级关系并非对所有的人都是一样的。社交需求和尊重需求这样的中层需求尤其如此，其排列顺序因人而异。不过马斯洛也明确指出，人们总是优先满足生理需求，而自我实现的需求则是最难以满足的。

人的最高需要即自我实现就是以最有效和最完整的方式表现他自己的潜力，唯此才能使人得到高峰体验。

人的五种基本需要在一般人身上往往是无意识的。对于个体来说，无意识的动机比有意识的动机更重要。对于有丰富经验的人，通过适当的技巧，可以把无意识的需要转变为有意识的需要。

心理启示

人要生存，他的需要能够影响他的行为。只有那些没有被满足的需要，才能影响人的行为，被满足后，激励作用也就不存在了。人的需要按重要性和层次性排成一定的次序，从基本的（如食物和住房）到复杂的（如自我实现）。当人的某一级的需要得到最低限度满足后，才会追求高一级的需要，如此逐级上升，成为推动继续努力的内在动力。

第五堂课
罗杰斯老师主讲“自我”

人本主义心理学家罗杰斯的主要观点是：在心理治疗实践和心理学理论研究中发展出人格的“自我理论”，并倡导了“患者中心疗法”的心理治疗方法。在他看来，人类有一种天生的“自我实现”的动机，即一个人发展、扩充和成熟的趋力，它是一个人最大限度地实现自身各种潜能的趋向。

罗杰斯说：注重人的价值

卡尔·兰塞姆·罗杰斯（1902—1987），美国心理学家，人本主义心理学的代表之一。美国人本主义心理学的理论家和发起者、心理治疗家。

罗杰斯于1902年生于美国伊利诺斯的奥克派克，罗杰斯兄妹六人，他在家中排行老四。他的父亲是一个土木工程师，母亲是一位虔诚的基督教徒，也是一位家庭妇女。在他12岁的时候，全家迁往离芝加哥30英里的农场，在那里度过了他的青年期，由于严格的家教和繁琐的家务，卡尔变得孤僻、独立和自我约束。

17岁那年，罗杰斯以优异的成绩考入威斯康星大学学习，主修农业，后转修宗教，于1924年获威斯康星大学文学学士学位，1928年获心理学硕士学位，1931年获哲学博士学位。

罗杰斯的突出贡献在于创立了一种人本主义心理治疗体系，其流行程度仅

次于弗洛伊德的精神分析法。

罗杰斯认为，每个人从出生开始，都有自我实现的趋向，当原来的自我与社会内化而形成的价值观产生冲突的时候，便会引起焦虑，为了缓解这种焦虑情绪，人们不得不采取心理防御机制，这样就限制了个人对其思想和感情的自由表达，削弱了自我实现的能力，从而使人的心理发育处于不完善的状态。而罗杰斯创立的就诊者中心治疗的根本原则就是人为的创造一种绝对的无条件的积极尊重气氛，使就诊者能在这种理想气氛下，修复其被歪曲与受损伤的自我实现潜力，重新走上自我实现、自我完善的心理康庄大道。

人本主义于20世纪50～60年代在美国兴起，70～80年代迅速发展，它既反对行为主义把人等同于动物，只研究人的行为，不理解人的内在本性，又批评弗洛伊德只研究神经症和精神病人，不考察正常人心理，因而被称为心理学的第三种运动。

人本主义强调爱、创造性、自我表现、自主性、责任心等心理品质和人格特征的培育，对现代教育产生了深刻的影响。其代表人物罗杰斯强调人的自我表现、情感与主体性接纳。他认为教育的目标是要培养健全的人格，必须创造出一个积极的成长环境。

罗杰斯的自我论和马斯洛的自我实现论在基本观点上是一致的，都认为人有追求自我价值实现的共同趋向。但他更强调人的自我指导能力。相信经过引导，人能认识自我实现的正确方向。这成为他的心理治疗和咨询以及教育理论的基础，自我指导原理起初是在心理治疗经验中得出的。

罗杰斯认为，精神障碍的根本原因是背离了自我实现的正常发展，咨询和治疗的目标在于恢复正常的发展。他的疗法原称非指示疗法，后改称来访者中心疗法。这种方法反对采取生硬和强制态度对待患者，主张咨询员要有真诚关怀患者的感情，要通过认真的“听”达到真正的理解，在真诚和谐的关系中启发患者运用自我指导能力促进本身内在的健康成长。这一原理也适用于教师和学生、父母与子女以及一般人与人之间的关系，因此，又称以人为中心的理论。他的心理疗法今天在欧美各国已广泛流行，他的人格理论也颇有影响。

心理启示

人本主义强调人的尊严、价值、创造力和自我实现，把人的本性的自我实现归结为潜能的发挥，而潜能是一种类似本能的性质。人本主义最大的贡献是看到了人的心理与人的本质的一致性，主张心理学必须从人的本性出发研究人的心理。

探明自己，找到自我

心理学故事：

曾经有位事业有成的年轻人，他在朋友的劝谏下来看心理医生，因为他觉得自己的工作压力太大了，心灵好像已经麻木了。

诊断后，医生证明他身体毫无问题，却觉察到他内心深处有问题。

医生问年轻人："你最喜欢哪个地方？"

"我不清楚！"

"小时候你最喜欢做什么事？"医生接着问。"我最喜欢海边。"年轻人回答。

医生于是说："拿这三个处方，到海边去，你必须在早上9点、中午12点和下午3点分别打开这三个处方。你必须同意遵照处方，除非时间到了，不得打开。"

于是，这位年轻人按照医生的嘱咐来到海边。

他抵达时刚好接近九点，独自一人没有收音机、电话。他赶紧打开处方，上面写道："专心倾听。"他开始用耳朵倾听，不久就听到以往从未听见的声音，他听到了海浪声，听到了各种海鸟的叫声，听到了风吹沙子的声音，他开始陶醉了，这是另外一个安静的世界，他开始沉思、放松。中午时分他已陶醉其中，他很不情愿地打开第二个处方，上面写道："回想。"于是他开始回

忆，他想起小时候在海边嬉戏的情景，与家人一起拾贝壳的情景……怀旧之情汩汩而来。近3点时，他正沉醉在尘封的往事中，温暖与喜悦的感受，使他不愿去打开最后一张处方。但他还是拆开了。

“回顾你的动机。”这是最困难的部分，亦是整个“治疗”的重心。他开始反省，浏览生活工作中的每件事、每一状况、每一个人。他很痛苦地发现他很自私，他从未超越自我，从未认同更高尚的目标、更纯正的动机。他发现了造成疲倦、无聊、空虚、压力的原因。

故事中，这位年轻人遵照医生的建议来到海边，给了一个自我反省的机会，才认识到自己的缺点——自私、从未超越自我、从未认同他人，这就是他感到空虚、压力大的原因。

心理学家曾说过：“人是最会制造垃圾污染自己的动物之一。”生活中，人们常说：“知己知彼，百战百胜”，这句话其实可以运用到生活中的多个方面。一个人，只有看到自己的性格盲点、优点，才能有更好的表现。因此，从心理学的角度看，一个高明的观察者，不只会看他人，更会看自己。

“看自己”，也就是“观察自我”，这是一项自我探索的活动，注重自我内心的探索，也就是将人的身体感觉、情感、思想等都向内心集中，然后试着去感知自己的内心世界。完成这项训练的方法有很多种，不过我们通常要做的第一步就是认识自己的习惯状态和那些占据了内心的固有特征。

再通俗点来讲，我们要做的就是将表现出来的自我与真实的自我分离开来，如果我们能做自身行为习惯的旁观者，那么，我们就能真正掌控自己的行为习惯，而不是被曾经固有的习性所控制。久而久之，你便会摆脱那些固有的习性带给你的困扰。

总之，准确的自我观察对于认识自己的性格类型十分重要，因为你需要了解你内心的习性，才能从相似者的故事中认清你自己。

心理启示

我们每个人从出生起，都在不断认识世界、接受外在世界赠予我们的一切，我们学会了很多，包括科学文化知识、审美、与人相处等，但在这个过程中，我们却很少认识自己，实际上，我们也总是在逃避认识自己，因为认识自己，就意味着我们必须要接受自己“魔鬼”的一面，这个过程对于我们来说是痛苦的，但如果我们想实现自己的目标、成为更优秀的自己，就必须要认识自己，就像剥洋葱一样，寻找到最本真的自我。

挖掘自己的兴趣，挖掘潜能

心理学故事：

比埃尔·居里于1859年5月15日生于巴黎一个医生家庭里。在他的童年和少年时期，并没有显示出与众不同的聪明。那时候的他在性格上好个人沉思，不易改变思路，沉默寡言，反应缓慢，不适应普通学校灌注式的知识训练，不能跟班学习，人们都说他心灵迟钝，所以从小没有进过小学和中学。

父亲常带他到乡间采集动、植、矿物标本，培养了他对自然的浓厚兴趣，学到了如何观察事物和如何解释它们的初步方法。居里14岁时，父母为他请了一位数理教师，他的数理进步极快，16岁便考得理学学士学位，进入巴黎大学后两年，又取得物理学硕士学位。1880年，他21岁时，和他哥哥雅克·居里一起研究晶体的特性，发现了晶体的压电效应。1891年，他研究物质的磁性与温度的关系，建立了居里定律：顺磁质的磁化系数与绝对温度成反比。他在进行科学研究中，还自己创造和改进了许多新仪器，例如压电水晶秤、居里天平、居里静电计等。1895年7月25日比埃尔·居里与玛丽·居里结婚。

比埃尔·居里的成功让我们明白，一个人爱好学习，勤奋读书，就会学有所获。其实，不仅是学习，要想建筑成功的大厦，就必须有先天的或经后天培

养而成的兴趣基础。有了兴趣，才有可能培养和形成敏锐的感觉与反应，累积可供运用和发挥的技术与技巧。有了兴趣，才有无穷的动力使你在某个领域当中越钻越深。有了兴趣，才有勤奋，有了勤奋，才成就了辉煌和成功。

心理学家罗杰斯指出，每个人生来都会对世界充满好奇心，并且都具有发展的潜能，在适当的条件下，人渴望学习和发现的愿望和潜能都会被激发出来，这正如伟大的哲学家尼采曾说的：“如果你想真正理解自己的本质，那就请老实回答以下几个问题：自己真正爱过的是什么？让自己的灵魂升华的究竟是什么？是什么填满自己的心灵，让心中充满愉悦？自己究竟为什么东西入迷过？只要回答这些问题,便能明白自己的本质。那便是真正的你。”

尼采这句话里的含义是，一个人，只有找到令自己最感兴趣的事物，才能激发出自己的激情，让自己狂热起来，也才会有所成就。

我国古代大教育家孔子曾说，“知之者不如好之者，好之者不如乐之者”。德国文学家歌德说过，“哪里没有兴趣，哪里就没有记忆。”科学研究表明，人一旦对某种活动或某个事物产生兴趣，他就会倾注热情，就能提高从事这项活动的效率。事实上，我们也不难看出，很多成功者也都是在他们热衷的领域内发挥自己的才能，最终取得一定成就。

科学家丁肇中用6年时间读完了别人10年的课程，最后终于发现了“J粒子”，是第一位获得诺贝尔奖学金的华人。记者问他：“你如此刻苦读书，不觉得很苦很累吗？”他回答：“不，不，不，一点儿也不，没有任何人强迫我这样做，正相反，我觉得很快活。因为有兴趣，我急于要探索物质世界的奥秘，如搞物理实验，因为有兴趣，我可以两天两夜，甚至三天三夜待在实验室里，守在仪器旁。我急切地希望发现我要探索的东西。”

的确，人作为一种动物，所有的行为都是直接或者间接按照自己意志去行动的，而这一切都必须要有足够的动机——可能是外界的压迫或者一时的发奋可以暂时充当这种动机，但是任何纯被动的行为是永远无法有效地持续下去的。只有拥有内在的动力——兴趣，奋斗、努力的行为才能够高效地持久下去。

心理启示

从兴趣出发，会让你充满热情，会给你带来无穷的力量。我们在做自我剖析前，一定要记住，只有先搞清楚让自己狂热的事物是什么，才能找到努力和奋斗的方向，一个人如果在自己感兴趣的领域里从事自己最擅长的事情，那么，他成功的概率就会大大提高。

坚决走完自我完善之路

心理学故事：

一只狐狸在跨越篱笆时滑了一下，幸而抓住一株蔷薇才没有摔倒，可它的脚却被蔷薇的刺扎伤了，流了好多血。受伤的狐狸很不高兴地埋怨蔷薇说："你也太不应该了，在我向你求救的时候，你竟然趁机伤害我！"蔷薇回答说："狐狸啊，你错了！不是我故意要伤害你。我的本性就带刺，是你自己不小心，才被我刺到了。"

在我们的周围，也有很多这样的人，他们在遭遇挫折或犯了错误的时候，常常责怪或迁怒别人，而不是从自己的角度反躬自省。其实，无论是我们自己还是他人都会犯错，敢于不断犯错的人，往往也是最容易成功的人。因为他们总是无所畏惧，敢于从各个角度尝试不同的办法，最后总会有所突破。

心理学家罗杰斯曾经说，人的自我实现是一个动态的发展过程，按照罗杰斯的观点，人类具有求生、发展和增强自身的天赋需要。有机体的成熟和发展并非是自动实现的，它需要付出很大的努力。

随着一个人年龄的增长，自我开始发展起来。实现化的重点从生理方面转移到心理方面。当人的身体以及它的形态和功能达到成人水平时，他的发展便集中到人格方面。自我一旦产生，自我实现的趋向便出现了。自我实现就是发展自己独特的心理性格，发挥自己的心理潜能和完善自己的过程。罗杰斯认

为，实现的趋向是存在于每个人生命中的驱动力量，它使个体变成更具差异性，更独特，更有社会责任。

生活中的人们，从罗杰斯的理论中，我们可以看出，要做到自我完善，就需要我们做到：

1.找到自己的缺点

每个人都不是完美的，都有一些缺点，在这之前，你一定要认识到自己的缺点并且正视它，才有可能改正它，并把改正不足和缺点当成一种习惯，一个好的习惯对我们的人生会产生很大的帮助，如果我们养成很多好习惯，那么在成功的路上就会一帆风顺、一往无前了。当然，如果你自己意识不到自己的缺点，就很可能让别人抓住你的缺点从而制服你。

2.自我反省

当你获得一定的荣誉、取得一定的成绩后，最难能可贵的就是胜不骄败不馁，懂得自我反省，才会不断进步。

3.直视自己，不要害怕犯错误

人无完人，所以，谁都有可能犯错。关键是你要告诫自己，下次不能再犯。相反，假如你在做事前就谨小慎微，暗示自己决不能犯错，那么，你反而因为有心理压力而做不好，而且，害怕犯错误会让你倾向于掩盖错误。你会离谦虚这两个字越来越远。想要不再害怕犯错误就要从现在开始，正视错误并积极主动的改正错误。当自己犯错的时候，第一想到的就是怎样挽回，而不是怎样逃避。

4.接纳他人的批评

可能你在生活中也曾遇到了一些批评你的人，你也会产生这样的想法：他怎么总是看我不顺眼？这个人真是讨厌，处处跟我作对，你甚至会对其恨之入骨。而实际上，你细想过没有，其实，你的确存在很多需要改进的地方，例如，你的学习方法是不是真的有问题？你待人处世的态度是不是需要改进？为什么你交不到知心的朋友等。

你可能没有意识到的是，你之所以听不进去他人意见，是因为你有一个弱点，你认为一旦接受了别人的批评就等于服从他人，就没了面子，而实际上，

欣然地接受别人的批评，不仅能帮助我们成长、弥补自身不足，更能树立我们在他人心中谦逊的形象，从而拉近人际间的关系。

心理启示

我们每个人，都会在生活、工作、学习中遇到挫折、失败乃至磨难。有些人会怨天哀地，牢骚满腹。但很少有人能找到自己的主观原因。因为人们通常会被自己的双眼蒙蔽。从主观角度出发，不但完善自我，才能逐步走上自我实现的道路。

找回自信，领悟自己的本性

心理学故事：

有一个女孩名叫芳，长相平平，在美女如云的班级里，她只是一棵不起眼的小草儿；成绩平平，无法让视分数如宝的老师青睐；除了会写几首浪漫小诗给自己看外，没有其他特别突出的才能，不会唱歌，也不会跳舞。芳心里很寂寞，没有男孩追，没有同学和她做朋友。

一天清晨，她打开门，惊讶地发现门口摆着一束娇艳欲滴的红玫瑰，旁边还有一张小小的卡片。她迅速地将花和卡片拿到自己的房间，轻轻地打开卡片。上面有几行字，是这样写的：

其实一直以来我都想对你说一声：我喜欢你。但却没有勇气，因为你的一切让我深感自卑。你那平静如水的眼神，你优美的文笔，你高雅的气质，让我很难忘记。所以，我只能默默地看着你。——一个喜欢你的男生。

芳的心怦怦直跳，没想到自己还有这么多的优点，自己原来并不是一个毫不起眼的人啊。从那以后，芳开始主动和同学交谈，成绩也渐渐上升，慢慢地，老师和同学们都很喜欢她。高中毕业以后，她考上了大学，凭着那份自信，她在学校中尽情发挥自己的才能，赢得许多男生的追求。大学毕业后找了

一份很满意的工作，并且找到了深爱她的丈夫。

芳一直有一个心愿，就是找到那个给她送花的人，很想感谢他让她重新找回了自信，如果不是那朵花，现在或许一切都是希望和等待。有一天，无意间，她听到爸妈的谈话。妈妈说：“当年你想的招儿还真有用，一朵玫瑰花就改变了她的生活。”

芳不禁愕然，怪不得那字看起来像被人故意用宋体写的，但一朵玫瑰花的作用真那么大吗?不，是自信转变了芳的生活。

心理学家认为：一个人如果自惭形秽，那她就不会成为一个美人；如果他不相信自己的能力，那他就永远不会是事业上的成功者。从这个意义上说，如果你是个自卑的人，那么，树立起自信心是战胜自卑感最好的方法。

心理学家罗杰斯人本主义的实质就是让人看到自己的本性，而不再倚重外来的观念，让人重新信赖自己，消除外界环境通过内化而强加给自己的价值观，让人可以自由表达自己的思想和感情，由性的健康发展。然而，一个人只有首先接纳自己，树立自信，才能全面、正确地看待自己，挖掘自己的潜能。

美国著名心理学家基恩，小时候亲历过一件让他终生难忘的事，正是这件事使得基恩从自卑走向了自信，也正是这种自信，使他一步步走向成功。

那么，如果你是个自卑的人，怎样才能摒除自卑，重新找回自信的自己呢?

首先，客观地认识自己，意思就是不仅要看到自己的优点，也要看到自己的缺点，并客观地给予评价。要做到这一点，除了自己对自己的评价，还要注意从周围人身上获取关于自己的信息。这些人可以是我们的父母，也可以是我们的朋友，也可以是我们的同事，只有这样，我们才能够逐步形成对自我的全面客观的认识。

其次，能够接纳自己。

因此，真正的自我接纳，就是要接受所有的好的与坏的、成功的与失败的。不妄自菲薄，也不妄自尊大，不卑不亢，才能健康地发展，逐步走向成功。

同时，还需要积极地完善自己不足的方面。这些不足，指的是某些“内在”上的，例如，学识、技能、素质等。

另外，对于别人对你的批评，需要理性地看待。因为别人批评你是免不了的。如果你对别人的批评很在意，心理上就会很难过，越辩就越黑；如果你以理性的态度、开放的心情去接受，心情反而会坦然。

心理启示

心理学教授说，自卑是一种消极的自我评价或自我意识，即个体认为自己在某些方面不如他人而产生的消极情感。自卑感就是个体把自己的能力、品质评价偏低的一种消极的自我意识。具有自卑感的人总认为自己事事不如人，自惭形秽，丧失信心，进而悲观失望，不思进取。

第六堂课
帕尔默老师主讲“人格”

九型人格，又名性格型态学、九种性格。是婴儿时期人身上的九种气质。它是一个近年来倍受美国斯坦福等国际著名大学MBA学员推崇并成为现今最热门的课程之一，近十几年来已风行欧美学术界及工商界。它的创始人是海伦·帕尔默。现实生活中，我们若能将九型人格与心理读心术结合起来，并运用到生活中，不仅能找到自己的性格号码，重新认识自我，更能有效地与人打交道，提升我们做人做事成功的指数。

帕尔默说：九型人格如何定义

提到“九型人格”，就不能不提及海伦·帕尔默，他是“全球九型人格”的创始人之一，该项目还举办了九型人格专业培训项目。1994年第一届在斯坦福大学举办的国际九型人格会议就是海伦以国际九型人格协会创始主任的身份共同主办的。著有多本“九型人格’”著作，包括全球最畅销书《九型人格》及《工作和恋爱中的九型人格》，现已被翻译成二十多国的语言。

帕尔默广泛地将九型人格运用在学术、商业和精神等领域，并且，在很多国家，还建立了九型人格的奖学金。

海伦·帕尔默曾任教于约翰肯尼迪大学，芝加哥罗耀拉大学，加州大学心理学专业，以及加州理工学院综合研究，并在Esalen研究所研究学习。除了作

为研究员在思维科学研究所工作，帕尔默已获得众多的学术奖。

那么，什么是九型人格呢？

对此，我们不妨先来看下面一个例子：

一天，一个贵妇人带着一只名贵品种的狗来到餐厅，对此，不同类型的人可能就会有不同的反应。

甲可能会想："这个女主人真是自私，餐厅是用餐的地方，带宠物进来，太不卫生了。"

而乙的反应可能是：看见狗后立即走远，尽可能不让狗在自己身旁擦过。并不是因为他讨厌狗，而是他即刻意识到那只狗有可能突然发狂，袭击路人。意外是不可预测的，还是小心为上。

而丙看到这只可爱的狗，可能忍不住上前去逗逗它。

可见，即便是同一件事，不同的人反应和想法都不同，为什么会有这样的差异呢？这正是因为他们的性格导致的，也就是"内因"不同，导致他们拥有不同的"世界观"，对每一事一物均有着不同的着眼点、不同的理解方式。

关于九型人格，有一套古老的学说，这套学说中包含传统智慧及现代心理学的性格分析，甚至涉及哲学层面之体验。这个学说依照一个九型图，把人的性格分为九个类型，九个类型又归纳为"情感、思考、直觉"三个智慧区域，主导其思维模式。

九型人格又名性格型态学、九种性格，是婴儿时期人身上的九种气质。近十几年来已风行欧美，全球500强企业的管理阶层均有研习九型性格，并以此培训员工，建立团队，提高执行力。在当代，对于企业的前期规划、战略确定、教练指导、企业培训等方面，九型人格有很大的优势。

第一型完美主义者（The Reformer）：追求完美者、原则和秩序的捍卫者、改进型；

第二型助人者（The Helper）：博爱型、成就他人者、助人型、爱心大使；

第三型成就者（The Achiever）：实干家、实践者、成就者；

第四型艺术型（The Individualist）：艺术家、自我主义者、浪漫型；

第五型智慧型（The Investigator）：观察者、思考型、理智型；

第六型忠诚型（The Loyalist）：谨慎型、忠诚者、寻求安全者；

第七型快乐主义型（The Enthusiast）：享乐主义者、创造者、活跃型；

第八型领袖型（The Challenger）：天生的领袖、挑战者、权威型；

第九型和平型（The Peacemaker）：和平主义者、追求和谐型、平淡型。

根据这套学说，我们也就能解释例子中甲、乙、丙的不同反应了。也就能明白在我们的生活中，为什么有些人总是那么勇敢、一往直前，为什么有些人则宁愿原地踏步，为什么有些人总希望能成为人群中的焦点，而有些人则好像浑身长满了刺、对他人保持较高的警惕性等。

当然，九型人格理论所描述的九种人格类型，并没有好坏之别，只不过是不同类型的人回应世界的方式具有可被辨识的根本差异而已。

心理启示

九型人格是一种将人进行深层次探究的方法和学问，每个人在思维、情绪和行为上都是有差异的，正因为如此，我们可以把人分为九种：完美主义者、给予者、实干者、悲情浪漫者、观察者、怀疑者、享乐主义者、调停者。九型人格的伟大之处就是通过人的外显直击人的内心世界，发现人的内心最深处的需求和渴望。因此，如果我们能掌握这一方法，那么，我们便掌握了了解人的利器，就能用最有效的方法应对他人，最终帮助我们达成目的，赢得成功。

九型人格的基本特征介绍

我们都知道，九型人格学是一门古老的学问，被誉为了解他人的利器。那么，具体来说，九型人格的基本特征有哪些呢？

第一型——完美主义者（完美型）：

他们做事力求尽善尽美，希望自己或是这个世界都更完美。他们经常告诉自己（还不够完美），经常不满足自己的表现，容易造成负担。他们很难尽情享受，然而做好一件事情，就必须放松心情。

一般有以下特质：温和友善、忍耐、有毅力、守承诺、贯彻始终、爱家顾家、守法、有影响力的领袖、喜欢控制、光明磊落、对人对事无懈可击。

第二型——热心助人型（奉献型）：

他们十分热心，愿意付出爱给别人，看到别人满足地接受他们的爱，才会觉得自己活得有价值。一旦得不到别人善意的回报，就会气愤地说："我对你这么好，你竟然不领情。"并感到不满与不舒服。

一般热心助人型有以下特质：温和友善、随和、绝不直接表达需要，婉转含蓄、好好先生/小姐、慷慨大方、乐善好施。

第三型——成功追求者（奋进型）：

是个野心家，不断地追求进步，希望与众不同，受到别人的注目、羡慕，成为众人的焦点。但他们往往太过于讲求效率，为达到目的就会不择手段、不顾自己与别人的立场。这种人不重视自己的感情世界，对于空虚、无奈、温柔等会妨碍效率的种种感情，会像机器人一般视若无睹。

一般的成功型人物有以下特质：自信、活力充沛、风趣幽默、满有把握、处世圆滑、积极进取、美丽形象。

第四型——浪漫主义者（浪漫型）：

浪漫型的人很珍惜自己的爱和情感，所以想好好地滋养它们，并用最美、最特殊的方式来表达。他们想创造出独一无二、与众不同的形象和作品，因此不停地自我察觉、自我反省，以及自我探索。

一般的浪漫型有以下特质：容易情绪化，喜欢追求艺术性和浪漫性的事物，爱幻想，认为只有悲剧性事物才是最美的和真实的，他们拥有极强的审美能力，对衣着和需要搭配性的事物都有自己独特的见解，具有创造力，但常表现出消沉和沮丧的情绪。

第五型——智能追寻者（哲思型）：

智能型人物想借由获取更多的知识，来了解环境，面对周遭的事物。他们

想找出事情的脉络与原理，做为行动的准则。有了知识，他们才敢行动，也才会有安全感。

一般的智能型有以下特质：温文儒雅、有学问、条理分明、表达含蓄、拙于词令、沉默内向、冷漠疏离、欠缺活力、反应缓慢、隔岸观火。

第六型——固守忠诚者（忠诚型）：

忠诚型人物相信权威、跟随权威的引导行事，然而另一方面又容易反权威，性格充满矛盾。他们的团体意识很强，需要亲密感，需要被喜爱、被接纳并得到安全的保障。

一般的忠诚型有以下特质：忠诚、警觉、谨慎、机智、务实、守规、纪律维持者。

第七型——乐天主义者（享乐型）：

享乐型人物想过愉快的生活，想创新、自娱娱人，渴望过比较享受的生活，把人间的不美好化为乌有。他们喜欢投入经验快乐及情绪高昂的世界，所以他们总是不断地寻找快乐、经验快乐。

一般的享乐型有以下特质：快乐热心、不停活动、不停获取、怕严肃认真的事情、多才多艺、对玩乐的事非常熟悉亦会花精力钻研、不惜任何代价只要快乐、嬉笑怒骂的方式对人对事、健谈。

第八型——能力领袖型（领袖型）：

领袖型人物是绝对的行动派，一碰到问题便马上采取行动去解决。想要独立自主，一切靠自己，依照自己的能力做事，要建设前不惜先破坏，想带领大家走向公平、正义。

一般的领袖型有以下特质：具攻击性、自我中心、轻视懦弱、尊重强人、为受压迫者挺身而出、冲动、有什么不满意即场发作、主观、直觉。

第九型——和平追随者（和平型）：

九型的人往往自卑。他们认为自己没有多大的价值，也不是重要的人物。不爱自己，对自己的决定没有信心，想从别人身上得到力量。

一般的和平型有以下特质：温和友善、忍耐、随和、怕竞争、无法集中注意力，有时像梦游、不到最后一分钟不会完工、非常倚赖别人的提醒、注意力集中在细节、次要的事、对大多数事物没有多大的兴趣、不喜欢被人支配、绝不直接表达不满，只是阳奉阴违。当有压力时，会变得被动、倔强、顽固甚至愤怒地还击。到他们发怒时，可能已是相隔了一段时间，他自己也可能无法确定真正的原因。

心理启示

根据以上九型人格的一些基本的特征介绍，我们大致可以对自己的性格进行归类。当然，了解你自己和别人的人格类型后，不是希望将每一个人贴上卷标，拿自己的类型做借口而划地自限，或是断定别人会有什么行为表现。因为每一型的人也都有朝向健康或是不健康的方向，而产生的不同变化。

九型人格是认识自己的最佳工具

我们首先来做这样一个游戏，请你拿出一张纸，画出你手机的外形，包括品牌、颜色、按键的各个位置，你能做到吗？曾经有培训师在上课时让学生做过，但遗憾的是，90%的学员都不能准确地画出来，有的人甚至连屏幕的样子都记不起来了。

我们每个人、每天都离不开手机，但就这样一个随身携带的物品，我们都不了解，更何况我们自身呢？为什么我们不了解它？因为我们只是把它当成联系、通信的工具，而没有用心去了解、认识它。实际上，对于我们自身，我们何尝又不是把自己当成一种工具呢？一种吃饭、穿衣的工具！一种工作、与人打交道的工具而已！自从我们出生开始，我们行走于世的时间久了，内心便被一些“世俗”的外衣包裹住，我们把什么都当成一种工具，还会用心去对待它吗？

有人说“成功时认识自己，失败时认识朋友”。这固然有一定的道理，但

归根结底，我们认识的都是自己。无论是成功还是失败时，都应坚持辩证的观点，不忽视长处和优点，也要认清短处与不足。同时，自我反省、认清自己还能帮助我们做回自我，只有这样，才能获得重生。

事实上，在日常生活中，关于认识自己，我们都只愿看到自己的优点，而不愿看到自己的局限性，有时候，我们自己看不到自己，身边的人会为我们指出来，但我们也不愿意听，因为没有人喜欢被他人否定。为此，我们很有必要掌握认识自己的一大工具——九型人格。这就需要我们学会用“第三只眼睛”看自己，无论做什么事，用客观、公正的态度评价自己，你就能做到不断超越自己。

可见，只有先认识自己，接下来我们才能接受自我，才能肯定自我，进而不断完善自我，才能变得更自信，虽然大部分人做不到这一点，但如果你做到了，就能实现自我突破。

接下来，我们需要思考的是，该怎样做才能实现自我认识呢？这里，我们借助一个工具——九型人格。

此处，我们不妨把自己比喻成为一颗洋葱，在洋葱的最深层，是最本真的自我，那么，我们就需要不断地剥开这颗洋葱。

在我们出生时，我们是一个最本真的自我，也就是本我，在接下来成长的过程中，我们开始有了一些经历，也开始形成了对我们行为处事有引导作用的价值观，当然，这里的价值观可能是好的，也可能是不好的。

接下来，我们开始剥第二层，在价值观外面，是我们的需求、动机，也就是我们常说的人的欲望，人的欲望是受到价值观操纵的。而人的欲望操控的是人的恐惧、思维。

再接下来，就是情绪。一旦人的欲望和需求得不到满足，便会产生这样或那样的情绪，当然，即使我们的欲望被满足了，情绪同样也是存在的。

最后一层是行为。这是洋葱的最表层部分，也是我们价值观、欲望、需求、思维的最直接的显现。

可见，当我们剥开自己这一颗洋葱后会发现，人的本我其实都是差不多的，只要我们愿意认识自我，那么，我们就会变得自然、真诚。而一旦我们继

续披上种种外衣，我们又会呈现出千姿百态的面貌。

心理启示

在认识九型人格之前，我们看待一个人，都是通过他的表面语言和行为来评判一个人，而当我们懂得如何剥开自己这颗洋葱后，不但能寻找到最本真的自我，也能剥开他人，更清楚地认识他人，而九型人格就是剥洋葱头的工具，它告诉我们，只要我们懂得观察，根据一个人行事的最初动机，就能看到他的性格号码，这也是我们读心和决策的依据。

检验你的人格类型

我们都知道，人格被分为九型，而你必然属于其中一型。那么，我们该怎么检验自己属于哪种人格类型呢？对此，我们不妨来做一些测试题：

① 下面有60道称述，每道称述后面所指向的数字就是“九型”中的一种。

② 如果你认为某项称述符合你，便记住后面所指向的数字。

③ 统计相加，看你符合的称述指向的数字哪种最多。最多的数字很有可能就是你的类型号。

④ 需要说明的是，这只是一个供参考的结论，更精确的判断还需要在深入了解和揣摩比较后获得。

（1）我常被眼前的事迷惑——9。

（2）我很讨厌被人批评，但这样的事却经常发生——1。

（3）我喜欢向别人讲述一些哲理——5。

（4）我很在意自己是不是还年轻，因为老了还怎么找乐子——7。

（5）我认为人应该一切靠自己——8。

（6）当我有困难时，我会试着不让人知道——2。

（7）我最痛苦的事，是被人误解——4。

（8）施比受会给我更大的满足感——2。

（9）我常常设想事情更糟糕而使得自己陷入苦恼中——6。

（10）我常常试探或考验朋友、伴侣的忠诚——6。

（11）那些不坚强的人实在没用——8。

（12）我很在意身体是否舒适——9。

（13）我觉得我能触碰生活中的悲伤和不幸——4。

（14）别人不能完成他的分内事，会令我失望和愤怒——1。

（15）我有时常拖延事情的毛病——9。

（16）我觉得生活就应该多彩一点——7。

（17）我还不够完美——4。

（18）我很注重感官，我喜欢美食、漂亮的衣服，并喜欢享乐——7。

（19）如果别人请教我，我会很清楚地为他解释、分析——5。

（20）陌生人面前，我很喜欢推销自己，这没什么不好意思的——3。

（21）偶尔我会做出在别人看来很疯狂的事——7。

（22）我会因为没有帮上别人的忙而痛苦——2。

（23）那些空泛的问题实在令人讨厌——5。

（24）在某方面我有放纵的倾向（例如食物，购物等）——8。

（25）我宁愿迁就我的爱人、家人，而不愿和他们对抗——9。

（26）我认为，我最讨厌的一类人是虚伪的人——6。

（27）我认为自己是个懂得改正的人，但由于我很好强，还是让周围的人觉得不适——8。

（28）我觉得人生很有趣，很少显得颓废——7。

（29）我觉得自己很矛盾，有时候，我觉得自己很有魄力，有时又觉得自己依赖性太强了——6。

（30）人际交往中，我宁愿付出，而不是接受——2。

（31）面临威胁时，我会变得焦虑，但同时我也会选择正面迎击危险——6。

（32）社交场合，我更愿意他人来主动找我说话——5。

（33）我喜欢周围的人注意我，把我当主角——3。

（34）即使别人批评我，为了不伤和气，我一般不辩解——9。

（35）有时，我希望别人能对我的行为提出指导，但有时却忘了他人的指导——6。

（36）我经常忘记自己的需要——9。

（37）发生一些大事时，我能克服内心的焦虑和质疑——6。

（38）我认为自己说话很有说服力——3。

（39）我从不相信我一直都无法了解的人——9。

（40）我觉得还是依照老规矩行事好——8。

（41）我很爱我的家人，对他们很包容——9。

（42）我被动而优柔寡断——5。

（43）我对人很礼貌，但却不知道为什么总是不能与人深交——5。

（44）我觉得自己不大会说话，即使关心别人也不知道怎么开口——8。

（45）当我醉心于工作或者我的爱好中时，会让他人觉得我疯狂、冷酷——6。

（46）我常常保持警觉——6。

（47）我觉得我不必要对所有人尽义务——5。

（48）在无法确保表态完美前，我宁愿沉默——5。

（49）我做的比计划的要少——7。

（50）我喜欢挑战，喜欢攀登高峰——8。

（51）我觉得自己能一个人完成任务——5。

（52）我常有被人抛弃的感觉——4。

（53）朋友常说我很忧郁——4。

（54）与人初次见面，我好像表现得很冷漠——4。

（55）我的面部表情严肃而生硬——1 。

（56）我常常陷入下一秒不知道要做什么的苦恼中——4。

（57）我对自己要求很严格——1。

（58）我感受特别深刻，并怀疑那些总是很快乐的人——4。

（59）我认为自己是个高效率、善于举一反三的人——3。

（60）我讲理，重实用——1。

心理启示

通过一些检验，你能找到自己的人格类型，事实上，一个人的基本人格类型是不会变的，即使在现实生活中，因为某些因素，而有了种种变化，但即使你的基本人格型态可能有某部分的隐藏或是调整，却不会真正改变。

九型人格助你打开交际局面

心理学故事：

凯瑟琳是刚毕业的一名学生，有幸的是，她应征上了一家大型公关公司的策划人职位，成为人们羡慕的白领一族。

上班第一天，她带着谨慎来到公司，如她所料，办公室果然是美女如云，站在人群中，凯瑟琳突然有一种“丑小鸭”的感觉，正在这时，一个美女走过来，热情的冲凯瑟琳打招呼，凯瑟琳自然也是热情的回应，然后凯瑟琳也打量了这位同事，颇有王熙凤的风范：一身很惹眼的名牌，而正当这位同事和自己说话时，她看到其他好几个同事都投来了鄙夷的眼神，凯瑟琳认识到这应该是一个不受欢迎并且爱表现的同事，然后她给自己敲了一个警钟：以后不能和这位同事深交，否则不仅在职业上没有上升的空间，还会得罪所有人。

上班的第一天，根据自己的观察，凯瑟琳把办公室的同事以及领导都划归为几个类型。并用不同的方式与他们每个人相处，果然，不到半年，她就在一片支持声中升职了。

现代社会的职场人士，除了要具备一定的职业能力外，还必须学会怎么和同事、上司相处，凯瑟琳的聪明之处，就是在上班的第一天，弄清楚了每个人不同的性格，给自己打了不同的预防针。

我们都知道，九型人格是我们认识自己的最佳工具，实际上，九型人格还能帮助我们成功实现与人的交往。的确，人际交往中，我们做的每一件事、说的每一句话，都不能是盲目的。我们可以利用九型人格来认识他人，掌握对方的性格、内心需求和期望，我们做事的效率才能提高。

人际交往中，我们不仅要从大局着眼，还要心思细腻，与每个人打好关系，才能在交往中处于主动的地位，周旋在各种矛盾中而立于不败之地。而我们知道，人是这个世界上最具智慧的一种动物。人能了解许多事物，却难以了解人本身。难以捉摸的是人的心理、人的需求、欲望和人的个体特征。当然，人类也是聪明的，人类总是能找出各种方法来解决难题，九型人格便告诉我们如何看透他人的性格、做事的动机，教会我们有的放矢地与他人进行沟通，这样，人际交往自然也就会很轻松。

根据九型人格理论，人际交往中，我们应培养自己的观察力，看透他人的性格。

在与人相处的时候，我们要具备一定的洞察力，一步到位看清对方的性格，例如，从难以伪装的习惯动作看出对方的心态，从被忽略的生活点滴推知对方的性格，这才能在最短的时间内，达到我们的社交目的。

现实生活中，有些人内心方正，有些人内心圆滑；有些人对外方正，有些人对外圆滑。从这个角度考察，人物呈现四种形态；内方外方，内方外圆，内圆外圆，内圆外方。和不同形态的人交往，要用不同的交际之道。若对方性格直爽，便可以单刀直入；若对方性格迟缓，则要“慢工出细活”；若对方生性多疑，切忌处处表白，应该不动声色，使其疑惑自消。

每个人，由于生活环境、接受的教育程度、性格、性别、社会地位等方面的不同，导致了他们所能接受的说话方式、语言习惯等方面的不同。因此，与人说话，一定要看清对象，因人而异。“见什么人说什么话，因人而异”是非常必要的，否则无异于“对牛弹琴”。

当然，在人际交往中，我们也不能戴“有色眼镜”看人，一个人的内心，只有他们自己最清楚，我们不需要妄加评论。另外，我们不可厚此薄彼地怠慢任何一个朋友，也不要曲意逢迎比你位高权贵的人。

心理启示

古人云：“知己知彼，百战百胜。”人际交往中，如果我们想轻松地达到自己的目的，就要先了解自己，了解别人，看清楚彼此的位置和他人的动机，而学习九型人格，我们就能够更好地知己知彼，不但在性格方面可以了解得更多，而且在心态方面、在个人的内心感受方面，我们都会有很好的把握。

第七堂课
费斯汀格老师主讲“谎言”

态度改变是社会心理学中最重要，也是研究最多的领域之一。许多社会心理学家提出了各种理论，试图解释态度形成和改变的原因与过程。费斯汀格的认知不协调理论就是其中最主要、最流行的态度改变理论。费斯汀格认为，人们为了自己内心平静与和谐，常于认识中去寻求一致性，但是不协调作为认知关系中的一种，必然导致心理上的不和谐。而心理上的不和谐对于个人构造自己内心世界是有影响和效力的，所以常常推动人们去重新建构自己的认知，去根除一切搅扰。

费斯汀格说：认知失调是怎么回事

你是否曾经陷入过这样一种处境，你不得不做一些或说一些与你态度或个人观点相悖的事？很有可能你确实经历过。每个人在某些时候都会经历。当你那样做的时候，你的真实态度或观点发生了什么变化呢？什么也没有吗？好吧，也许真的没有。然而，研究表明，在某些情况下，当你的行为与你的态度相反时，态度会有所改变以和行为保持一致。

为此，美国社会心理学家提出认知失调理论，才解释了以上的矛盾结果。

利昂·费斯汀格（Leon Festinger，1919—1989）美国社会心理学家。主要研究人的期望、抱负和决策，并用实验方法研究偏见、社会影响等社会心理学

问题。他提出的认知失调理论有很大影响。1959年获美国心理学会颁发的杰出科学贡献奖，1972年当选为国家科学院院士。

Festinger（1919—1989），美国社会心理学家。1919年5月8日出生于纽约市，父亲为刺绣工厂厂主。1939 年获纽约市立大学心理学士学位。后前往衣阿华大学，在 K.勒温的指导下从事研究工作。1940 年获衣阿华大学硕士学位。1942 年获衣阿华大学心理学哲学博士学位，应聘为衣阿华大学副研究员，1943—1945 年在罗彻斯特大学任教，1945 年任罗彻斯特大学飞机驾驶员甄选训练中心统计专员。1945 年进入麻省理工学院，参与勒温在该校设立的团体动力研究中心的研究工作。勒温去世后，他于 1948 年担任了密歇根大学团体动力学研究中心的计划主任。1951 年任明尼苏达大学心理学教授，1955 年到斯坦福大学任心理学教授，同年成为美国国家科学院院士。1968 年起转任位于纽约市的美国社会研究新学院心理学教授直至逝世，1969 年同布拉德利（Trudy Bradley）结婚。

费斯汀格的理论来源于紧随1934年印度地震后广布全印度的谣言报道。谣言预测，在灾区之外还会有地震，而且规模更大，波及范围更广。这些传言没有任何科学依据。费斯汀格很奇怪，人们为什么要传播如此具有毁灭性的耸听危言。过了一段时间，他突然想到：也许谣言并非增加焦虑而是确认焦虑。也就是说，即使住在危险区之外，这些人仍然非常恐惧。这样就产生了认知不协调：对自身恐惧的认知与缺乏恐惧科学证据相抵触。所以散播将有更大地震的谣言就能确证他们的焦虑，减少他们认知的不协调。他们是先有感觉和行为，然后再设法将他们看待世界的眼光与之相吻合。

费斯汀格指出，当你同时持有两种或多种在心理上不一致的认知时，你就会感到认知不协调。此时，它会在不同程度上产生不适和压力，其程度取决于这种不协调对你生活的重要性。由于你无法改变你的行为（因为你已经完成了，或者当时的形势压力太大），于是你只好改变你的态度。

认知失调的方式有两种，最简单的方式是逻辑上的不一致。如果说所有的乌鸦都是黑的，那么如果见到某只乌鸦是白色的，则个体的认识就会产生不一致，失调就会随之产生。态度与行为之间的不一致，或者同一个体的两种行为

不一致最容易导致失调，一个人在态度上可能反对战争，这样“我反对战争”和“我参加战争”就是两种矛盾的认知，个体也就必然产生认知失调。这种范例同样可应用于两种不一致的行为。

心理启示

用费斯汀格的话来说，认知不协调理论是指：如果说服一个人去做或去说一些与他个人观点相反的事时，他就会有一种改变观点以和自己言行一致的倾向；引起公开行为的压力越大，上述趋势就越微弱。

人们“心口不一”的真实原因

心理学故事：

“小时候，爸爸妈妈规定我做完作业才能玩，即使周末也是如此，他们说这样才能提高学习成绩，虽然这很让我郁闷，但我还是很听话，努力学习，后来，表哥来我家玩，他学习成绩优异，一直是我学习的榜样，他告诉我，回了家他很少看书，更很少做作业，他把时间都放在打网球和玩电脑上，真的是这样的吗？难道爸爸妈妈告诉我的话是错误的？到底谁说的才是对的。但自打那次以后，我便学会了和父母撒谎。每到放学回家，就关上房门，然后开始玩自己的。当然，我玩是不会让爸妈知道的，我不敢在房间里打游戏，不敢玩电脑，只能画画小东西，玩玩铅笔等。”

这个故事中，孩子为什么学会了撒谎？因为他的父母和表哥向他灌输的是完全不同的两种学习态度。在他的内心产生了矛盾，他开始动摇了努力学习的信念。

日常生活中，我们会发现，在我们生活的周围，有这样一些“心口不一”的人，在他们的内心，似乎没有一个统一的原则或标准，他们总是像一条变色龙一样，无时无刻不出现新的想法或观点，让周围的人应接不暇。而实际上，

这是人的认知失调在作怪。

心理学家费斯汀格于1957年提出了著名的认知失调理论，认知失调论的基本要义为，当个体面对新情境，必需表示自身的态度时，个体在心理上将出现新认知（新的理解）与旧认知（旧的信念）相互冲突的状况，为了消除此种因为不一致而带来紧张的不适感，个体在心理上倾向于采用两种方式进行自我调适，其一为对于新认知予以否认；另一为寻求更多新认知的讯息，提升新认知的可信度，借以彻底取代旧认知，从而获得心理平衡。该理论在性质上为解释个体内在动机的主要理论，故而被广泛用以解释个体态度改变的重要依据。

费斯汀格假定，人有一种保持认知一致性的趋向。在现实社会中，不一致的、相互矛盾的事物处处可见，但外部的不一致并不一定导致内部的不一致，因为人可以把这些不一致的事物理性化，而达到心理或认知的一致。但是倘若人不能达到这一点，也就达不到认知的一致性，心理上就会产生痛苦的体验。

对费斯汀格来说，认知的不一致就意味着认知不协调或失调。关于认知失调的定义，费斯汀格认为，假如两个认知要素是相关的且是相互独立的，我们可由一个要素导出另一个要素的反面，那么，这两个认知要素就是失调关系。

在费斯汀格的原意中，认知在很大程度上被定义为认知结构中的“要素”，一个要素即一个认知。它们是一个人意识到的一切。它们可以是一个人对自己的行为、自己的心理状态、人格特征的认识，也可以是对外部客观事物的认识。

总之，它可以是事实、信仰、见解或别的一切事物。若某种事实尽管存在，但个体并没有意识到，那就不能成为一个人的认知。任何两种认知或者是一致的，或者是不一致的，或者是不相关的。只有在两者既相关，又不一致的情况下，才能导致失调。第二个注意之点在于“由……可以推出”的确切含义。

心理启示

在个体的认知结构中，要素之间的一致或不一致完全是由个体的心理意义决定的。换句话说，认知的一致与否并不决定于是否符合客观逻辑，而决定于个体的心理逻辑。就一个个体来说，如果由一个认知可以推出另一个对立的认知，那么两个认知就是不协调的。实际上，这两个认知在逻辑上并非一定不一致，只是因为个体依照自己的心理逻辑才体验到了两种认知的差异，从而产生了失调。

减少认知失调的方法

心理学故事：

一天晚上，从事销售行业的丈夫很晚回来。进门后，看见妻子还是一如既往地在等他，他向妻子解释因为有许多事要和同事与客户交谈，所以才耽误了很多时间，并保证下次一定尽早赶回家，陪妻子吃饭，希望妻子原谅。但他说话时却下意识地用手摸摸嘴唇，并且尽量避免与妻子目光相对。善良的妻子其实已经看出来，今天丈夫应该撒谎了，但她一直深信丈夫是深爱自己的，绝不可能做出对不起自己的事来，于是，她也没有多想，为“疲惫”的丈夫准备了宵夜后，也就睡觉去了。

事实上，我们很清楚，丈夫撒了谎，因为他的动作已经出卖了他，他一连串的动作都是为了掩饰什么，可惜的是，这位善良的妻子还是选择相信他。

从这个故事中，我们不难看出，任何人都在不断地寻求心理平衡。然而，当一个人处于心理不平衡状态时，他就会觉察到不舒服。例如，在一个有机会可以顺手牵羊的情况下，如果你是一名老师，那么，你会认为自己是个好人，要为人师表，偷了东西会内心不安。因为作为一个好人来偷东西，自然会体验到一种心理上的不平衡；然而，如果今天进入教室里的是一个职业的小偷，那

么他看到课室管理如此松散，就应该会采取行动，偷一点东西了，不偷反倒心理不平衡了。老百姓有句俗话，叫“贼不空手”，说的就是这个道理，一个窃贼，看到机会而没有下手，会因此而懊悔；而一个好教师，也会因为对学生的误解而耿耿于怀，这很容易理解。

关于这一点，心理学家费斯汀格认为，假如两个认知要素是相关的且是相互独立的，我们可由一个要素导出另一个要素的反面，那么，这两个认知要素就是失调关系。

那么，有什么方法能减少这种认知失调给人们带来的痛苦呢？

1.改变认知

如果两个认知相互矛盾，我们可以改变其中一个认知，使他与另一个相一致。比如，在教学过程中，一个学生犯了错，他（她）很有可能在“有自尊”和“犯错误”两种认知上引发失调，此时，他（她）可以通过改变“犯错误”的认知来恢复平衡，比如，死不承认自己的错误来平衡自己的高自尊。

2.增加新的认知

如果两个不一致的认知导致了失调，那么失调程度可由增加更多的协调认知来减少。

依然以学术犯错为例，如学生可以在“我有自尊心”“我犯了错误”之后，再增加一个“谁都会犯错”来获得新的平衡。

3.改变认知的相对重要性

因为一致和不一致的认知必须根据其重要性来加权，因此可以通过改变认知的重要性来减少失调。

如学生可以在认知上降低“犯错误”的权重来平衡高自尊，即形成“我是个有自尊的人，我犯了错误，但错误不大”进而达成心理平衡。

4.改变行为认知失调也可通过改变行为来减少

即学生的未来不再犯错来平衡高自尊，很明显，这是任何一位教育工作者希望打到底额结果。

心理启示

根据认知失调论的观点，当一个人处于认知平衡状态时，他并不会产生痛苦的感觉，也不需要改变态度和行为。而当认知不平衡时，就会出现认知失调，此时，我们有必要采取一些措施来调整自己的认知，即便这种调整不是我们所期待的。

孩子的谎言更容易被识破

心理学故事：

这天，张太太对儿子小伟的老师抱怨到："现在的孩子真是越大越难管教了，我都不知道我家儿子一天在想什么，小时候，他一撒谎我就能看出来，因为他说完谎话会立即用一只手捂住自己的嘴巴，现在，他明明每天放学后都去了游戏厅，却说自己去同学家做作业，撒谎的时候是气定神闲，我都无法分辨了，搞得我现在经常得给他同学挨个打电话，真怕孩子学坏了啊……"

恐怕有很多家长都有张太太这样的烦恼，当孩子还小的时候，他们不开口，我们都能从孩子的一些肢体语言中看出他想表达什么，比如，他饿了会哭，摇头表示自己已经不想吃了，一撒谎就会脸红，或者用手遮住自己的嘴巴……但随着孩子年龄的增长，当他们十几二十岁的时候，我们发现，我们再也无法理解孩子了，于是，我们产生这样的疑问：为什么孩子的肢体语言更容易理解？

心理学家曾表示：与年轻人相比，要想正确理解老年人的面部表情和动作似乎是一件更加困难的事情，这是因为老年人面部肌肉的伸缩能力比年轻人差很多。

完成某些动作和表情的速度，以及在他人眼中，完成动作和表情的明显程度与每个人的年龄息息相关。例如，如果一个年仅五岁的孩子撒了谎，他很可

能会在说完之后就立刻用一只手或双手捂住自己的嘴巴。

孩子捂住嘴巴的动作往往会提醒父母，孩子正在说谎。于是，聪明的父母会立即找到对策。你也可以通过这一方法对孩子实施家庭教育。比如，你八岁的儿子放学回家后带来一个新玩具，他告诉你，是他的一个很好的玩伴送他的，而你却很怀疑这一点，你担心玩具可能是他从学校“借”回来的，甚至是到店里顺手牵羊。

你可以这么做：

孩子说谎时，他们会有很多简单的动作，比如，用手捂住嘴巴，甚至会结巴，避免与你目光接触，他会单调的陈述理由，以免事机败露。

如果你希望孩子爽快地认错，问问题时，别忘了要求孩子正视你，缓缓拉近距离并摸摸他，握住他的手，解除其防备和慌张。这种亲密互动能加深孩子说谎的不安，为了舒解压力而吐露真相。当孩子承认错误之后，别忘了坦白从宽，称许他的诚实。如果父母揭穿谎言后立刻动怒，孩子将认为说实话不是好事，而不再愿意认错。

当然，孩子撒谎时的动作很有可能会贯穿一个人的一生，只不过在完成这一掩饰动作时，他所花的时间和速度都会发生变化。

如果撒谎的是一个10岁的孩子，那么，他也会像几岁的孩子那样，将手移到嘴边。不过，与之前迅速地遮住嘴巴不同的是，他只是将手指放在嘴边，轻轻地在嘴边摩挲着。

成年后，人们在年幼时养成的一撒谎就捂嘴巴的习惯动作的速度甚至变得更快了。当一名成年人说了谎话，他的反应和5岁的孩子以及少年说谎时的反应一模一样，将手向嘴巴的方向移去，就好像他的大脑向手发出了指令：捂住嘴巴，从而不让那些不真实的话语说出口。但是，只要你细心一点，就会发现，最终，他的手并没有停留在嘴边，而是轻轻地触碰一下鼻子，然后又有意识地放下了，这就是一名成年人在试图掩饰谎言时经常会用到的一种肢体动作，其本质上和5岁孩童捂嘴巴的动作是一致的，只不过方式发生了改变而已。

心理启示

心理学家们提出，随着人们年龄的增长，他们的肢体动作和面部表情也就随之变得不再那么明显，所以，同样是解读肢体动作和面部表情，假如对象是一名5岁的孩童，而不是一位50岁的中老年人，那情况就会变得简单多了。

探知人心不能听其一面之词

心理学故事：

在《红楼梦》中，有这样一个故事：

贾敬大寿，宁府设宴唱大戏，少不了亲戚朋友捧场。王熙凤是因为秦可卿重病，先去探望病人，在穿过花园去赴宴的途中遇见了贾瑞。凤姐儿正自看园中的景致,一步步行来赞赏。猛然从假山石后走过一个人来，向前对凤姐儿说道："请嫂子安。"凤姐儿猛然见了，将身子往后一退，说道："这是瑞大爷不是？"贾瑞说道："嫂子连我也不认得了？不是我是谁！"凤姐儿道："不是不认得，猛然一见，不想到是大爷到这里来。"贾瑞道："也是合该我与嫂子有缘。我方才偷出了席，在这个清净地方略散一散，不想就遇见嫂子也从这里来。这不是有缘么？"一面说着，一面拿眼睛不住的觑着凤姐儿。

不得不说，王熙凤虽然有时候心肠歹毒，但她是个出色的交际家，更能看穿一个人的心思。这段故事中，凤姐儿自然能从贾瑞这一表情中看出他的居心叵测，从下文中，我们了解到，她对贾瑞一番戏弄之后，看贾瑞远去，心里暗忖："这才是知人知面不知心呢，哪里有这样禽兽的人呢。他如果如此，几时叫他死在我的手里，他才知道我的手段！"而贾瑞也最终被王熙凤戏弄致死。我们姑且不去讨论王熙凤的歹毒，但可以发现，正是王熙凤的八面玲珑和敏锐的观察力，她才能在贾府中如鱼得水，一人之下万人之上。

其实，我们在与人交往应酬的过程中，可以发现，一个人的语言可以掩饰自己的内心世界，但他的肢体语言微表情可能会出卖他的真心，从这些入手，我们就能一眼洞察别人的内心世界。

我们都知道，人在做出相对应的肢体动作的背后隐藏的含义称为肢体语言。肢体语言代表着此人心里最深处的想法，这是最真实的感受。也可以从肢体语言中判断此人是否说谎，是否隐瞒，是否具有可信性与行为理解能力。能帮助你快速适应社会交流与看清人为的背后含义。

身体语言的用途很多，但最直接的莫过于我们可以通过阅读一个人的身体语言来了解其情绪、感受，进而知晓其内心世界。可心理学认为我们的大脑和身体的各个部位是同步的。当我们受外界刺激时，比如听到某些话或看到某些人，大脑就会产生某种想法或感觉，与此同时，我们的身体会做出与这些想法、感觉相对应的反应，并通过表情、肢体动作或姿势等反映出来。因此，通过观察一个人的身体语言，我们就能大体上推断出这个人的思想或情绪状态，并以此预测他下一步的决定和可能采取的行动。这一点无疑可以帮助我们建立和促进人与人之间的关系，在工作和生活中更自信、更有分寸地处理、把握各种不同的人际关系。

可见，如果你想做一个聪明的人，那么，不仅要学会听别人的言语，更要学会观察他人的身体语言，因为言语可以用假装来掩盖，而身体语言真实性却高得多。

除此之外，我们还应留意他人的微表情，心理专家称，“微表情”最短可持续1/25秒，虽然一个下意识的表情可能只持续一瞬间，但这是种烦人的特性，很容易暴露情绪。因此，对于那些撒谎者来说，尽管他们在语言上圆好了谎，但他们的微表情一定会出卖他们。为此，我们可以以此为突破口来察看一个人真实的内心世界。说话时两边嘴角下拉、眼神往下表示尴尬；嘴唇紧闭、鼻孔外翻表明很生气。

人们通过做一些表情把内心感受表达给对方看，在人们做的不同表情之间，或是某个表情里，脸部会泄露出其他的信息。当面部在做某个表情时，这些持续时间极短的表情会突然一闪而过，而且有时表达相反的情绪。也就是

说，人们的微表情的表露可能会下意识地表露出他的真心，

心理启示

在日常生活中，如果仅凭一个人的一面之词与人交流，那么，我们很可能会对交流对象形成错误的判断。这增加了人们之间的隔阂，而不是互信。如果多角度观察，综合判断，我们就能够发现有价值的信息。

第八堂课
阿德勒老师主讲“自卑”

每个人都有不同程度的自卑感，因为没有一个人对其现时的地位感到满意；对优越感的追求是所有人的通性。然而，并不是人人都能超越自卑、关键在于正确对待职业、社会和性，在于正确理解生活。那些自幼就有器官缺陷或被娇纵、被忽视的儿童，以后在生活中容易走上错误的道路；家长和教师应培养他们对别人、对社会的兴趣，使他们真正认识“奉献乃是生活的真正意义”。这样，他们就能够从自卑走向超越。

阿德勒说：对优越感的追求是所有人的通性

在奥地利，有位著名的心理学家，他被认为是人本主义心理学的先驱者之一。马斯洛曾这样评价他：“在我看来，阿德勒一年比一年显得正确。随着事实的积累，这些事实对他关于人的形象的看法给以越来越强有力的支持。”

阿德勒1870年生于维也纳近郊的一个中产阶级犹太人家庭，早年曾在维也纳大学学医，取得医学博士学位。一生从事心理学研究。曾追随弗洛伊德，后分道扬镳，创立一个新的心理分析学派，即以“自卑情结”为中心的个体心理学派。其主要著作有：《自卑与超越》《人性的研究》《个人心理学的理论与实践》《自卑与生活》等。

阿德勒虽然出生于一个富裕的家庭，但他的童年却并不快乐，实际上，

在他的记忆中，他的童年生活是不幸与多灾多难的。他自己曾说他的童年生活笼罩着对死的恐惧和对自己的虚弱而感到的愤怒。他在弟兄中排行第二，长相既矮又丑。幼年的阿德勒患了软骨病，身体活动不便。他四岁才会走路；又患佝偻病，无法进行体育活动。在其他那些健康活泼的哥哥面前，他总是感到自惭形秽，觉得自己又小又丑，认为自己不如人，他还被汽车轧伤过两次。5岁时，他患了严重的肺炎，甚至连他的家庭医生也对他绝望了。然而，几天后病情却意外地好转，从此，他立志要当一名医生。在后来的回忆中，他曾说自己的生活目标就是要克服儿童时期对死的恐惧。读书后的他成绩很差，在老师看来，他明显不具备日后从事其他工作的能力，因而向他的父母建议及早训练他做个鞋匠才是明智之举。

不过在一些小事上，我们还是能看到他的不甘人后的一面。他曾自述过一件小事：“我记得走往学校的小路上要经过一座公墓。每次走过公墓我都很惊恐，每走一步都觉得心惊胆颤，然而看到别的孩子走过公墓却毫不在意，自己感到十分困惑不解。我常因自己比别人胆小而苦恼。一天，我决心要克服这种怕死的恐惧，采用了一种使自己坚强起来的办法。我在放学时故意落在别的同学后面而间隔了一段距离，把书包放在公墓墙壁附近的草地上，然后多次地来回穿过公墓，直到我感到克服了恐惧为止。”另外，阿德勒一直是一个合群的孩子，与同伴玩时被人所接受的感觉使他感到高兴和满足。

在他的《自卑与超越》中，阿德勒从个体心理学观点出发，阐明人生道路和人生的意义。阿德勒的观点对后来心理学的发展影响颇大。许多著名心理学家如阿尔伯特、勒温、马斯洛都对他与他的观点表示了好感。阿德勒被誉为个体心理学创始人，人本主义心理学的先驱，现代自我心理学之父；精神分析学派内部第一个反对弗洛伊德的心理学体系，由生物学定向的本我转向社会文化定向的自我心理学，对后来西方心理学的发展具有重要的意义。

心理启示

阿德勒认为：促使人类作出种种行为的，是人类对未来的期望，而不是其过去的经验。这种目标虽然是虚假的，它们却能使人类按照其期待，作出各种行为。个人不仅常常无法了解其目标的用意为何，有时他甚至不知其目标何在，因此，这种目标经常是属于潜意识的。A.阿德勒把这种虚假的目标之一称为“自我的理想”，个人能借之获得优越感，并能维护自我尊严。

自卑情结的表现

自卑情结指自我评价偏低。按照心理学家阿德勒的理论，自卑感在个人心理发展中有举足轻重的作用。阿德勒认为，每个人在心理或生理上都存在一定的缺陷，而这就是人们潜意识中自卑感出现的源泉。每个人解决其自卑感的方式影响了他的行为模式。许多精神病理现象的发生与对自卑感处理不当有关。

“自卑情结”驰名于世后，众多学派的心理学家都采用了这个名词，并且按照他们自己的方式付诸于实用。然而，让我们却不敢断定的是：他们是否确实了解或正确无误地应用这个名词。

例如，告诉病人他正蒙受着自卑情结之害，是没有什么用的，这样做只会加深他的自卑感，而不是让他知道怎样克服它们。我们必须找出他在生活风格中表现的特殊气质，我们必须在他缺少勇气之时鼓励他。

为此，我们有必要对自卑情结做出一个更清晰的定义，那么，自卑情结有什么表现呢？

每一个神经病患者都有自卑情结。想要以这一情结的有无来将某一个神经病患者和其他病患者分开，是绝对做不到的。

我们只能从使他觉得无法继续生活面临的情境种类，以及他的努力和活动

的限制，来将他和其他病患者分开。如果我们只告诉他：“你正遭受着自卑情结之害”，这样，对于提高他的勇气毫无益处，因为这就等于告诉一个有胃病的人：“我能说出你有什么毛病。你的胃部现在不舒服！”

有许多神经病患者如果被问到他们是否觉得自卑时，他们会摇头说：“否”，有些甚至会说：“正好完全相反。我很清楚：我比我四周的人都高出一筹！”所以，我们不必问，我们只需注意个人的行为。在他的行为里，我们可以看出他是采用什么诡计，来向他自己保证他的重要性。

例如，如果我们看到一个傲慢自大的人，我们能猜测他的感觉是：“别人总是瞧不起我，我必须表现一下：我是何等人物！”

如果我们看到一个在说话时手势表情过多的人，我们也能猜出他的感觉：“如果我不加以强调的话，我说的东西就显得太没有分量了！”

在举止间处处故意要凌驾于他人之上的人，我们也会怀疑：在他背后是否有需要他做出特殊努力才能抵消的自卑感。

这就像是怕自己个子太矮的人，总要踮起脚尖走路，以使自己显得高一点一样。两个小孩子在比身高的时候，我们常常可以看到这种行为。怕自己个子太矮的人，会挺直身子并紧张地保持这种姿势，以使自己看起来比实际高度要高一点。如果我们问他：“你是否觉得自己太矮小了？”我们就很难期望他会承认这件事实。

但是，这并不是说：有强烈自卑感的人一定是个显得柔顺、安静、拘束而与世无争的人。自卑感表现的方式有千万种，或许我能够用三个孩子第一次被带到动物园的故事来说明这一点。

当他们站在狮子笼前面时，一个孩子躲在他母亲的背后，全身发抖地说：“我要回家。”第二个孩子站在原地，脸色苍白地用颤抖的声音说：“我一点儿都不怕。”第三个孩子目不转睛地盯着狮子，并问他的妈妈：“我能不能向它吐口水？”事实上，这三个孩子都已经感到自己所处的劣势，但是每个人却都按他的生活风格，用自己的方法表现出他的感觉。

心理启示

自卑情结是几乎每个人都有的，有的重些有的轻些。表现为两个极端，一种是为了求得他人认同拼命表现自己展示自己，来掩盖内心的自卑；另一种是害怕不如别人所以拼命的逃避，表现为完全放弃自己，否认自我能力。两种表现有其各自的语言风格，前者是：我必定能战胜对手！我一定行的！我很优秀！后者是：我不行，我不敢，我不愿意做。

身体缺陷带来的自卑感不一定是坏事

心理学故事：

60年前，加拿大一位叫让·克雷蒂安的少年，说话口吃，曾因疾病导致左脸局部麻痹，嘴角畸形，讲话时嘴巴总是向一边歪，而且还有一只耳朵失聪。

听一位医学专家说，嘴里含着小石子讲话可以矫正口吃，克雷蒂安就整日在嘴里含着一块小石子练习讲话，以致嘴巴和舌头都被石子磨烂了。母亲看后心疼地直流眼泪，她抱着儿子说：“孩子，不要练了，妈妈会一辈子陪着你。”克雷蒂安一边替妈妈擦着眼泪，一边坚强地说：“妈妈，听说每一只漂亮的蝴蝶，都是自己冲破束缚它的茧之后才变成的。我一定要讲好话，做一只漂亮的蝴蝶。”

功夫不负有心人。终于，克雷蒂安能够流利地讲话了。他勤奋且善良，中学毕业时不仅取得了优异的成绩，而且还获得了极好的人缘。

1993年10月，克雷蒂安参加加拿大总理大选时，他的对手大力攻击、嘲笑他的脸部缺陷。对手曾极不道德地说：“你们要这样的人来当你们的总理吗？”然而，对手的这种恶意攻击却招致大部分选民的愤怒和谴责。当人们知道克雷蒂安的成长经历后，都给予他极大的同情和尊敬。在竞选演说中，克雷蒂安诚恳地对选民说：“我要带领国家和人民成为一只美丽的蝴蝶。”结果，

他以极大的优势当选为加拿大总理，并在1997年成功地获得连任，被国人亲切地称为“蝴蝶总理”。

一个口吃少年变成人人敬仰的“蝴蝶总理”，他真的如蝴蝶一样，实现了自己人生的蜕变。在他的成功之路上，真正的动力就是辛勤和努力。虽然他刚开始有缺陷，也因缺陷而感到自卑，但也正是缺陷的存在，才使得他认识到幸福与尽早努力的关系。

人的潜能是无限的，它是人的能力中未被开发的部分，它犹如一座待开发的金矿，蕴藏丰富，价值连城。一个人最大的成功，就是他的潜在能力得到最大限度的发挥。但这一前提是，但是，无论你的理想多么崇高，要实现你的力量你就必须克服自卑，实现超越。

1907年，心理学家A.阿德勒发表了有关由缺陷引起的自卑感及其补偿的论文，而使其名声大噪。

A.阿德勒认为：由身体缺陷或其他原因所引起的内心自卑，一方面可能会摧毁一个人，使之自甘堕落或发生精神病，在另一方面，它还有可能使人发奋图强，以求振作，以补偿自己的弱点，改变自卑心理。

例如，古代希腊的戴蒙斯·赛因斯原先患有严重的口吃，经过数年苦练竟成为著名演说家；美国罗斯福总统，患有小儿麻痹症，其奋斗事迹，更是家喻户晓之事。有时候，一方面的缺陷也会使人在另一方面求取补偿，例如，尼采身体羸弱，可是他却弃剑就笔，写下了不朽的权力哲学。诸如此类的例子，在历史上或文学上真是多得不胜枚举。

早先，弗洛伊德已经主张：补偿作用是由于要弥补性的发展失调所引起的缺憾。受了弗氏的影响，A.阿德勒遂提出男性钦羡的概念，认为不论男性还是女性都有一种要求强壮有力的愿望，以补偿自己不够男性化之感。

以后，A.阿德勒更体会到：不管有无器官上的缺陷，儿童的自卑感总是一种普遍存在事实；因为他们身体弱小，必须信赖成人生活，而且一举一动都要受成人的控制之故。当儿童利用这种自卑感作为逃避他们能够做的事情的借口时，他们便会发展出神经病的倾向。如果这种自卑感在以后的生活中继续存在下去，它便会构成“自卑情结”。因此，自卑感并不是变态的象征，而是个

人在追求优越地位时一种正常的发展过程。但如果能以自卑感为前提，寻求卓越，那么，我们是能实现自我超越和获得成就的。

心理启示

A.阿德勒以“自卑情结”为中心思想，创立了“个体心理学”，并成为一个学派的创始人。他认为人类的行为都是出于自卑感及对自卑感的克服与超越。

在他的《自卑与超越》一书中，阿德勒以平易轻松的笔调，描写了自卑感的形象、对个人行为的影响。以及个人如何克服自卑感，将其转变为对优越地位的追求，以获取光辉灿烂的成就。

自卑感和自卑情结的来源

心理学故事：

心理学家阿德勒1870年出生于维也纳郊区一个中产阶级犹太人家庭，排行第二。他的家庭富裕，全家都热爱音乐，但是他却认为他的童年生活并不快乐，不快乐的原因来自他的哥哥，他的哥哥是个模范儿童。他觉得自己不管怎样努力都赶不上哥哥的成就。他自小患有佝偻病，行动不便，因此他哥哥的蹦跳活跃使他自惭形秽，而觉得自己又小又丑，事事都比不上他的哥哥。

阿德勒5岁时上小学，9岁时进入弗洛伊德14年前上过的中学。刚上中学的时候，由于他数学不好而被老师视为差等生，老师因此看不起他，并建议他的父亲让他去当一名制鞋的工人。当然，他的父亲拒绝这样做，但这事也刺激了阿德勒的上进心，促使他努力学习，在数学上有了很大进步。中学毕业后，阿德勒如愿以偿，进入维也纳医学院，系统学习了有关心理学、哲学的知识，并受到良好的医学训练。

1895 年，阿德勒进入维也那大学取得医学博士学位，初为一眼科医师，他

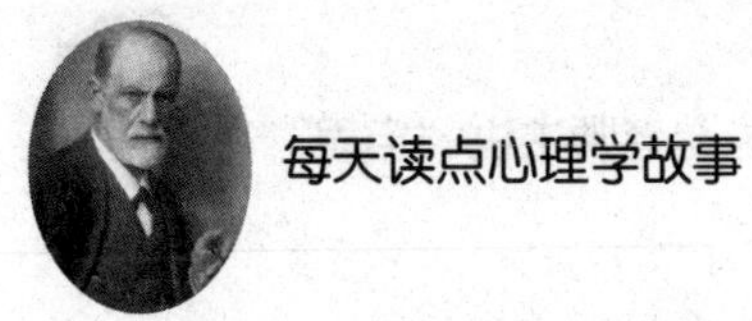

特别注意身体器官的自卑，认为它是驱使个人采取行动的真正动力。后转向精神病学，曾追随弗洛伊德探讨神经症问题。

从这个故事中，我们也可以发现，儿童时期的阿德勒是自卑的，这也是他后来致力于这一研究领域的重要原因。

对于人类的自卑感，是精神分析学派心理学家首先提出，而后广泛流行的术语。从广义上讲，它泛指对自己持批判或否定的任何态度，而在这种态度的背后，则是一种无能感、无力感、弱小感或恐惧感。那自卑感是天生本能的存在？还是我们人为去创造而得来的呢？

自卑情结有三个来源：① 器官缺陷；② 宠坏；③ 疏忽。

关于器官缺陷有三个重点：① 器官缺陷即是无法对外在的需求有适当的反应；② 对身体和心理都有影响；③ 在心理上可能造成有害的影响而引起神经上的疾病，不过它可以弥补，并导致有利的成就。

宠坏：一个被宠坏的人常常放弃与别人交往的机会，而只将兴趣集中在自己的身上（母亲的一项重要工作就是要帮助孩子们与周围的世界发生关系），漂亮和美丽的小孩特别容易被宠坏。一个被纵容的孩子长大后常会排除他人，他会变得害羞或者性欲异常。被宠坏的小孩对社会没有兴趣，他们的自我总在前头。

忽视：第三种容易患自卑情结的孩子是被忽视的、具有恨意的、不被期望的、丑陋的小孩子。这些孩子从小就充满着委屈、卑顺，很容易发展出自卑情结。

自卑是没有办法完全根除干净的，事实上，我们也不愿意完全根除它，因为自卑感可以作为构建某些事物的基础。

有自卑感的人通常对社会没有兴趣，要纠正他们，就要使他们对别人发生兴趣。

德国人力资源开发专家斯普林格在其所著的《激励的神话》一书中写道："人生中重要的事情不是感到惬意，而是感到充沛的活力。""强烈的自我激励是成功的先决条件。"所以，学会自我激励，就是要经常在内心告诉自己，我相信自己可以做到。如果你的心被自卑掩埋，那么，你已经输了。倘若你对

自己充满信心，那么即使面对逆境，也能泰然自若。这种强而有力的信心，事实上便是来自于自信。换言之，自信是力量增长的源泉。

心理启示

每一个人都会感到是自卑的。所有的人都有自卑感，这影响了他们的举止：它在一切人类奋斗的最底层，人类的进展可以说就是克服自卑感的过程。朝向完美及安全的奋斗是由不调适和不安全的感觉而来的。人们发现自己在大自然的压力之下暴露无遗，毫无保护，因此被迫寻求安全，于是人类就拼命地发展生产力和科技。

如何从自卑走向超越

心理学故事：

1942年，史蒂芬·威廉姆·霍金出生于英格兰。很难想象，年仅20岁的他就患上一种肌肉不断萎缩的怪病，整个身体能够自主活动的部位越来越少，以致最后永远地被固定在轮椅上。可他并没有因此而中断学习和科研，而是一直以乐观的精神和顽强的毅力攀登着科学的高峰。

霍金毕业于牛津大学，毕业以后，他长期从事宇宙基本定律的研究工作。他在所从事的研究领域中，取得了令世人瞩目与震惊的成就。

在一次学术报告上，一位女记者登上讲坛，提出一个令全场听众感到十分吃惊的问题：“霍金先生，疾病已将您永远固定在轮椅上，您不认为命运对您太不公平了吗？”

这显然是个触及伤痛难以回答的问题。顿时，报告厅内鸦雀无声，所有人都注视着霍金，只见霍金头部斜靠着椅背，面带着安详的微笑，用能动的手指敲击键盘。人们从屏幕上缓慢显示出的文字，看到了这样一段震撼心灵的回答：“我的手指还能活动，我的大脑还能思维；我有我终生追求的理想，我有

我爱和爱我的亲人和朋友。”

报告厅里响起了长时间热烈的掌声，那是从人们心底迸发出的敬意和钦佩。

科学巨人霍金再次向我们证明：即使你身上有很多缺点，但你还有可以引以为豪的优点，这些优点一样可以使你自信。

生活中，我们都会说，要远离自卑，建立自信，大道理谁都会说，但关键是，我们如何才能做到。

在不要自卑之前，我们首先要做到的是“要承认自卑”，坦然淡定地接受自卑情结，抗拒对摆脱自卑无济于事。除此之外，我们还需要做到的是：

1.运用补偿心理超越自卑

这种补偿，其实就是一种“移位”，即为克服自己生理上的缺陷或心理上的自卑，而发展自己其他方面的长处，优势，赶上或走过他人的一种心理适应机制，正是这一心理机制的作用，自卑感就成了许多成功人士成功的动力，成了他们超越自我的“涡轮增压”。

2.昂首挺胸，快步行走

许多心理学家认为，人们行走的姿势、步伐与其心理状态有一定关系。懒散的姿势、缓慢的步伐是情绪低落的表现，是对自己、对工作以及对别人不愉快感受的反映。步伐轻快敏捷，身姿昂首挺胸，会给人带来明朗的心境，会使自卑逃遁，自信滋生。

3.学会微笑

我们都知道笑能给人自信，它是医治信心不足的良药。如果你真诚地向一个人展颜微笑，他就会对你产生好感，这种好感足以使你充满自信。正如一首诗所说：“微笑是疲倦者的休息，沮丧者的白天，悲伤者的阳光，大自然的最佳营养。”

总之，我们要明白，站在人生的舞台上，你真实的表演并非为博得别人的掌声，更多的是为了得到自己心灵深处的快慰。

4.以自己的方式追求自我

现代的人是个性张扬的一代，尤其是初高中阶段的你们更加主张“个性解

放”，因此，你完全可以有自己喜欢的发型、喜欢的流行音乐、说家长们搞不懂的流行话语……

这些方法可以很好的改善自己和你的自卑情结。

总之，你要随时告诉自己：我是自信的，我是美丽的，我有实力，我的专业能力是最棒的！你必须有自信心，对认准的目标有大无畏的气概，怀着必胜的决心，主动积极地争取！

心理启示

没有人是毫无缺点的，只是在我们的内心，这个缺点的份额的大小问题，如果我们将缺点无限制放大，那么，它将会腐蚀我们的心，阻碍我们成功；而如果我们能正视缺点，并在心里把缺点限制在一定的范围内，它就会成为我们努力和奋斗的催化剂，助我们成功。

第九堂课
凯根老师主讲“气质”

美国心理学家杰罗姆·凯根对人的气质的根源十分有研究，他提出，“人格既不是生物性决定的固定气质，也不完全在社会性的相互作用中形成的”，也就是说，个体气质的差异既受环境影响又受基因制约。他还提出，不是所有抑制型的儿童长大后都注定要成为一个害羞的人。因为虽然人格中有生物基础，但是环境在一定程度上还是起决定作用。

凯根说：个体气质的差异既受环境影响又受基因制约

我们都知道，人的气质有很多种：高贵、清秀、素雅、庸俗、妖媚、艳丽、性感、可爱，还有优雅、从容、恬静等，气质有雅有俗，所谓气质，指的是每个人表现出来的独特的风貌，气质一般是从话语、眼神、背影甚至举手投足间流露出来的特质，能让别人一眼就能看出其性格、品质、学识……那么，为什么人会有不同的气质？对此，美国心理学家杰罗姆·凯根给出我们一个答案：个体气质的差异既受环境影响又受基因制约。

杰罗姆·凯根是美国心理学家，对婴儿和儿童的认知和情绪发展的研究，尤其是对气质形成的根源研究十分著名。1987年，他获美国心理学会颁发的杰出科学贡献奖。

杰罗姆·凯根1929年出生于美国新泽西州的纽瓦克。他的父亲是个商人，

凯根1950年在拉特格斯大学获得学士学位。

1964 年以后，他在哈佛大学心理系任教，后出任哈佛大学脑行为系的系主任。在哈佛期间，他致力于儿童气质类型的研究，尤其是0~10岁儿童发展的相关问题，他以跨文化和纵向研究的形式探究外在环境和儿童自身的内在气质对儿童发展的影响。其中他对婴儿和儿童认知与情绪发展，特别是对气质形成根源的研究十分著名。他的研究表明：个体气质的差异既受环境又受基因的制约。

1987 年，他获得了美国心理学会颁布的杰出科学贡献奖，1994 年获美国心理学会 G.S.霍尔奖。现在，他已成为该领域最有影响的人物。

近年来，在我国，也有不少心理学工作者致力于该领域的研究，但从行为抑制性的角度来认识气质的研究还不多，可以说，凯根的行为抑制性研究为心理学界研究气质提供了新的思路。

1959 年，他与 H.A.莫斯合作出版了《从出生到成熟》一书。该书荣获美国精神病学学会 1963 年的霍夫海默奖金。由于获奖，促使凯根和他的同事继续两个方面的研究：一个方面是称之为反射—刺激的个体差异，预测学龄儿童在饮食反应不肯定的情况下所表现出的行为。第二个更为重要的方面是对个体在行为质量和动机质量上的差异进行预示的时间。后来，凯根在《幼儿时期的变化和继续》《幼年期在人的发展中的地位》等著作和一系列论文中探讨了幼儿决定论学说，认为成熟因素对生命的开头几年所能观察到的行为表现有着重要的制约作用。

传统的心理学观点认为，人的气质是一种内在不变的因素，是一种核心本质，它有一个不变的行为层面和生理层面。出生头一年表现出的气质模式是一种本质的、持久的结构，并不会因为年龄增长和岁月变迁等而改变。凯根则认为，气质一词在意义上类似于动物的内在特性。气质是指以生物为基础的生理、身体、行为特征的聚合体，是生物基础加上个人经历的聚合体。

杰罗姆·凯根的行为抑制性研究为心理学界研究气质提供了新的思路和方法。他用批判的眼光对前人的研究进行了深刻的反思之后提出，要结合多学科、多领域的研究方法和成果，尤其是生物学、神经生理学知识来研究气质；要用归纳的方法尽可能多地收集新信息，不拘泥于已有的理论和概念；要科学谨慎地使用统计方法，并不断地发掘新的、合适的统计手段。

心理启示

凯根认为，生命的第一天所呈现出的形象并不是气质类型，而是气质类型后期发展的基础，气质类型是环境作用于这一基础的产物。气质的类型数量不会穷尽，随着研究的深入会越来越多，并且将涉及人类情感、行为和智力各个层面。

行为抑制为什么会影响气质

凯根从自然科学的研究方法中汲取养料，来丰富气质研究。他对以往的气质研究思路提出了置疑。众所周知，科学界存在着认识论和本体论两种研究思路，前者主要表现在自然科学界，如生理学和化学界，人们喜欢以实验控制方式用仪器对某一现象进行分析。后者则倾向于构建高深的、权威的理论，用以解释纷繁复杂的现象。爱因斯坦的相对论就是后者的一个典型例子。

凯根认为，在气质研究领域，还没有哪一个研究者能对儿童的行为进行完全的实验控制，所以多数心理学工作者不得不诉诸本体论的研究思路，构建理论思想，为其感兴趣的现象提供一个满意的逻辑结构。但这不应该成为气质研究的发展方向。当一个领域的研究还很稚嫩的时候，运用本体论的思路进行研究情有可原。但是，用富于说服力的函数关系代替柏拉图式的定义，这也将成为发展心理学的发展趋势。现在许多文章或研究报告仍旧从一些本体论的概念界定开始。如托马斯和切斯把气质定义为一个人的行为风格；高尔德史密斯和坎波斯认为气质是能够调节情绪模式的一系列过程。

凯根说，先确定一个概念，再根据概念进行研究，这在早期的研究工作中是有用的；但是，当新的证据逐渐证明这些概念已不再有效时，就应该把它们抛弃。这并不意味着心理学家要放弃所有的本体论问题，对本体论问题的思考

有利于对数据的分析与理解，并由此关注由一系列相关函数界定的概念。当研究者深入考察儿童的成长过程的时候，就会揭示出新的气质概念。心理学家应该在他们还没有发现有一种气质存在之前，尽可能地反映出各种气质类型，而不应该受到理论概念的限制。

目前，研究最多的气质类型有社交性、神经性、焦虑、易激惹性、活动水平等。而行为的抑制性和非抑制性也是大量气质类型中的两类。这两种气质类型涉及儿童面对不熟悉的人、物、环境或有挑战性的情境时的最初的行为反应。在遇到不熟悉的成人、同伴或物体时，有的儿童非常拘谨，盯着陌生人，退回到母亲身边，几乎不去主动接近陌生人；而有的儿童则没有任何拘谨的表现，继续游戏，甚至主动接近陌生人。熟悉环境和陌生环境好像对他们没有心理意义上的区别。凯根把前者称作抑制儿童，后者称作非抑制儿童。

凯根等人认为，对同伴或成年陌生人的害羞是广义上的气质类型，即面对不熟悉的人和事物的抑制状态。当婴儿长到大约7~9个月时，面临不同的刺激物，他们开始出现不确定状态。抑制型儿童对各种不同类型的不熟悉性的反应是回避、苦恼或压制情感。在其他物种中，这种类似反应发生的开始年龄分别是：猴子在2~3个月，猫在30~35天，小鸭在5~7天。不确定性的来源可以是人、情境或事件。一个抑制儿童可能随着经验的积累学会控制对陌生人的回避行为，在其他人面前不再表现出害羞。但是，该儿童可能保持了一种对不熟悉的非社会性挑战或对不熟悉的地方的回避风格。

心理启示

凯根抑制性气质的概念假设：一个儿童可能在某些情境中表现出回避退缩，但并不一定在所有情境中都回避退缩。与此相反，非抑制型儿童则表现出喜欢交际、对陌生人的出现泰然处之。在不熟悉的社会情境中，抑制型儿童的行为并不等同于那些通过后天的经历使他们变得害羞、腼腆的人的特征。前者表现出较少的自发微笑、较多的肌肉紧张。因此，把“本质就是害羞”当作一种独立的品质而脱离儿童的年龄、生活经历、生理特点以及具体的观察情境是不明智的。

遗传与经验对气质的影响

凯根认为，目前从事实验工作和理论工作的学者对三个问题的研究在促进着气质研究的发展。这三个问题是：气质的生物基础是什么；从出生到成熟，每一种气质类型能够得以保持的程度如何；目前对气质结构的描述很多，有没有一种能得到大家认同的在理论上最有效的气质结构。到目前为止，对这三个热点问题的研究还没有肯定的结论。凯根和他的同事也在对这些问题进行着不懈的研究。

科罗拉多大学行为遗传研究所的研究人员曾进行过一项同性别双生儿的追踪研究。第一次观察在14和21个月，以后一直追踪到儿童晚期。以在实验室和在家的直接观察为基础，抑制和非抑制行为的遗传率为0.5和0.6。此外，抑制型儿童的父母比非抑制型儿童的父母更内向。

据此，凯根认为，抑制和非抑制特征是可遗传的。在儿童期，同卵双生子比异卵双生子在害羞、腼腆等行为上的表现更相似。

虽然遗传对婴儿反应性和抑制、非抑制特点有中等程度的相关，但遗传并不是百分之百的起作用，它总是与经验共同起作用的。1/3以上的强抑制婴儿在第二年的测查中并没有表现出害怕。对50个强抑制和50个弱抑制头生儿的家庭观察表明，保护型母亲一直保护其强抑制婴儿免受任何压力，这使她的孩子在控制对陌生人或陌生事件的回避时更加困难。接纳型母亲则努力帮助自己的强抑制孩子克服缺点，提出适合孩子年龄的要求，帮助孩子克服恐惧。

那么，经验又有什么作用呢？经验的作用可由在每一气质类型中的变异来解释。凯根等人在儿童4.5岁时检查了两组截然不同的孩子在行为上的变异：在14个月表现出强烈恐惧的女孩（N=16）和在14个月时表现出不害怕的女孩（N=28）。尽管前一组比后一组表现出极显著的较少自发微笑和讲话，但在每一组的组内差异还是很大的。不同组的组内的广泛差异可以部分归因于不同儿童的不同经历。每一种气质类型的发展轨迹并不是固定不变的。

过去人们认为遗传基因是稳定的，它们的作用是固定的。这种观点已逐渐

被一种动态地描述基因作用的观点所取代。Takahashi在1995年发现，有些基因非常易变，这种基因的变化产生出了新的特殊的蛋白质。这就等于说，儿童的经验可能降低或增强最初的气质倾向。

例如，一个儿童出生时有强抑制和害怕的生理基础，但他随后经历了一个相对支持性的环境，在这个环境里没有严重的不确定性，那么，该儿童很可能在大脑环路上产生一些生理变化，而正是这些环路在调节情绪反应和降低苦恼。

Takahashi的这个发现告诉我们，最初所赋予的基因物质并非是决定性的，它们也要服从于经验的调节。

心理启示

根据凯根和一些心理学家的研究，我们可以看出的是，抑制和非抑制特征是可遗传的。遗传对婴儿反应性和抑制、非抑制特点有中等程度的相关，但遗传并不是单独地起作用，它总是与经验共同起作用的。

第十堂课
沙赫特老师主讲“情绪”

情绪三因素学说是由美国心理学家沙赫特在20世纪70年代提出的。他把情绪的产生归之于刺激因素、生理因素和认知因素三者的整合作用。其中，认知因素中的对当前情境的评估和过去经验的回忆，在情绪形成中起着重要作用。这一理论提出了一个情绪体验的理论模型——基于认知标签对生理状态唤醒的响应。在这个理论中，个体通过感觉器官感知了特定的情绪对象。随着知觉，个体产生一种诱导性的自主生理状态唤醒。

沙赫特说：情绪的产生来自刺激、生理和认知三因素

日常生活中，我们常提及“情绪”，并且，我们深知一点，人都是情绪化的动物，我们的行为很多时候都会受到情绪的影响，那么，情绪到底是怎么产生的呢?

对此，美国社会心理学家沙赫特给出解释，他认为，情绪的产生受到环境事件、生理唤起和认知解释这多重因素的共同影响。

沙赫特（1922—1997），美国社会心理学家，主要的研究兴趣是上瘾和情绪。他认为人类的情绪体验是人的生理状态和对这一状态的认知解释共同作用的结果。1969年，获美国心理学会颁发的杰出科学贡献奖，1983年当选为国家科学院院士。

1962年他和辛格共同设计了一个实验，实验的基本程序如下。

第一步：先给三组大学生被试注射肾上腺素，使他们处于生理唤醒状态——这是为了使所有被试的生理唤醒状态相同。

第二步：实验者对三组被试用三种不同的说明来解释这种药物可能引起的反应。告诉第一组被试注射药物后将产生心悸、手抖、脸发烧等反应，这些是注射肾上腺素的真实效果；告诉第二组被试注射药物后将产生双脚麻木、发痒和头痛等现象，这与肾上腺素的真实效果完全不同；告诉第三组被试，药物是温和无害的，而且没有任何副作用，即不告知这组被试肾上腺素的效果。这个步骤是诱使三组被试对自己的生理状态作出不同的认知解释。

第三步：将每组被试各分成两部分，并让两部分被试分别进入两种实验情境中。其中一个实验情境能看到一些滑稽表演，是一个愉快的情境；而另一个实验情境中，强迫被试回答繁琐的问题，并强加指责，是惹人发怒的情境。这个步骤是使被试处在不同的环境中。

实验者观察这两种环境下各组被试的情绪反应。

可以预测，如果情绪是由刺激引起的生理唤醒状态单独决定的，那么三组被试应该产生一样的情绪反应，因为实验中他们的生理唤醒状态都是一样的；如果情绪是由环境因素单独决定的，那么各组被试应该是在愉快的环境中感到愉快，在愤怒的环境中产生愤怒。

但实验的真实结果是：第二、三组被试在愉快环境中表现出愉快的情绪，在愤怒的情境中表现出愤怒的情绪，而第一组被试在两种情境中都比较冷静。

显然，这是由于第一组被试能正确地估计和解释后来的真实生理反应，并将环境对他的影响也进行了认知解释，因而能平静地对待环境作用。而第二三组被试对真实生理唤醒水平的认知解释是错误的，因而他们的情绪反应随着环境的不同而变化。由此可知，在情绪的产生中，生理唤醒和环境都有影响，但认知过程则起着至关重要的作用。大脑皮层将环境、生理和认知信息整合起来后，产生了一定的情绪。据此，沙赫特和辛格推论情绪是认知过程、生理状态和环境因素共同作用的结果，其中认知因素对情绪的产生起关键作用。

心理启示

沙赫特认为情绪和情感是认知活动“折射”而产生的。沙赫特认为，脑可能以几种方式解释同一生理反馈模式，给予不同的标签。生理唤醒本来是一种未分化的模式，正是认知过程才将它标记为一种特定的情绪。标记过程取决于归因，即对事件原因的鉴别。人们对同一生理唤醒可以作出不同的归因，产生不同的情绪，这取决于可能得到的有关情境的信息。

你害怕孤独吗

心理学故事：

琪琪今年15岁，刚上高中，进入新的环境，她和同学们相处得很融洽，但就是住在宿舍里感觉很不适应，宿舍十一点就会准时熄灯，而她只要一关上灯，就会觉得孤独，睡不着觉，她只好自己打开手电筒，也因此打扰了室友们的休息，后来，她不得不回家住。其实，琪琪的父母早知道女儿害怕孤独这个问题是因为有障碍，于是，她们决定尝试着让女儿克服一下，这天，她们带着女儿来到医院进行心理咨询。

我们生活的周围，和琪琪一样害怕孤独的人有很多。叔本华提出，社会让他最难忍受的，就是必须和不值得成为朋友的人成为朋友。这一现状更是加重了日益组织化的今天的人们的苦痛。

尼采说：“啊，孤独，你是我的家乡”“我孤独啊!你配吗？”尼采是位大哲人，所以他以特有的方式告诫世人不要轻易妄称孤独。而事实上作为一种不良情绪，人总是不可避免地会产生孤独。

心理学家沙赫特（1959）曾经做过一项实验，探讨处于孤独状态下的个体的合群需要。

研究者先将被试者分为高恐惧组和低恐惧组，在高恐惧组条件下，研究者

告诉被试者，他们将参加一项电击实验，电击会很厉害，很痛，但不会留下永久性伤害，而且这项研究是为了获取有关人类发展的某些有用的资料；在低恐惧组条件下，被试者被告知，电击时只是有点痛，感觉有些轻微的震动，不会有任何伤害性后果。然后，在被试者等待接受电击的时间里，研究者逐个询问他们，是愿意独自等待，还是想与其他人一起等待。

结果显示：高恐惧组选择愿意与别人待在一起的比例为62.5%，无所谓的占28.1%。低恐惧组选择愿意与别人待在一起的比例为33%，无所谓的占60%。试验告诉我们，在恐惧或紧张的状态下人们更倾向于与别人待在一起以降低紧张感。当个体对周围环境缺乏了解和把握时会导致个体心情紧张、有高恐惧感时，他们倾向于寻求与他人在一起，倾向于寻求他人伴同。而处于低恐惧的情况下，这种合群的需要并不那么强烈。可见，与人交往能增加人的安全感，减低恐惧感。

日本心理医生箱崎总一在其《孤独心理学》一书中以个体在生活上的感受来说明孤独是如何产生的，并试图更进一步提倡孤独的复活法和以孤独为原动力走上强壮的人生之道的方法。

那么，孤独是怎样产生的呢？

1.个体因素

由于遗传、家庭环境、个体在生活、情感等方面的经历不同，个体对环境所产生的紧张感明显不同。

2.物理环境因素

沙赫特试验告诉我们，封闭的环境更容易产生孤独感。沙赫特总结了有关报告指出：孤独所产生的痛苦程度与孤独的时间不是线性关系。在一段时间内，由孤独所产生的痛苦增加了，但不久就开始下降，长时间的孤独，个体就进入类似精神分裂症的冷漠状态，这时个体没有情感，对环境不作任何反映。

3.社会环境因素

日趋激烈的竞争压力下，许多员工由于自身能力和人际沟通存在问题，自然会产生孤独的颓丧情绪。也有不少员工由于自身的价值观与组织文化格格不入，会导致孤独感。

心理启示

所谓的孤独，是由人与人的往来体会中产生出来的，也是我们在日常生活中、在人际关系中，所感受到的东西。当人认为自己是孤独时，那就是她处于想和他人接触、交往的状态中。孤独是一种不良的情绪体验，是一种自感社会交往或人际关系不满状态下的颓丧情绪，从本质上讲，人有拒绝孤独的渴望。

为什么爱情会更容易在危境中产生

如何让心仪的对象也产生与你相同的感情？这大概是所有青年男女感兴趣的话题。对于很多男青年来说，可能都曾演过“英雄救美”的桥段，而也应该有不少的人从此展开一段浪漫的爱情故事。

公元1世纪时，罗马诗人奥维德在他的《爱的艺术》中，也提到了年轻人如何去征服异性的方法。其中一个对男性非常有趣的建议就是：将自己喜欢的女人带到竞技场去约会。

不管是在游泳场，还是竞技场，在我们生活的印象中，这些地方确实是容易唤醒女性激情的好场所。

那么，让女性处于危境中，为什么更能让他们产生爱情的感觉呢？

随着心理学领域“认知革命”的潮流，在1962年，研究人员沙赫特创建了将认知因素的影响考虑在内的新的情绪理论。在他们的分析中，沙赫特指出：根据之前的生理基础理论，仍然有一个问题没有解决，那就是对“各种不同的情绪、心情和感觉状态不可能存在同等数量的对应的生理模式”这一现象的解释。这种“不确定性的情形”（对某一种生理模式，可能存在各种不同的情绪状态）引导他们得出这一结论——认知因素可能是情绪状态的主要决定因素。考虑到这背后的逻辑和含义，研究者们就构建了现在被称为沙赫特—辛格理论

或两因素情绪理论的理论。

沙赫特—辛格情绪理论是一种被广泛接受的有关情感体验的社会心理学理论，它将生理唤醒和认知因素两者结合在一起来解释情绪反应。该理论假设特定情绪的体验取决于对一般生理唤醒施加“引导功能”的认知标签。沙赫特—辛格情绪理论也被称为两因素情绪理论，或者情绪三因素理论。

换言之，你的情绪体验，更多取决于你对自身生理唤醒的解释，而不一定来源于你的真实遭遇。然而，这就引发了一个问题：在现实生活中，对同样的生理表现可能会存在着不同的但都是合理的解释，有的时候，人们会很难确定我们的生理表现是由哪一种因素造成的。比如，当你跟一位心仪的异性看恐怖电影时，你感受到自己的心在怦怦乱跳，呼吸也变得急促起来，那么，这是电影情节太过恐怖呢？还是身边的人令你心动？你不可能说，“此时，我生理表现的57%是来自异性的吸引力，32%来自恐怖电影，另外11%是因为刚吃的零食来不及消化”。

很多时候，由于难以准确地指出自己生理表现的真正原因，我们会产生对情绪的错误认识。比如，将看恐怖电影引起的心跳过速理解为身边异性致命的吸引力。在心理学上，将人们对自己的感受做出错误推论的过程称之为唤醒的错误归因。由此可见，正是由于“不确定性”的存在，以及认知因素在情绪状态中的标识作用，唤醒的错误归因才会发生。

心理启示

究竟如何是爱，如何确定喜欢？这似乎需要我们从更多的方面去体会，而不仅仅是感觉。比如，从日常生活中他的关心以及两人的相处方式去体会。这就提醒我们不要太注重“感觉”，否则可能错失某些好的缘分。而在两人确定关系之后，则可以更好地利用沙赫特—辛格理论偶尔制造些刺激共同旅游、看恐怖电影等来增进感情。当然，也不仅仅是爱情，在其他感情方面，比如友情、亲情亦是如此。感情都是在一些共同经历中深厚起来的。

下篇

第一堂课
听心理学家讲自我认知故事：心理学是我们看清自己的眼睛

有人说，世界上最难懂的东西之一是人心。而最难看懂的人是自己。因为看不到真实的自己，我们常常陷入各种苦恼之中。我们寻找各种方法来了解自己和洞悉自己的内心，其实，在这个过程中，我们不妨借助心理学家这个好帮手。通过心理学家讲的故事，我们能更清楚地看到各种形态的自己，从而看到自己的不足、发掘自己的长处，进而更清楚地定位自己和完善自己。

巴南效应：被蒙骗的学生

心理学故事：

1949年，心理学家培特朗·福瑞德做了一个实验。

他聚集了一批学生，让他们做一个性格诊断测验。几天后，他把诊断报告交给学生，再统计学生对诊断结果有效度评定。“你认为报告说中了多少分？”

总分是5分，学生们的评定平均是4.3分。也就是学生们认为诊断报告的准确率是86%，其中有41%的学生甚至评价为：“这份报告”完全“吻合我的性格，这份测验真了不起！”

其实，福瑞德交给学生的诊断报告是完全相同的，而且是从车站小商店买

来的算命杂志的文章中，挑选几个句子拼凑而成的。

福瑞德真正的目的，是想证明“人的自我评价是不可靠的”。为什么学生会被蒙骗呢？

那是因为福瑞德说：“这份报告是”你的“测验结果”。当学生听到“这是只为你准备的报告”，心理上就被卷入情境中，而不能做到“这东西是不是适用于任何人？”的客观判断。

这就是“巴南效应”的由来，时隔三十年，据说又做了一次同样的实验，结果还是一样。时至今日，人们仍持续被同样的原理蒙骗。而且因为受骗者并没有察觉，所以以为只有自己没有受骗。

“巴南效应”的含义是：在一段正面的性格描述面前，人们一般都会认为被描述的是自己，并产生认同“对的，没错，我就是这样。”当人们被评价“你渴望被人重视”“你其实拥有浪漫的一面”等叙述时，几乎没人会否认或表示“这种说法好笼统”，大多数人会说“没错没错”并坦率地接受。相信算命的现象也属于“巴南效应”。尤其对方若是著名的算命师，说服力更大。

反过来想，如果我们不想被人蒙蔽，就应该跳出“巴南效应”的影响，做到认识我们自己。

在2000年前，古希腊人就把“认识你自己”作为铭文刻在阿波罗神庙的门柱上。然而时至今日，人们不能不遗憾地说，“认识自己”的目标距离我们仍然还很遥远。探索其原因，我们不能不提到心理学上的“巴南效应”。如果我们能自我反省，了解自己的长处，知道自己的短处，并扬长避短，加以改进，那么便能更好地成长。

爱因斯坦小时候是个十分贪玩的孩子。他的母亲最担心的就是这点，很多时候，母亲对他的告诫，他也当成耳边风。直到16岁那年秋天，父亲对他的一番话让他真正长大了，并且影响了他的一生。

父亲说：“昨天，我和你杰克大叔一起去清扫南边工厂一个很久没人打扫的烟囱，去的时候，我走在你杰克大叔后面，他们踩着钢筋做的梯子上去。下来的时候，我依然走在你杰克大叔后面。但我们出来的时候，我发现，你杰克大叔身上、背上、脸上都是黑乎乎的，而我身上竟然一点烟灰也没有。”

爱因斯坦听得很认真，父亲继续微笑着说："当我看见你杰克大叔浑身黑乎乎的样子，心想，我肯定也脏死了，于是，我就到附近的小河边洗了又洗。而你杰克大叔恰恰相反，他看到我干干净净的，以为自己也是干净的，只是随便洗了洗手，就去街上了。结果，街上的人都笑破了肚子，还以为你杰克大叔是个疯子呢。"

爱因斯坦听罢，也忍不住笑了半天。等他平静下来后，父亲郑重地对他说："其实，别人谁也不能做你的镜子，只有自己才是自己的镜子。拿别人做镜子，白痴或许会把自己照成天才的。"

正如爱因斯坦的父亲所说，我们只能做自己的镜子，照出真实的自我。

而事实情况是，日常生活中，我们既不可能每时每刻去反省自己，也不可能站在一定的高度、以局外人的身份来观察自己，所以，我们只能以外界信息和他人的眼光来认识自己，于是，我们的思维很容易受到外界信息的暗示，常常会迷失自己。

自我提升之门只能由内而外打开。进步的首要关键，在于你一定得认识和了解自己，而这件事只有你自己才能完成，也是一个非得靠你才能解答的问题。谁能永久激励你？谁能让你不断成长？答案是你自己，别人只能帮你推波助澜而已！所以要获得成功，首先要先研究、了解自己。自己才是自己的最佳导师。

心理启示

你要做一个善于自我反省的人，只有这样，才能够发现自己的缺点或者做得不够好的地方，然后加以改正，使自己不断进步，并能够扬长避短，发挥自己的最大潜能。

手表定律：多个标准会让你无所适从

心理学故事：

森林里生活着一群猴子，每天太阳升起的时候它们外出觅食，太阳落山的时候回去休息，日子过得平淡而幸福。

一名游客穿越森林，把手表落在了树下的岩石上，被猴子“猛可”拾到了。聪明的“猛可”很快就搞清了手表的用途，于是，“猛可”成了整个猴群的明星，每只猴子都向“猛可”请教确切的时间，整个猴群的作息时间也由“猛可”来规划。“猛可”逐渐建立起威望，当上了猴王。

做了猴王的“猛可”认为是手表给自己带来了好运，于是它每天在森林里巡查，希望能够拾到更多的表。功夫不负有心人，“猛可”又拥有了第二块、第三块表。但“猛可”却有了新的麻烦：每只表的时间指示都不尽相同，哪一个才是确切的时间呢？“猛可”被这个问题难住了。当有下属来问时间时，“猛可”支支吾吾回答不上来，整个猴群的作息时间也因此变得混乱。过了一段时间，猴子们起来造反，把“猛可”推下了猴王的宝座，“猛可”的收藏品也被新任猴王据为己有。但很快，新任猴王同样面临着“猛可”的困惑。

这就是著名的“手表定律”，又称为两只手表定律、矛盾选择定律。“手表定律”是由英国心理学家P. 撒盖提出来的。这一定律的深层含义在于：每个人都不能同时挑选两种不同的行为准则或者价值观念，否则他的工作和生活必将陷入混乱。

生活中只有拥有一个行为准则、树立一个价值取向，在做事时才会从容自如、灵活掌握。如果有两个或多个行为准则和价值取向，则会让生活变得无所适从。

当然，手表定律是有一定适用前提的：

第一，前提是这两块表显示的时间是不同的，如果时间显示是一致的，那就不存在分歧，或双重标准了；

第二，如果有两块表显示时间不同，我们必须要知道哪一块才是唯一正确

的表，因为只能有一个是正确的；

第三，这两块表必须是在同一个时区（采用同一个标准的地区），因为在不同时区的时间是不一致的，这样才有可比性，这也要“因地制宜”。在这些前提下，我们才能去谈谈这个定律。

对于大多数人而言，手表定律并不陌生，因为它几乎无处不在。

美国在线与时代华纳的失败合并就证明了一点。业内人士都明白，美国在线是一个年轻的互联网公司，企业文化强调操作灵活，目标是迅速抢占市场。然而，时代华纳却有长期的发展，并已建立了强调诚信之道和创新精神的企业文化。两家企业合并后，企业高管们并没有很好地解决原本存在的两家企业文化的冲突，导致员工完全搞不清企业未来的发展方向。最终，时代华纳与美国在线的世纪联姻以失败告终。

这也充分说明，要搞清楚时间，一块走时准确的表就足够了，要做好一件事，也必须要标准统一。

在现实生活中，我们也经常会遇到类似的情况。比如两场电影你都想看，但是你的时间冲突，只能看一场电影，这个时候你很难做出选择。在面对两个同样优秀、同样倾心于你的男孩子时，你也一定会苦恼许久，不知该如何做出决断。

择业时，地点、待遇不分伯仲的两家单位，你将何去何从？在人生的每一个十字路口，我们都要面对“鱼与熊掌不能兼得”的苦恼。

在面对矛盾选择的时候，心理学家推荐使用“模糊心理”。所谓“模糊心理”，就是在一个很难决策的情况下，以潜意识的心理为主要基调，做出符合潜意识心理的选择。

心理学研究表明，“模糊心理”实际上是人在成长过程中不断积累的一种心理沉积。也许你并不能说出一条明确的原因，但是通过心理的潜意识，一般情况下可以做出最符合个体心理需求的决定。这里说的潜意识，实际上就是我们常说的第一印象。“模糊心理”在矛盾选择面前，能够提供给我们最安全的心理保护，因而是值得提倡的。

心理启示

同一个人不能同时选择两种不同的价值观，否则他的行为将陷于混乱。一个人不能由两个以上的人来指挥，否则将使这个人无所适从。

晕轮效应：以偏概全要不得

心理学故事：

曾经有一个充满传奇色彩的神话故事：在公元1189年，罗马帝国皇帝腓特烈一世和英法两国国王率领第三次十字军出征，前往耶路撒冷。行至阿尔卑斯山附近时，天气突变，风雪大作，十字军士兵脚冻得寸步难行，情急之下，罗马骑士法雷诺让其他人把随身的皮革裹在脚上，继续前进。14世纪至15世纪，意大利北部城市一家有名的皮鞋制造商为纪念法雷诺将军的这段故事，将自己生产的最高档皮鞋命名为“法雷诺”，法雷诺的美名因此流传开来。

为此，意大利皮鞋法雷诺登陆中国市场后，受到国内影视明星、成功男士、政界名流等中高档消费群体的情有独钟。不仅是因为法雷诺皮鞋款式新颖、做工精细，用材考究，尽显成功自信、尊贵不凡的男人风范，还因为上面的这个故事。

这是一个品牌成长的最初动力。因为这个故事给人们传递的不仅仅是产品的质量，更是一种情感的传播。客户认可的也就是如此。

那么，为什么从一个故事能引申出一种精神、一种文化？对此，心理学上的“晕轮效应”能给出解释。“晕轮效应”最早是由20世纪20年代美国著名心理学家爱德华·桑戴克提出的，这一概念的含义是，人们对人的认知和判断往往只从局部出发，扩散而得出整体印象，也即常常以偏概全。一个人如果被标明是好的，他就会被一种积极肯定的光环笼罩，并被赋予一切都好的品质；如果一个人被标明是坏的，他就被一种消极否定的光环所笼罩，并被认为具有各

种坏品质。这就好像刮风天气前夜月亮周围出现的圆环（月晕），其实呢，圆环不过是月亮光的扩大化而已。据此，桑戴克为这一心理现象起了一个恰如其分的名称“晕轮效应”，也称作“光环作用”。

他还做了这样一个实验。他让被试者看一些照片，照片上的人有的很有魅力，有的无魅力，有的中等。然后让被试者在与魅力无关的特点方面评定这些人。结果表明，被试者对有魅力的人比对无魅力的赋予更多理想的人格特征，如和蔼、沉着、好交际等。

晕轮效应不但常表现在以貌取人上，而且还常表现在以服装定地位、性格，以初次言谈定人的才能与品德等方面。在对不太熟悉的人进行评价时，这种效应体现得尤其明显。

最典型的例子，就是当我们看到某个明星在媒体上爆出一些丑闻时总是很惊讶，而事实上我们心中这个明星的形象根本就是她在银幕或媒体上展现给我们的那圈“月晕”，它真实的人格我们是不得而知的，仅仅是推断的。

俗话说“情人眼里出西施”，这也是一种光环效应。在我们的生活中，有一种很普遍的心理现象：当一个人深爱对方时，总会特别专注、迷恋和欣赏对方的美，这种光环效应的产生会推及到对方的其他方面，以至于对方的缺点也会被当成优点来欣赏。

俄国著名的大文豪普希金狂热地爱上了被称为“莫斯科第一美人”的娜坦丽，并且和她结了婚。娜坦丽容貌惊人，但与普希金志不同道不合。当普希金每次把写好的诗读给她听时。她总是捂着耳朵说：“不要听！不要听！”相反，她总是要普希金陪她游乐，出席一些豪华的晚会、舞会，普希金为此丢下创作，弄得债台高筑，最后还为她决斗而死，使一颗文学巨星过早地陨落。在普希金看来，一个漂亮的女人也必然有非凡的智慧和高贵的品格，然而事实并非如此，这种现象被称为晕轮效应。

人身上本没有光环，光环是被周围人加上的，光环加足了，平凡人也成为神。

光环效应可以增强人们对未知事物认识的可信度和说服力，因此，人们在认识这一事物的过程中会达到“好者越好，差者越差”的效果。很明显，晕轮

效应存在一定认知上的误区，比如：

（1）它容易抓住事物的个别特征、习惯以个别推及一般，就像盲人摸象一样，以点代面。

（2）它说好就全都肯定，说坏就全部否定，这是一种受主观偏见支配的绝对化倾向。

（3）它把并无内在联系的一些个性或外貌特征联系在一起，断言有这种特征必然会有另一种特征。

正如歌德所说："人们见到的，正是他们知道的。"日常生活中，晕轮效应往往是悄悄地却又强有力地影响着我们对人的知觉和评价。晕轮效应的极端化就是推人及物了，从喜爱一个人的某个特征推及到喜爱他整个人，又进而从喜爱他这个人泛化到喜爱一切与他有关的事物。这就是所谓"爱屋及乌"。为此，我们在对一个人进行评价时，应尽量避免以貌取人、刻板印象等，应从多角度和多渠道了解。

心理启示

我们对一个人或一件事过分执着，就会在无意识中只关注甚至扩大对方的优点，以至于看不清事物的本质。在晕轮效应的影响下，我们的判断一般都是非理智的，常常让我们发生以貌取人、以偏概全的错误行为，因而产生事后的困惑、后悔。所以，要避免它的发生，就一定要确保自己深入地去了解对方，且不宜轻易下论断。

瓦伦达效应：失准的后羿

心理学故事：

从前有一位神射手，名叫后羿。他练就了一身百步穿杨的好本领，立射、跪射、骑射样样精通，而且箭箭都射中靶心，几乎从来没有失过手。人们争相

传颂他高超的射技，对他非常敬佩。

夏王也从左右的嘴里听说了这位神射手的本领，目睹过后羿的表演，十分欣赏他的功夫。有一天，夏王想把后羿召入宫中来，单独给他一个人演习一番，好尽情领略他那炉火纯青的射技。

于是，夏王命人把后羿找来，带他到御花园里找了个开阔地带，叫人拿来了一块一尺见方，靶心直径大约一寸的兽皮箭靶，用手指着说："今天请先生来，是想请你展示一下您精湛的本领，这个箭靶就是你的目标。为了使这次表演不至于因为没有竞争而沉闷乏味，我来给你定个赏罚规则：如果射中了的话，我就赏赐给你黄金万两；如果射不中，那就要削减你一千户的封地。现在请先生开始吧。"

后羿听了夏王的话，一言不发，面色变得凝重起来。他慢慢走到离箭靶一百步的地方，脚步显得相当沉重。然后，后羿取出一支箭搭上弓弦，摆好姿势拉开弓开始瞄准。

想到自己这一箭出去可能发生的结果，一向镇定的后羿呼吸变得急促起来，拉弓的手也微微发抖，瞄了几次都没有把箭射出去。后羿终于下定决心松开了弦，箭应声而出，"啪"地一下钉在离靶心足有几寸远的地方。后羿脸色一下子白了，他再次弯弓搭箭，精神却更加不集中了，射出的箭也偏得更加离谱。

后羿收拾弓箭，勉强陪笑向夏王告辞，悻悻地离开了王宫。夏王在失望的同时掩饰不住心头的疑惑，就问手下道："这个神箭手后羿平时射起箭来百发百中，为什么今天跟他定下了赏罚规则，他就大失水准了呢？"

手下解释说："后羿平日射箭，不过是一般练习，在一颗平常心之下，水平自然可以正常发挥。可是今天他射出的成绩直接关系到他的切身利益，叫他怎能静下心来充分施展技术呢？看来一个人只有真正把赏罚置之度外，才能成为当之无愧的神箭手啊！"

苛求自己一定要成功，将会使得我们患得患失，而这种心态也会成为我们获得成功的大碍。我们应当从后羿身上吸取教训，面临任何情况时都应尽量保持平常心。

关于这点，心理学上有个著名的“瓦伦达效应”。瓦伦达心态是心理学上的一个著名论断。它缘自一个真实的事件。

瓦伦达是美国一个著名的高空走钢丝表演者，他在一次重大的表演中，不幸失足身亡。事后，他的妻子说：“我知道这次一定要出事，因为他上场前总是不停地说，这次太重要了，不能失败，绝不能失败；而以前每次成功的表演，他只想着走钢丝这件事本身，而不去管这件事可能带来的一切。”

心理学家也说，瓦伦达太想成功了，太专注于事情本身了，太患得患失了。后来，人们为了达到一种目的总是患得患失的心态命名为“瓦伦达心态”。

我们每个人几乎都有过这样的经历，我们越是专注于某一件事情，越是很难做好。而许多感觉实在难以完成的任务，心里不去想了，以听之任之的心态去对待，往往却又轻而易举地做好了。

美国斯坦福大学的一项研究也表明，人大脑里的某一图像会像实际情况那样刺激人的神经系统。比如当一个高尔夫球手击球前一再告诉自己“不要把球打进水里”时，他的大脑里往往就会出现“球掉进水里”的情景，而结果往往事与愿违，这时候球大多会掉进水里。

那么，我们该怎样克服患得患失的心态呢?

1.摘掉假面具

与人交往，坦白自己的感受、承认自己的不足，会让你觉得更轻松，也会让他人觉得你更可爱，越是掩饰不足，越是会让你紧张，并且使人看起来很虚伪。坦白是把双方距离拉近的有效方法。

2.化焦虑为力量

一般来说，我们对成功的渴望越强，就越容易焦虑，而要克服这一点，我们就可以反过来看这个问题，让情绪来帮忙，这被心理学家称为“积极性重构”，意即以不同观点来看问题——是从好处看，而不是从坏处看。当你对自己有信心，又具有表达自己感受的勇气时，你就能把自己的焦虑减轻，使之化为力量，从而坚强起来。

3.专注事情本身，淡化焦虑

如果太注重成功或失败，结果往往会失败。只要你注重事物本身的特点及

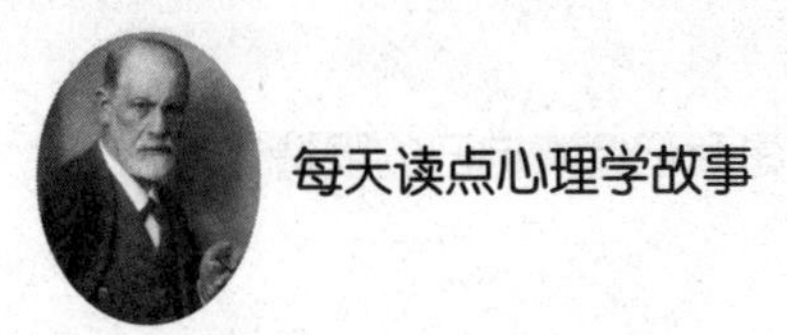

规律，专心致志地做好它，你就会收到意想不到的效果。

心理启示

现实生活中，我们做任何事情，想得太多、考虑太多后果、太在乎未来，我们就越容易忽略事情本身，在重重心理压力之下，我们怎能把事情做好呢?

投射效应：以己度人要不得

心理学故事：

（一）在一家出版社的选题讨论中，出现了这样一种有趣的现象：

编辑们列出他们认为最重要的一个选题分别为：

编辑A正在参加成人教育以攻读第二学位，他的选题是《怎样写毕业论文》；

编辑B的女儿正在上幼儿园，她的选题是“学龄前儿童教育丛书”；

编辑C是围棋迷，他的选题是《聂卫平棋路分析》……

（二）宋代著名学者苏东坡和佛印和尚是好朋友，一天，苏东坡去拜访佛印，与佛印相对而坐，苏东坡对佛印开玩笑说：“我看见你是一堆狗屎。”而佛印则微笑着说：“我看你是一尊金佛。”苏东坡觉得自己占了便宜，很是得意。回家以后，苏东坡得意的向妹妹提起这件事，苏小妹说：“哥哥你错了。佛家说‘佛心自现’，你看别人是什么，就表示你看自己是什么。”

从这两则故事中，我们可以发现一点，无论是学者还是日常生活中的人们，都会犯一个简单的错，那就是会按照自己的标准来判断他人或其他事物。这就是心理学上人们说的“投射效应”。

所谓投射效应是指以己度人，认为自己具有某种特性，他人也一定会有与自己相同的特性，把自己的感情、意志、特性投射到他人身上并强加于人的

一种认知障碍。即在人际认知过程中，人们常常假设他人与自己具有相同的属性、爱好或倾向等，常常认为别人理所当然地知道自己心中的想法。例如，一个心地善良的人会以为别人都是善良的；一个经常算计别人的人就会觉得别人也在算计他等。

在很多情况下，我们对别人做出的推测都是比较正确的。但是，人毕竟有差异，因此推测总会有出错的时候。而很明显，这一效应会导致人们产生相互比较的心理。正如爱比克泰德所说："让我们感到不安的是我们自己的看法。"

但在日常生活中，我们却常常错误的把自己的想法和意愿投射到别人身上：自己喜欢的人，以为别人也喜欢，总是疑神疑鬼，莫名其妙的吃一些飞醋；父母总喜欢为子女设计前途、选择学校和职业……

由于投射效应的存在，我们常常可以从一个人对别人的看法中来推测这个人的真正意图或心理特征。

一般来说，投射效应的表现形式主要有两种：

一是感情投射，即认为别人的好恶与自己相同，把他人的特性硬纳入自己既定的框框中，按照自己的思维方式加以理解。例如，自己喜欢某一事物，跟他人谈论的话题总是离不开这件事，不管别人是不是感兴趣、能不能听进去。引不起别人共鸣，就认为是别人不给面子，或不理解自己。

二是认知缺乏客观性，比如，有的人对自己喜欢的人或事越来越喜欢，越看优点越多；对自己不喜欢的人或事越来越讨厌，越看缺点越多。因而表现出过分地赞扬和吹捧自己喜欢的人或事，过分地指责甚至中伤自己所厌恶的人或事。这种认为自己喜欢的人或事是美好的，自己讨厌的人或事是丑恶的，并且把自己的感情投射到这些人或事上进行美化或丑化的心理倾向，失去了人际沟通中认知的客观性，从而导致主观臆断并陷入偏见的泥潭。

投射效应能使我们对其他人的知觉产生失真。人们在对他人形成印象时，有一种强烈的倾向就是假定对方与自己有相同之处，通俗的说就是"以己推人""以己之心，度人之腹"。如心地善良的人总也不相信有人会加害于他；而敏感多疑的人，则往往会认为别人不怀好意。

总之，我们一旦陷入投射效应的泥潭，就容易导致自己判断失误，为此，我们有必要多站在他人的角度上考虑问题，并注意辩证地看待和分析问题，这也是有效避免认知偏差的方法。

心理启示

投射效应是指将自己的特点归因到其他人身上的倾向。投射使人们倾向于按照自己是什么样的人来知觉他人，而不是按照对方的真实情况进行知觉。当观察者与观察对象十分相像时，观察者会很准确，但这并不是因为他们的知觉准确，而是因为此时的被观察者与自己相似。因此，导致了他们的发现是正确的。投射效应是一种严重的认知心理偏差，辩证地、一分为二地去对待别人和对待自己，是克服投射效应的良方。

皮尔斯定理：进步从认识到自己的无知开始

心理学故事：

有一个女博士分到一家研究所里，成为了这个所里学历最高的一个人。

有一天，她到单位后面的小池塘去钓鱼，正好有两个同事在她的一左一右钓鱼。“听说他俩也就是本科生学历，有啥好聊的呢？”这么想着，她只是朝两人微微点了点头。不一会儿，一个同事放下钓竿，伸伸懒腰，蹭蹭蹭从水面上如飞似地跑到对面上厕所去了。

博士眼睛睁得都快掉下来了。水上飘？不会吧？这可是一个池塘啊。同事上完厕所回来的时候，同样也是蹭蹭蹭地从水上飘回来了。怎么回事？博士生刚才没打招呼，现在又不好意思去问，自己是博士生哪！过了一会，博士生也内急了。这个池塘两边有围墙，要到对面厕所非得绕十分钟的路，而回单位上又太远，怎么办？

博士生也不愿意去问同事，憋了半天后，于是也起身想往水里跨，刚好，

另外一个同事也准备起身上厕所，她一看，不能失了面子，赶紧在同事前面跨出水面。心想："我就不信这本科生学历的人能过的水面，我博士生不能过！

只听"扑咚"一声，博士生栽到了水里。

两位同事赶紧将他拉了出来，问她为什么要下水，她反问道："为什么你们可以走过去呢？而我掉水里了呢？"

两同事相视一笑，其中一位说："这池塘里有两排木桩子，由于这两天下雨涨水，桩子正好在水面下。我们都知道这木桩的位置，所以可以踩着桩子过去。你不了解情况，怎么也不问一声呢？"

恰好这一幕被在池塘另一端钓鱼的所长看见了，博士生在当年的单位评级中没评上。

女博士生虽然有高学历，可是她不懂得如何谦虚礼让，因为一件小事闹出笑话，更重要的是，这样的细节被上司知道，她也因此丢了升职的机会。

中国有句古话，叫作"学海无涯苦作舟，"告诉了我们面对知识的海洋，个人的见识是多么的渺小。同样，古希腊大哲学家苏格拉底也告诉我们："智慧意味着自知无知。""知道的越多，才知知道的越少。"他提醒我们：最大的无知就是不知道自己的无知。

关于这点，美国贝尔电话电报公司实验室著名科学家、"卫星通讯之父"约翰·皮尔斯提出了一个心理学定律：意识到无知，是有知的开始。这个世界从不缺少妄自尊大的人，却缺少那些真正意识到自己无知的人。越是有智慧的人，越能看到自己的无知。

可见，无论我们有什么样的成就，都不要太把自己当回事。如果你觉得自己功勋卓著、觉得自己伟大，那么，实际上，是因为你的眼界小，你只在有限的一点点空间里做比较。

人是世界上最聪明的动物，因为人类总是善于向他人学习，学习其先进之处，进而不断变得强大，最终能够掌控世界。但人类最大的弱点也就在于其过于聪明——看清别人，却不能认清自己。我们善于对事物的某些物理属性一目了然，也总是去追求事物的本质特征，而对自己的本来面目却认不清楚。这是因为我们通常喜欢用眼睛，而不是用心去看待、审视自己，一个人，只有认清自己内心真正的想法，经常反躬内省，才能去善待他人。

生活中的人们，我们应该全方位地审视自己。审视，是一种积极的自我超越，正如每日照镜子一样，没有审视的活着，实际上是对自我存在的极不负责的纵容。当然，全方位审视自己，这不仅包括发现自己的不足，还包括明确自己的优势。相反，一味地吹嘘自己，你可能会暂时获得心灵上的某种满足感，但事实上，你不一定能获得他人的认同，而最为可悲的是，你会因此失去努力的动力。

心理启示

谦虚使人进步，骄傲使人落后。一个人，只有保持积极进取的心态，承认自己的不足，才能认识到学无止境的含义，才能放开眼界，不断地吸收新的知识。因为一个谦虚的人能学到更多东西。

杜根定律：高难度乐章是如何弹奏出来的

心理学故事：

一位音乐系的学生走进练习室。在钢琴上，摆放着一份全新的乐谱。

“超高难度……”他翻着乐谱，喃喃自语，感觉自己对弹奏钢琴的信心似乎跌到了谷底，消磨殆尽。已经三个月了！自从跟了这位新的指导教授之后，他不知道，为什么教授要以这种方式整人？勉强打起精神，他开始用自己的十指奋战、奋战、奋战……琴音盖住了教室外面教授走来的脚步声。

指导教授是个极其有名的音乐大师。授课的第一天，他给自己的新学生一份乐谱。“试试看吧！”他说。乐谱的难度颇高，学生弹得生涩僵滞、错误百出。“还不熟，回去好好练习！”教授在下课时，如此叮嘱学生。

学生练习了一个星期，第二周上课时正准备让教授验收，没想到教授又给了他一份难度更高的乐谱，“试试看吧！”上星期的功课，教授提也没提。学

生再次挣扎于更高难度的技巧挑战。

第三周，更难的乐谱又出现了。同样的情形持续着，学生每次在课堂上都被一份新的乐谱所困扰，然后把它带回去练习，接着再回到课堂上，重新面临两倍难度的乐谱，却怎么样都追不上进度，一点也没有因为上周练习而有驾轻就熟的感觉，学生感到越来越不安、沮丧及气馁。教授走进练习室。学生再也忍不住了，他必须向钢琴大师提出这三个月来何以不断折磨自己的质疑。

教授没开口，他抽出了最早的那份乐谱，交给学生。"弹奏吧！"他以坚定的目光望着学生。

不可思议的事情发生了，连学生自己都惊讶万分，他居然可以将这首曲子弹奏得如此美妙、如此精湛！教授又让学生试了第二堂课的乐谱，学生依然呈现出超高水准的表现……演奏结束后，学生怔怔地望着老师，说不出话来。

"如果，我任由你表现最擅长的部分，可能你还在练习最早的那份乐谱，就不会有现在这样的程度……"钢琴大师缓缓地说着。

从这个故事中，我们发现，人，往往习惯在自己熟悉的领域表现自己的能力并驾轻就熟，而事实上，如果我们自信一点，并能将那些压力转化为动力，那么，我们便能挖掘出无限的潜力，甚至可以超水平发挥！曾经有位军人这样说："我打了那么多次胜仗，其实说起来毫无秘密，因为我总能看到希望。"这就是信念的力量。

对此，美国橄榄球联合会前主席D.杜根曾经提出这样一个说法：强者未必是胜利者，但胜利迟早都属于有信心的人。换句话说，你若认为自己是最棒的，那么，你就是最棒的，只要你有自信。这就是心理学上的"杜根定律"。

也就是说，在自我认知这一点上，我们每个人都应该对自己做一个综合判断，你是否是个自信的人？因为从心理学的角度说，信心可以决定一个人的成败。假如这个人是自卑的，那自卑就会扼杀他的聪明才智，消磨他的意志。

自信，使不可能成为可能，使可能成为现实。不自信却使可能变成不可能。一分自信，一分成功；十分自信，十分成功。

心理学家曾做过一次调查，一个人胜任一件事，有85%取决于他的态度，15%取决于他的智力。如果他自信，事情肯定会办好。我们都知道，自信是对自己的高度肯定，是成功的基石，是一种发自内心的强烈信念。我们需要自信，无论在生活还是工作中，一个自信的人，常看到事物的光明面。

中国古语说：人皆可以为舜尧，意思是说，只要你树立必胜的信心，就能够战胜任何困难，成为杰出的人。当一个人失去自信的时候，你就难于做好事情，当你什么也做不好时，你就更加不自信，这是一个恶性循环。若想从这种恶性循环中摆脱出来，重建自信心，我们不妨先从最有把握做好的事情做起，用不断取得的成功来建立我们的自信心。

同样，生活中的人们，你也应该培养自己的自信心，有自信的人到哪里都光彩夺目，为此，你要告诉自己：我是最棒的，拥有这样的信念，无论何时，你都能有优秀的表现，都能挖掘出你意识不到的潜力。

心理启示

人的潜力是无穷的，但首先我们要懂得自我认知，并挖掘出足够的信心，这样，你会发现自己原来拥有这样么大的潜力，原来自己可以做到许多事情，如果你想有个辉煌的人生，那就把自己扮演成你心里所想的那个人，让一个积极向上的自我意象时时伴随着自己。

韦奇定律：不被他人之言动摇

心理学故事：

小泽征尔是世界著名的音乐指挥家。一次他去欧洲参加指挥家大赛，在进行前三名决赛时，他被安排在最后一个参赛，评判委员会交给他一张乐谱。小泽征尔以世界一流指挥家的风度，全神贯注地挥动着他的指挥棒，指挥一支世界一流的乐队，演奏具有国际水平的乐章。

正演奏中，小泽征尔突然发现乐曲中出现不和谐的地方。开始，他以为是演奏家们演奏错了，就指挥乐队停下来重奏一次，但仍觉得不自然。这时，

在场的作曲家和评判委员会权威人士都郑重声明乐谱不会有问题，而是小泽征尔的错觉。他被大家弄得十分难堪。在这庄严的音乐厅内，面对几百名国际音乐大师和权威，他不免对自己的判断产生了动摇。但是，他考虑再三，坚信自己的判断是正确的。于是，大吼一声："不！一定是乐谱错了！"他的话音刚落，评判台上那些高傲的评委们立即站立向他报以热烈的掌声，祝贺他大赛夺魁。原来，这是评委们精心设计的一个"圈套"。前面的选手虽然也发现了问题，但都放弃了自己的意见。

为什么小泽征尔能做到"挑战权威"，并大胆地告诉评委们："不！一定是乐谱错了"？因为他能坚持自我，有很强的自我意识。而倘若他不能坚信自己的判断是正确的，和其他几位选手一样，即使发现了问题，也不敢提出来，或者放弃自己的意见，那么，在这场比赛中，他也只能和其他选手一样，被淘汰出局。

我们不难发现，很多时候，即使你已经有了自己的看法，但如果有十位朋友的看法和你相反，你就很难不动摇。这种现象被称为"韦奇定律"。它是由美国洛杉矶加州大学经济学家伊渥·韦奇提出的。韦奇定理告诉我们，即使我们已经有了主见，但如果受到大多数人的质疑，恐怕你就会动摇乃至放弃。但许多伟人之所以成功，就是因为比别人看得更高、想得更远，更坚定地忠于自己所做出的选择。

韦奇定律有以下观点：

（1）一个人能够拥有自己的主见是一件极其重要的事情。

（2）确认你的主见是正确的并且不是固执的。

（3）未听之时不应有成见，既听之后不可无主见。

（4）不怕众说纷谈，只怕莫衷一是。

每个人一生中都做出各种决策，大到择业、婚恋，小到出行、购物等。而人又是一种社会性动物，周围都有家人、亲戚、朋友和同事等人际交往圈。因此，在准备做出决策时，不可避免就会咨询他人的意见。这时，就必然面临韦奇定律的困扰。

我们的一生，经常会遇到一个个岔路口，向左走，还是向右走？如果你想

往左走，但其他人都想向右，这时你会选择一个人勇往直前，还是去跟随众人的脚步呢？对一件事情大家都在众说纷芸，各执己见，莫衷一是时，你是旗帜鲜明地提出自己的观点，做报晓的雄鸡，还是人云亦云，做群鸣的青蛙？当你做出一个决定时，如果身边的人都不支持你，甚至怀疑、否定你，这时，你还会相信自己是正确的吗？你还会有勇气和决心来执行自己做出的决定吗？有这样的一句话，当周围所有的人都说你做的决定是错误的，你的决定就一定是错误的。

要摆脱被他人之言动摇的苦恼，我们就要训练自己的判断力，要坚定、勇敢、自信、果断，你若一直朝着目标前进，那么，他人一定会为你让路，而对一个摇摆不定、踟蹰不前、走走停停的人，别人一定抢到他前面去，决不会让路给他。

有这样一位企业领导，他有个长处，那就是不受他人干扰，即使有人在他旁边唠唠叨叨，他也能静下心来把事情完成，并且，干净利落，决不拖泥带水。他那种明快果决的本领，十分使人折服。

然而，生活中的我们，却做不到这样，他们常被身边的各种问题困扰、烦心，因为我们太容易被周围人们的闲言碎语所动摇，太容易瞻前顾后，患得患失，以至于给外来的力量可以左右我们的机会，这样，似乎谁都可以在我们思想的天平上加点砝码，随时随地都有人可以使我们变卦，结果弄得别人都是对的，自己却没了主意，这是我们成功途中的一个大障碍。

总之，我们每个人都有自己的人生目标，每个人的思维方式也不一样。一旦选定了自己人生的目标，选定了自己想要的生活方式，就不要用别人的观念来衡量自己的价值。做自己喜欢做的事情，坚持不懈，终成正果。盲目听信别人的评论，不加思考地采纳别人的观点，只能导致自己无所适从，迷失最初的方向，最终一事无成。

心理启示

无论是谁，在做决定之前，都应该认真听取别人的意见，这有助于我们更全面地掌握信息、减少事情会出现的偏差，但这并不代表我们应该让他人左右我们的思想。如果一味地听取别人的观点，只会让我们的思维陷入混乱，甚至放弃自己的选择。

非理性定律：你真的是理性的人吗

心理学故事：

在日本，人们有这样一个生活规律：上午的时候，家庭主妇们多忙于打扫、洗衣服、煮饭，她们此时是不喜欢受到任何人打扰的，而忙完这些以后，已经是下午四点钟了，此时，她们的孩子会睡午觉，她们也有时间休息一下。

大吉保险公司的川木先生是个很体贴的销售员，他只要看到某户人家晒着尿布，就知道孩子刚睡，他就不会轻易按门铃，只是轻轻敲门，以示访问之意。当主妇前来开门时，他会用最小的声音向一脸狐疑的母亲说："宝宝正在睡午觉吧？我是大吉保险公司的川木先生，请多指教。4点多的时候，我会再来拜访一次。"

相信任何母亲都会对这样一位细心的销售员充满好感，即便不是立即邀请他进屋坐坐，也会面带笑容听对方把话说完。故事中的销售员就是认识到"人都是感情动物"这一点来打开销售局面的。反之，如果大摇大摆地冲进去，结果只会被对方撵出去。这位推销员就是用真情打动了客户。

人都是感情的动物，这就是心理学上的非理性定律。非理性定律告诉我们，我们每个人其实都是感情型动物，当我们去判断一件事情的时候，个人的喜爱、厌恶、是非观念往往决定了我们的态度。这里的非理性因素，主要是指一切有别于理性思维的精神因素，如情感、直觉、幻觉、下意识、灵感。

我们都知道，牧师布道宣传的是唯心主义的宗教，但因以情动人，往往能在催人泪下的同时，不露痕迹地对听众施加思想影响，使人不知不觉地接受其教义，这就是情感的力量。

现实生活中，很多人都说自己是理性的人，但却经常做出不理性的事，比如，对于马上就要到手的现金和未来的现金，我们会觉得马上到手的现金更“值钱”；在美女面前，很多男人都会丧失理性等。

曾有一位著名的教授做了一个冰激凌试验。

他挑选了两个杯子，一个是50毫升的；另一个是100毫升的，然后他将一个7盎司和一个8盎司的冰激凌分别放入到这两个杯子里，第一个杯子像要漫出来一样，而第二个杯子则没有装满。结果他发现，将两杯冰激凌放在柜台上，人们更愿意花钱去买那杯7盎司的冰激凌。

这个实验也说明，人们都是以情感去判断眼前的事物，也就是非理性。人们判断一个人、一件事，内心的情感起着很大的作用，甚至可以左右整个判断结果。这也就不难理解同一件事，为什么不同的人有完全不同的观点。

可见，即便那些总是标榜自己是理性的人，在他们内心的世界，也是感性多于理性。根据这一定律，我们在人际交往中，也可以多以“情”动人。如果我们也能主动关心朋友，那么，对方心中会有一种温暖、安全的感觉，就会充满自信和快乐。“投我以木瓜，报之以琼琚”。当对方感受到了你的关心之后，必当也会从内心感激你，进而也愿意关心你，这样，彼此之间就形成了一种友好的关系。当然，关心他人，不仅要热情，还要真诚，当他人对你的求助是合理的、你能帮忙解决时，你就应该主动关心和帮助。

日本政治家河野一郎就非常善于使用这个技巧。1959年，当他在欧美旅行时，居然与自己多年不见的好友米仓近不期而遇，双方互道近况，知道彼此都已成家，并留下了国内的住址和电话。然后就各自回酒店了。

当晚一回到旅店，河野一郎便打国际长途电话给米仓近太太：“我是米仓近的老朋友，我叫河野一郎，我们在纽约碰面了，他一切都很好。”米仓近太太为此感动了很久，两家的关系很快就亲近起来。

要做到以情动人，首先需要我们在说话的时候，尽量多站在他人的角度考

虑，就事论事、将心比心，然后在你的语言中加入一些情感的因素，相信对方会被你感动的。另外，我们还要真心关心他人。用情感打动他人，还需要我们懂得从对方心理的角度考虑，说出最让对方感动的话。比如，在对方最无助的时候及时出现并说出安慰的话、关心客户最关心的人、多考虑对方的利益等，让对方真正感受到我们送去的温暖，自然愿意对我们打开心扉！

总之，我们需要认识到的是，即便表面看起来再理性的人，在他的内心，也是感性因素占据着大部分。

心理启示

决定一个人判断结果的，往往是情感的因素。在认识到这一点后，一方面，我们在判断事物时，更应该理性一点；另一方面，人际交往中，我们要做到以诚待人，真诚的帮助他人，这样，可以使不认识的人对自己微笑，可以融化他人的疑虑、冷漠、拒绝，换取他人对自己的信任和好感。

第二堂课

听心理学家讲社会故事：探究常见社会现象背后的心理秘密

社会生活中，只要你细心观察，你会发现一些特别的现象：比如，你的行为会受到周围人的影响；在有很多围观者的情况下，助人为乐的人会寥寥无几；两个原本亲密无间的朋友不知道为什么突然形同陌路……那么，为什么会有这样一些社会现象呢？其实，这些反常行为的背后都有一定的心理原因，听完心理学家讲的故事和分析后，我们便能找到答案。

罪犯还是学者：刻板效应

心理学故事：

苏联社会心理学家包达列夫，做过这样的实验，将一个人的照片分别给两组被试看，照片的特征是眼睛深凹，下巴外翘。向两组被试分别介绍情况，给甲组介绍情况时说“此人是个罪犯”；给乙组介绍情况时说“此人是位著名学者”，然后，请两组被试分别对此人的照片特征进行评价。

评价的结果，甲组被试认为：此人眼睛深凹表明他凶狠、狡猾，下巴外翘反映着其顽固不化的性格；乙组被试认为：此人眼睛深凹，表明他具有深邃的思想，下巴外翘反映他具有探索真理的顽强精神。

为什么两组被试对同一照片的面部特征所做出的评价竟有如此大的差异?

原因很简单，人们对社会各类的人有着一定的定型认知。把他当罪犯来看时，自然就把其眼睛、下巴的特征归类为凶狠、狡猾和顽固不化，而把他当学者来看时，便把相同的特征归为思想的深邃性和意志的坚韧性。

刻板效应实际就是一种心理定式。心理学上的“刻板效应”，又称定型效应，是指人们用刻印在自己头脑中的关于某人、某一类人的固定印象，以此固定印象作为判断和评价人依据的心理现象。例如：我们常会认为：老年人是保守的，年轻人是爱冲动的；北方人是豪爽的，南方人是善于经商的；英国人是保守的，美国人是热情的；等等。

刻板印象一经形成，就很难改变，因此，在日常生活中，我们一定要考虑到刻板印象的影响，例如，市场调查公司在招聘入户调查的访员时，一般都应该选择女性，而不应该选择男性，因为在人们心目中，女性一般来说比较善良、较少攻击性、力量也比较单薄，因而入户访问对主人的威胁较小；而男性，尤其是身强力壮的男性如果要求登门访问，则很容易被拒绝，因为他们更容易使人联想到一系列与暴力、攻击有关的事物，使人们增强防卫心理。

但是，“人心不同，各如其面。”刻板印象毕竟只是一种概括而笼统的看法，并不能代替活生生的个体，因而“以偏概全”的错误总是在所难免。如果不明白这一点，在与人交往时，就会出现一些判断上的失误，那么，我们该如何避免刻板效应呢?

因此，我们要注意以下几点：

1. 要用发展地眼光看待他人

古语有云：“士别三日，当刮目相看。”这是历史经验，值得记取并用之。任何人、任何事都不是一成不变的。我们要告诫自己：我们不能一成不变地用老眼光看待他人，而要用发展的眼光看待他们。

比如，在家庭教育中，许多父母在看待孩子这一问题上，都会犯刻板效应这一错误。在父母眼里，孩子有改不完的错，而看不到孩子身上的点滴进步。这种刻板心理往往造成父母评价孩子时过于消极，从而造成亲子关系的紧张，让孩子产生逆反心理。

实际上，我们的孩子总是在不断成长的，不断变得成熟，因此，今天的他

和昨天的他不一样，明天的他更会不一样。另外，在孩子眼里，他们最渴望获得的就是父母的认可，如果你能看到他的变化，看到他的努力并及时鼓励他，那么，他一定很欣慰，一定会继续努力，并且愿意与你沟通，愿意把你当成最好的朋友。然而，生活中，我们经常听到一些父母在外人面前这样教训自己的孩子："你就不能和××学学？你的成绩总是那么糟？……我不想看到你这个样子。"作为父母，你是否想到过，其实你的孩子已经很努力了，他已经进步了很多，而你看到了吗？明智的父母则不是如此，他们会看到孩子身上每一个微小的进步，在孩子有任何一点的进步时，他们都会及时夸奖孩子，让孩子感受到父母对自己的爱和关注。

2. 要全面地看待他人

有时候，我们看待他人，对他人产生刻板印象，是因为我们只看到了对方的某个方面或者某些方面，而没有全方位地了解一个人。因此，我们只有从多方面，多层次着手，才能逐步消除对一个人的刻板印象。

3. 要客观地看待他人

人不可貌相，海水不可斗量。我们看人的时候，不要因为对方的出身、相貌、年龄、性别、地位等因素而定出好坏，要实事求是地、客观公正地评价。

4. 要善于用"眼见之实"去核对"偏听之辞"，有意识地重视和寻求与刻板印象不一致的信息

心理启示

在社会心理学中，这种用老眼光看人所造成的影响，称为"刻板效应"。它是对人的一种固定而笼统的看法，从而产生一种刻板印象。刻板效应有时候是一种偏见，在与人交往中，我们一定要警惕刻板效应，不能因为个人偏见而影响了对他人的判断，也不能让下意识的行为影响到人际关系。

人们为什么那么冷漠：旁观者效应

心理学故事：

1964年3月，《纽约时报》头版新闻刊登了一件令全国感到震惊的事。

在纽约昆士镇的克尤公园发生了一起谋杀案。事情是这样的：吉娣·格罗维斯是一位年轻的酒吧经理，她于早上3点回家途中被温斯顿·莫斯雷刺死。莫斯雷是个事务处理机操作员，根本不认识她，他以前还杀死过另外两名妇女。

令人们感到惊奇的是，这起谋杀案前后共用了半个小时：莫斯雷刺中了她，离开，几分钟后又折回来再次刺她，又离开，最后又回过头来再刺她，这期间，她反复尖叫，大声呼救，有38个人从公寓窗口听见和看到她被刺的情形。没有人下来保护她，她躺在地上流血也没有人帮她，甚至都没有给警察打电话。

年轻的酒吧经理几次被刺杀，为什么路人经过却不为所动？真的如新闻评论人所说的那样：纽约人都是不人道的吗？心理学家巴利和拉塔内经过实验分析作出解释："可能更多的是在于旁观者对其他观察者的反应，而不太可能事先存在于一个人'病态'的性格缺陷中。"

这就是心理学上所说的"旁观者"效应。所谓"旁观者效应"，指在紧急情况时由于有他人在场而没有对受害者提供帮助的情况。救助行为出现的可能与在场旁观人数成反比，即旁观人数越多，救助行为出现的可能性就越小。

在20世纪，人们一提到"雷锋"二字就会竖起大拇指，并以雷锋为学习的榜样，然而，现代社会，我们发现，人们会对助人这一行为不屑甚至是鄙夷，对此，我们是不是该停下来反思一下呢？

Kitty Genovese案例一直被视为"旁观者效应"的经典案例，但是其实这个案例被过度渲染或是错误引用了。Genovese小姐于1964年被一个系列强奸杀人犯用刀捅死。根据报纸报道，这个过程长达30分钟。在引起一位邻居的注意后，杀人犯逃离现场，十分钟后重回现场并继续捅Genovese小姐直到她死亡。

报纸报道38位目击者目击了凶杀过程，但是没有一个人出来阻止或者打电话报警。这在当时引起了社会上很大的轰动。

那么，人们为什么会那么冷漠呢？根据心理学家分析，至少有四个方面的原因：

1.社会抑制作用（社会比较理论）

社会上每一个人对所发生的事情都有着一定的看法并采取相应的行动。但每当有其他人在场时，个体在行动前就比无人在场时更加小心的评估自己的行为，把自己准备做出的行为和他人进行比较，以防出现尴尬难堪的局面。比较结果当他人都不采取行动时，就会产生对个体利他行为的社会抑制作用。

2.社会影响结果（从众心理）

一个人不仅会以他人看法来评估某一情境，而且在行为举止方面也倾向于模仿他人行动。这种情况在特殊情况下更为突出。个体在面对紧急情况下，即使意识到有责任上前帮助，但若别人没有行动的话，个体往往会遵从大家一致的表现。

3.多数人忽略

他人的在场和出现影响了个体对整体情境的认知、判断和解释，尤其是在紧急情况下对自己陌生情况进行判断。人们既缺乏对行为措施的心理准备也缺乏对行为的信息资料。因此，每个人都试图观察在场每个人的行为资料以澄清事情的真实、自己的模糊认识。从他人行为动作中找自己行为的线索和依据。

4.责任扩散

在紧急情况下，当有他人在场时，个体不去救助受难者的代价会减少。见死不救产生的罪恶感、羞耻感、责任会扩散到其他人身上，个体责任会相对减少。我们说，为了对处于困境中的人提供帮助，个体必须感到自己有责任采取行动，但是，当有许多人在场时，就造成了责任扩散，即个体不清楚到底谁应该采取行动，帮助人的责任被扩散到每个旁观者身上，这样，每一个人都减少了帮助的责任，容易造成等待别人去帮助或互相推诿的情况。

当然，还有一个解释，那是对举止失措的害怕。在任何紧急事态中，为了作出反应，就必须把自己正在做的事情停下来，去从事某种不寻常的、没有预

料到的、超出常规的行为。在单个人时，他可以毫不犹豫地采取行动，但由于其他人的在场，他会比较冷静，观察一下其他人的反应，以免举止失措而受到嘲笑。

心理启示

心理学家对“旁观者效应”作出解释，并不是给我们一个冷漠的理由，而是让我们更清楚地认识自己的行为。我们都是生活在一定的集体和社会群体中，当别人需要帮助时，千万不要犹豫，请立即伸出援助之手，也许有一天，你也会得到别人的帮助。

哪怕一分钱也好：登门槛效应

心理学故事：

心理学家D.H.查尔迪尼曾做过一个心理学实验：

一次，查尔迪尼代替某个慈善机构进行了一次募捐活动。在募捐前，他将进行募捐的人分成了两部分，并将他们分开。他对第一部分人说：“哪怕一分钱也好”，而对于第二部分人，他则什么都没说。结果，前者的募捐比后者要多两倍。

为什么会有这两种完全不同的结果呢？查尔迪尼分析认为，在一般情况下，人们都不愿接受较高较难的要求，因为它费时费力又难以成功，相反，人们却乐于接受较小的、较易完成的要求，在实现了较小的要求后，人们才慢慢地接受较大的要求，这就是“登门槛效应”对人的影响。也就是说，向人们提出一个微不足道的小要求时，人们很难拒绝，否则就太不通人情了（先进门槛再逐步登高，得寸就步步进尺）。为了留下前后一致的印象，人们就容易接受更高的要求。

其实，生活中，“登门槛效应”的应用实例并不少见，比如，男性追求

女性，直截了当地求爱，可能会吓跑女方，但如果从朋友做起，则更易达成目标。我们求人办事，因为事情的难度，对方很可能会拒绝，但换之，我们让对方帮个小忙，对方会欣然接受，也就是这个道理。我们再来看下面一个生活小故事：

实际上，这也是“登门槛效应”的应用。根据“登门槛效应”，在人际交往中，当我们要求某人做某件较大的事情又担心他不愿意做时，可以先向他提出做一件类似的、较小的事情。当他接受了我们这一小要求时，我们就有可能让他答应更大的请求，也就是想“进尺”，不妨先“得寸”。

但我们在运用“登门槛效应”时，还应注意几点：

1.“门槛”不能太高，否则无法“得寸”

一般情况下，对于那些举手之劳的事，人们一般是不会说“不”的，但在提出请求之前，我们最好能对对方的实力进行一番调查，否则，在你看来那些简单的要求，也有可能因为对方实力不足而难以实现。

比如，在单位，你是一名领导，对于某个下属的能力，你并不了解，你交代给他一件你认为的小事，但他却没有办好。相反，当你了解他的做事习惯、办事能力后，你不妨先提出一个只要比过去稍有进步的小要求，当他们达到这个要求后，再通过鼓励，逐步向其提出更高的要求，这样他容易接受，预期目标也容易实现。

2.注意“进尺”的尺度

以推销为例，在日常生活中，对于那些直接进门推销的推销员，我们都会本能地拒绝甚至产生厌恶。而当推销员向我们获得特许“登门槛”、也“得寸”后，便得意忘形，将销售议程提上案，事实上，此时，我们的内心世界还并没有消除对销售员的戒备状态，可想而知，我们是不会买他账的。

社交生活中，也是如此，我们求人办事、向别人提请求，也不能急功近利，否则，只会事倍功半。

3.确定对方是否能接受你“得寸”，从而让你“进尺”

大部分人都能接受“登门槛效应”，人们都希望在别人面前保持一个比较一致的形象，不希望别人把自己看作“喜怒无常”的人。因而，在接受别人的

要求、对别人提供帮助之后，再拒绝别人就变得更加困难了。如果这种要求给自己造成损失并不大的话，人们往往会有一种“反正都已经帮了，再帮一次又何妨”的心理。于是，“登门槛效应”就发生作用了。

但事实上，也有一部分人，“登门槛效应”根本起不了作用，对于这一类人，我们应该做的是“另寻出路”。

可见，“登门槛效应”是一种求人办事的迂回措施，当“引诱”对方先同意我们的小要求后，对方答应我们大的要求的成功性也就更大！

心理启示

“登门槛效应”，又称得寸进尺效应，是指一个一旦接受了他人的一个微不足道的要求，为了避免认知上的不协调，或想给他人以前后一致的印象，就有可能接受更大的要求。这种现象，犹如登门坎时要一级台阶一级台阶地登，这样能更容易更顺利地登上高处。

晚点的飞机：留面子效应

心理学故事：

在一次由巴黎飞往伦敦的航班上，乘客满怀激情的等待着飞机着陆，但就在此时，乘客们忽然听到乘务人员报告：接到机场通知，最近是客流高峰，由于机场拥挤，飞机暂时无法降落，着陆时间将推迟一小时。

乘客们听到这一消息，整个机舱里响起一片喧嚷抱怨之声，有些人害怕飞机是不是出什么事了。尽管如此，乘客们也没有其他任何解决的办法，不得不做好思想准备在空中等待这令人难熬的一小时。时间一秒一秒地过着，谁知几分钟之后，乘务员又向乘客宣布：晚点时间将缩短到半个小时。听罢这个消息，乘客们都如释重负地松了口气，心情顿时好了很多。又过了几分钟，乘客们再次听到机上的广播说：“最多再过三分钟，本机即可着陆。”这一刻，乘

客们各个喜出望外，拍手称庆。尽管飞机仍是晚点了，但乘客们却反而感到庆幸和满意。

这个故事中，对于飞机晚点这一事宜，如果乘务员刚开始就向乘客通知正确的晚点时间，可能乘客们无法接受，在下飞机的那一刻，可能也是抱怨声不断。但乘务员先向乘客们通知了一个小时的晚点时间，接着转为半小时，再转为三分钟，人们自然会喜出望外。

对于人们的这一心理，心理学家提出了“留面子效应”这一名词。心理学家认为，“留面子现象”的产生，主要是因为人们在拒绝别人大要求的时候，感到自己没有能够帮助别人，辜负了别人对自己的良好期望，会感到一点内疚。这时，为了在别人心中保持“乐于助人”的良好形象，也达到自己的心理平衡，人们往往更愿意为别人提供帮助。

“留面子效应”是与“登门槛效应”相对的，也许你曾有这样的经历：我们想找朋友借钱，如果你直接说：“能借一万块给我吗，有点急事？”得到的回答很可能是：“借钱干什么，我还缺钱呢！”可是，如果你说：“老同学，我最近手头很紧，借1000块钱给我救急，行吗？”“什么？我哪有那么多，我也正用钱，最多只能借你100块！”这样一来，目的不就达到了吗？

生活中，如果对某个人提出一个很大而又被拒绝接受的要求，接着再向他提出一个小一点儿的要求，那么他接受这个小要求的可能性就比直接向他提出小要求而被接受的可能性大得多，这种现象被称为“留面子效应”，也叫“门面效应”。

在现实生活中，我们与人交际。运用“留面子效应”的时候，还应注意以下几个方面：

1.不要利用别人的面子心理，提出一些不合理的要求

“留面子效应”是一面双刃剑，正确地利用它，我们可以促成好事，让事情事半功倍，但如果我们因为一己之私，利用别人好面子的心理，他日别人察觉出你的不良动机，必会远离你。

2.注意彼此间关系的亲密度

“留面子现象”是否会发生作用，关键在于别人和你的亲密度，如果你们

彼此间关系亲密或者对方有义务对你提供帮助，那么，你可以利用人们的这一心理达到要求，但如果既无责任，又无义务，双方素昧平生，却让别人答应一些有损对方利益的事情，这时候“先大后小”也是没有用的。比如，如果你希望你的朋友能在你生日派对上送你一条项链，你可以先提出让他给你买一条纯金的，然后提出随便买一条，但如果你对街上的陌生人提出这一要求的话，成功率几乎为零。

3.不要因为别人的拒绝而损害其面子

“留面子效应”并不是“放之四海而皆准”的，一般人都爱面子怕丢脸，怕得罪人，怕遭人议论，怕日后抬不起头来做人，特别是我们中国人，对于面子问题这件事则更是在意。甚至有些人，为了不失脸面，会答应一些自己也无法办到的事，因此，他不得不作出万分努力，来尽可能保住面子。但我们不能因为别人拒绝了我们的要求，而肆意传播不良信息，或者以此威胁对方，这都是不道德的。

总之，我们要学会正确的运用“留面子效应”，在无伤感情的情况下，让对方答应我们的请求，这才是最佳方式。

心理启示

我们与人交往、求人办事，可以利用“留面子效应”，先提出一个令人难以接受的要求，等别人因为没有帮上你的忙而产生歉疚之情时，你再提出自己真正要对方办的、难度低很多的事情。因为人们都爱面子，不愿同时拒绝两件难度相差很多的事情，因此，人们往往会选择答应后者，这样做的成功率比直接提出这一要求高得多。

悲哀的毛毛虫：从众效应

心理学故事：

法国心理学家约翰·法伯曾经做过一个著名的“毛毛虫实验”：

他的研究对象是一群毛毛虫。法伯把若干毛毛虫放到一个花盆的边缘上，按照顺序围在花盆上，首尾相接。然后，他找来一些毛毛虫爱吃的松叶，放到离花盆不远的地方。可是，令他感到奇怪的是，这些毛毛虫并没有“心动”，还是一个接着一个，继续绕着花盆爬行，就这样，一小时过去了，一天过去了，好几天过去了，一连走了七天七夜，它们最终因为饥饿和精疲力竭而相继死去。其实，如果有一个毛毛虫能够破除尾随的习惯而转向去觅食，就可以完全避免悲剧的发生。

后来，科学家把这种喜欢跟着前面的路线走的习惯称之为“跟随者”的习惯，把因跟随而导致失败的现象称为“从众效应”。

“从众效应”就是比喻人都有一种从众心理，从众心理很容易导致盲从，而盲从往往会陷入骗局或遭到失败。也曾有人做过这样的实验：在一群羊前面横放一根木棍，第一只羊跳了过去，第二只、第三只也会跟着跳过去；这时，把那根棍子撤走，后面的羊，走到这里，仍然像前面的羊一样，向上跳一下，尽管拦路的棍子已经不在了，这也是从众心理的表现。

生活中，可能我们都有一个心理：无论做什么事情，有很多人支持你，你会有种安全感，进而大胆地去做；无论你说的观点正确与否，只要多数人同意你的观点，你便有胆量大声地说出来……这种心理活动不仅你有，周围的人也都曾有过。周围的人都在做某件事的时候，我们也会受到影响，这就是从众心理，从众心理即指个人受到外界人群行为的影响，而在自己的知觉、判断、认识上表现出符合于公众舆论或多数人的行为方式。处于群体中的个体与单独时的个体的行为模式是不同的。

我们再来看下面两个故事：

一位石油大亨到天堂去参加会议，一进会议室发现已经座无虚席，没有

地方落座，于是他灵机一动，喊了一声："地狱里发现石油了！"这一喊不要紧，天堂里的石油大亨们纷纷向地狱跑去，很快，天堂里就只剩下那位后来的了。这时，这位大亨心想，大家都跑了过去，莫非地狱里真的发现石油了？于是，他也急匆匆地向地狱跑去。

一个老者携孙子去集市卖驴。路上，开始时孙子骑驴，爷爷在地上走，有人指责孙子不孝；爷孙二人立刻调换了位置，结果又有人指责老头虐待孩子；于是二人都骑上了驴，一位老太太看到后又为驴鸣不平，说他们不顾驴的死活；最后爷孙二人都下了驴，徒步跟驴走，不久又听到有人讥笑:看！一定是两个傻瓜，不然为什么放着现成的驴不骑呢？爷爷听罢，叹口气说："还有一种选择就是咱俩抬着驴走了。"

这两个故事真实地描述了人们的从众心理。处于群体中时，个体的决策往往会受到群体压力的影响，影响的结果可能使得决策更加从众或者更加逆反，但绝大多数是前者。因此，在谈判中可加入他人的例子作为说服的理据。

"毛毛虫效应"告诉我们，盲目地跟随他人不一定有好结果，我们的生活需要创造力。创造力是指产生新思想，发现和创造新事物的能力。生活中的孩子们，都是未来社会的主人，应当具有锐意变革的精神，才能始终使自己处于竞争中的有利地位。

现代社会，我们都强调要创新，任何重大成果的发现，都离不开创新意识的发挥。任何一个人，也只有敢于突破，敢于创新，才能有所成就，而如果你是一个有从众心理的人，那么，你只能一事无成。

然而，创新并不是一时之功，而是活动主体长期的知识积累和不断努力的结果。从这个意义上，我们可以把创新看作是活动主体对已获知识要素所作的富于想象力的整合的产物。也就是说，创新实际上是活动主体在已有知识积累基础之上的智慧创造。创新中的"新"是"创"的必然结果，是新颖之突现，是想象力发挥作用的结果。因此，创新的实现，需要你对现有知识的不断整合。

心理启示

对于个人来说，跟在别人屁股后面亦步亦趋难免被吃掉或被淘汰。最重要的就是要有自己的创意，不走寻常路才是你脱颖而出的捷径。不管是加入一个组织或者是自主创业，保持创新意识和独立思考的能力，都是至关重要的。

距离美的产生：刺猬效应

心理学故事：

很久以前，生物学家为了研究刺猬的生活习性，他们做了一个实验：

寒冬腊月，生物学家将十几只刺猬放到户外的空地上。这些刺猬被冻得浑身发抖，为了取暖，他们只好紧紧地靠在一起，但是他们浑身长满刺，只要他们相互靠拢，又会被对方身上的刺扎到，很快就又要各自分开。

可天气实在太冷了，他们冻得受不了，又靠在一起取暖，但又会被刺到，他们不得不再度分开。于是，他们不得不重复这样的过程，不断地在受冻与受刺之间挣扎。最后，聪敏的刺猬终于找到一个方法，那就是保持适中的距离，这样既可以相互取暖，又不至于被彼此刺伤。

这就是心理学上的“刺猬法则”。“刺猬法则”强调的就是人际交往中的“心理距离效应”。生活中的人们，你是不是遇到过这样的情况：原先与你无话不谈的死党或闺蜜，现在却翻脸为敌，不仅互不往来，还反目成仇。为什么会这样，原因很简单，因为你们太过亲近了！

俗话说得好：“距离产生美”，这是一个美学的著名命题，但确有一定的道理。两个人之所以成为朋友，必当是有一定的相容性，但人必定也是两个单独的个体，是需要一定的个人空间的，如彼此连一点点个人空间都没有的话，那时间久了也会生厌，所以这时就需要营造一个距离。所谓的“保持距

离”，说到底就是不要过于亲密，不要让对方觉得没有了私人空间，当然，这种距离，不仅仅是形体距离，还包括心理距离。最好的处理效果是要达到形体疏远而心灵越加贴近。因为“保持距离”能使双方产生一种“礼”，有了这种“礼”，就会相互尊重，避免碰撞而产生伤害。

距离是一种美，也是一种保护。感情容易滋养人心，也会轻易伤害人心，不管是血浓于水的亲情，还是海誓山盟的爱情，都可能在不经意间刺痛对方。

那么，在人际关系中，根据刺猬效应，我们该如何与他人保持距离呢？

1.亲密有间，疏而不远

与人交往，关系太疏远，会使人产生沟通障碍，出现彼此陌生的反应。关系太亲近，又会使人感到厌倦、疲劳甚至反感；有些人有事没事就把朋友约出来，也不询问一下朋友是否真的有时间，这样，不但打扰了朋友的工作、休息和生活，还会让朋友觉得厌烦。合适的交往距离，应该是交往既不要过多、也不宜过少，应该把握在双方都感觉恰如其分的范围内。

2.认知上也应该保持一定的差距

我们常常犯的一个错误，就是把自己的想法强加给他人，以为对方的想法与自己一致，实际情况并非如此。每个人都是单独的个体，所接受的教育和所处的生活环境都是不同的。因此，与朋友交往时一定不要自以为是，以为自己所想就是朋友所想，这样做只能适得其反。

3.君子之交淡如水

在人际交往中，很多人认为与别人的交往越亲密越好，其实不然，如果你不注意保持距离，把握分寸，就可能在人际交往中受到伤害。比如，你应避免陷入办公室政治斗争中去。你和你周围的同事都保持着相当的距离，这样你既不属于这一派，也不属于另一派，别人也不会轻易的伤害你。进而你也不会在处理工作以及渗透在工作中的人际关系所累。

所以，面对微妙的人际关系，我们应提倡“友如作画须求淡”的态度，君子之交淡如水，朋友间过分的亲昵会让其他同事与朋友感觉相对的疏远，影响和他人的正常关系。只有亲密有间的关系，才是恰当的交往关系。留出距离就是给彼此的感情腾出一个足以盛放的空间。为何有朋自远方来不亦悦乎？远方的距离承载了更多的向往和更多的牵挂，距离换取的是更多的珍惜而不是摩擦。

当然，我们需要注意的是，与人交往，保持距离，也要把握好度，与朋友相处，如果距离过大，很容易使真正的朋友间的友情变淡。尤其是在日益忙碌的现代社会，人们都为自己的事业和家庭奔波，紧张的工作之余，如果几个朋友一起聚聚能加深感情，但如果彼此都不抽出时间来，即使关系再好的朋友，友情也会逐渐变淡，甚至变成仅仅是熟人而已。因此，为了保存你们之间的友情，为了让你的人生不再孤寂，那就遵循这一原则——好朋友也要适度保持距离。

心理启示

现代社交中，我们与朋友相处，要想建立美好的人际关系，要学会用点心机，就要把握好朋友间交往的距离，用心交际，不可意气用事，才能做到相互了解又相敬如宾，那才是最好！

洛克菲勒的女婿和世界银行的副总裁名人效应

心理学故事：

在美国乡村，有个老头和他的儿子相依为命。

一天，一个人找到老头说要将他的儿子带去城里工作，老人愤怒地拒绝了这个人的要求。这个人又说："如果你答应我带他走，我就能让洛克菲勒的女儿成为你的儿媳，你看怎么样？"老头想了又想，终于被让儿子能当"洛克菲勒的女婿"这件事情说动了。这个人精心打扮后，找到了美国首富、石油大王洛克菲勒，对他说："尊敬的洛克菲勒先生，我想给你的女儿找个对象。"洛克菲勒说："快滚出去吧！"这个人又说："如果我给你女儿找的对象是世界银行的副总裁呢？"于是洛克菲勒就同意了。最后，这个人找到了世界银行

总裁，对他说："尊敬的总裁先生，你应该马上任命一个副总裁！"总裁先生摇着头说："不可能，这里这么多副总裁，我为什么还要任命一个副总裁呢，而且必须马上？"这个人说："如果你任命的这个副总裁是洛克菲勒的女婿呢？"总裁立刻答应了。

在这个人的努力下，那个乡下小子不但娶了洛克菲勒的女儿，也成为了世界银行的副总裁。

这个财富故事，反映的是借助名人影响力带来的好处。这就是心理学上的名人效应。心理学家指出，如果你善于运用名人效应，你可以比别人更轻松地得到对方的认可，进而达到你的目的。

所谓名人效应，指的是当名人出现时所引起的他人的注意、扩大影响和强化事物的效应，或者人们模仿名人的一种心理现象，它是一种统称。名人效应已经在生活中的方方面面产生深远影响。比如，生活中，商家寻找明星代言能刺激消费、慈善机构组织的活动若能有名人参加能带动社会关怀弱者等。

现实中，我们可能都有过这样的经历：如果有一群人想要结识你，其中有一个人说他认识某某明星的经纪人；或者说他和某大企业的总经理一起吃过饭；或者说自己曾经有过一段不平凡的经历，你会不会对他格外注意或者寻常问短，希望得到这些人的一些"信息"？或许你对这些不感兴趣，但至少你会记忆深刻，当下次他再找你说话时，你会毫不犹豫地叫出他的名字。

生活中，这样的现象实在太多了，这些人为什么能吸引他人的注意？是因为他们善于利用"名人效应"来抬高自己的身价，我们在社交生活中，也可以通过这种方法，使他人对我们刮目相看。

当然，借助名人的影响力，并不是说你可以依仗与名人的关系而炫耀自己的人脉，这是一件愚蠢的事，这样做不但不能得到别人的认可和喜欢，更可能让对方讨厌你，因为这意味着一种轻蔑和不屑。因此，你在借助别人影响力的时候需要注意语言技巧。具体来说，我们需要注意的是：

1.不露声色的以名人为话题

事实上，你可以在无意识中提及这个名人，在和别人谈话的过程中，我们要学会不露声色的将一些名人引进来，比如，当对方说了一个笑话时，你可以

说“您真幽默，我曾以为×××是我见过的最幽默的人。”这时候，对方会立即产生兴趣，继而会问你：“是吗？你还认识他呀……”慢慢地，话题也就引开了。

再者，我们还可以不露声色地表明自己和某名人的关系：假如你确实和某个名人认识，但你又不想让对方认为你故意炫耀自己的人脉，此时，你就可以这样表达：“××先生您好，很高兴认识您，我经常听我叔叔（或者其他关系）提起您！”对方听你这么说，接下来自然会问你的叔叔是谁，这时候你就可以很自然很巧妙地达到目的了。

2.借助自己的身份

“您好，先生，我叫××，是××公司的市场部总监，不知道您对我们公司是否有了解，我们致力于为企业培养最专业的人才，在上海和广州都有分公司，我们为××公司等多家知名公司提供了多种服务。”

这段开场白中，我们发现，说话者是利用自己的职位来介绍自己的，这样介绍很有权威性，定能让客户信服。

总之，不管你处于什么职位，也不管你做什么工作，不必过于谦虚客气，适度地自抬身价吧，就算被人笑话，也比自贬身价要好，而且只要“抬”成功了，你就会从中受益。

心理启示

借助名人，让更多的人认识你，了解你，就会给你更多的机会，你就会有更多的发展空间来证明自己。所以，我们一定不能拒绝“名人”带给我们的帮助。

第三堂课

跟哈佛教授学幸福：用心体会，处处是幸福

自古以来，人们苦苦追寻的无非就是“幸福”二字。那么，幸福是什么？不同的人对幸福的定义是各不相同的。有的人认为获得财富名利就是幸福，有的人则认为精神世界的充实才是真正的幸福。什么是真正的幸福，我们无法考量，但我们可以肯定的是，幸福是一种内心的感受，只有用心才能体会到。因为幸福存在于生活中的细微之处，它小到是夏日里的一丝凉风，是冬日里的一杯热茶，有幸福感就有希望，只要你用心感受和品尝，便是幸福滋味。

人生的终极目标：幸福

心理学故事：

在很小的时候，本·沙哈尔就已经开始寻找幸福了。他从小生活在以色列，曾经为了参加全国的壁球比赛进行了长达五年的训练，在这段时间内，他常常感到孤独和空虚，总感觉自己的生命里好像缺少了什么。但最终，他告诉自己，我一定要坚强，只有这样，才能取得最后的胜利，而胜利，一定会带来充实感，也能让自己最终幸福。

参加全国壁球比赛是他16岁那年，他的努力终于获得了回报——他获得了冠军，他为此欣喜若狂。那时候，他满以为自己五年前的想法是正确的：成

功可以带来幸福。然而，很快，他又察觉到自己是空虚的。他也曾试着回味胜利给自己带来的欣慰，但他发现，这并不是真的幸福，那么，到哪里去寻找幸福呢？

从那以后，本·沙哈尔开始注意观察身边那些看起来很幸福的人，并向他们请教，他也曾读过很多关于幸福的书。后来，他进入哈佛主修心理学和哲学，他才渐渐清晰地认识到幸福的本源：幸福是与快乐和积极联系在一起的，一个幸福的人，必须有一个明确的、可以带来快乐和意义的目标，然后努力地去追求。真正快乐的人，会在自己觉得有意义的生活方式里，享受它的点点滴滴。

在本·沙哈尔开始幸福课之初，来听课的人寥寥无几，但如今，走在哈佛的校园中，你随便找个学生打听一下，你会发现，如今，在哈佛最受欢迎的不是王牌课《经济学导论》，而是泰勒·本·沙哈尔教授的幸福课。

“最初，引起我对积极心理学感兴趣的是我的经历。我开始意识到，内在的东西比外在的东西，对幸福感更重要。通过研究这门学科，我受益匪浅。我想把我所学的东西和别人一起分享，于是，我决定做一名教师。”本·沙哈尔自己说，他正是源于这个理由，才在哈佛从本科一直读到博士，并没有去大公司任职高薪职位，而是留在了母校任教。

在看完本·沙哈尔的经历和了解他的幸福课之后，我们也许对人生的终极目标有了一个明确的定义——幸福才是人生的终极目标，而幸福很简单，幸福与金钱、地位无关，与内心相连，是一种内心的体验和感受。

生活中，人们在忙碌之余总是会发出这样的感叹：我们穷其一生追求的到底是什么？是金钱？是地位？还是吃得好、穿得好？一些人认为，得到这些实质性的东西便是得到了幸福。但沙哈尔教授认为，这种看法是错误的，因为幸福并不是某种固定的实体，而是一种精神与物质的统一，更多地表现在精神体验上。

那么，我们该怎样做才能感受到幸福呢？

首先，我们应该保持内心的纯净。有一句名言：如果心不造作，就是自然喜悦，这就好像水如果不加搅动，本性是透明清澈的。接纳自己的第一步就是

让内心淡定，只要你的心是纯净的，那么，你就能接受幸福，接受快乐，淡化痛苦。反过来，如果你内心躁动，你又怎么能看到最本真的自己？

其次，我们要学会走自己的路。人与人总是不同的个体，生活也会因人而异，不同的人在同一件事情上，看待事情的结果总是不同的。另外，他人不可能参与到你的生活中来，因此，我们大可以告诉自己：“走自己的路，让别人去说吧。”

最后，我们还应该学会享受现在的生活。

钱钟书先生在《围城》的小说里对人性的本性，欲望的评论有过精彩的论述，“围在城里的人想出来，城外的人想冲进去，对婚姻也罢，职业也罢，人生的愿望大都如此！”当你得到一样，就总想得到另外一样。但你想过没有，如果你处于城中，为何不好好享受城中的生活呢？其实冲进去或是走出来，也不过是一种意识形态，里或外的区别不过是自己的心给出的答案。

心理启示

我们周围的世界总是在发生着变化，和外在行为的动静相比，内心的动静才是根本，精神才是人类生活的本原。不与人搞攀比，这样内心才能宁静而不浮躁，要随遇而安，适可而止，知足常乐。

“幸福型汉堡”：4种人生模式

心理学故事：

在哈佛大学，有个无人不知、无人不晓的幸福课教授——本·沙哈尔。他曾说：“一个幸福的人，必须有可以带来快乐和意义的目标，然后为之努力，真正快乐的人，会在自己认为有意义的生活里，享受它的点点滴滴。”他之所以有这样的感悟，来源于他曾经吃汉堡的一次经历，在后来的课堂上，他总结出了4种人生模式。

在他16岁那年，为了参加壁球比赛，他被要求严格控制自己的饮食，以控制体重。每天，他都只能吃一些全麦面包、瘦肉和蔬菜、水果等，这对于正需要热量的青春期的他而言无疑是一种折磨。本·沙哈尔暗暗发誓，等比赛结束，一定要痛痛快快地去吃汉堡。

炼狱般的比赛生活终于结束了，这天，本·沙哈尔怀着放松的心情冲进附近的汉堡店，一下子买了四个汉堡，正当他打开汉堡的包装纸准备一饱口福的时候，他突然意识到：这一个月以来，我虽然每天都在受煎熬，但我吃的都是健康的食品，我的体重控制了，我每天都精力充沛。现在，如果我吃了这四个汉堡，那么，我很可能会为此后悔。看着眼前四种不同风味的汉堡，本·沙哈尔突然有种人生感悟，这四个汉堡代表了四种不同的人生模式。

第一种汉堡，表面看起来，它是那么的可口，那么的诱人，但你要记住，它是标准的“垃圾食品”。如果你吃了它，你当然可以享受到快乐，但你可能会埋下痛苦的种子。其实，人生也是如此，“及时行乐”就是对未来人生幸福的透支，因此，你需要想清楚自己的决定。

第二种汉堡，这是标准的健康食品，里面都是蔬菜和有机食物，但口味特别差，实在难以下咽。用它来比喻人生，应该可以表示为“先苦后甜”，牺牲眼前的幸福来获取未来的幸福生活。

第三种汉堡，相信谁也不会选择这类汉堡，因为它既不好吃，也不健康。与这种汉堡相对应的人生是完全失去了追求与希望，既无法感受到眼前的幸福，对未来也不抱一丝一毫期望的人生。

接下来，本·沙哈尔想，会不会还有一种汉堡，又好吃，又健康呢？那就是第四种“幸福型”汉堡。一个幸福快乐的人，是既能享受现在所做的事，又可以获得更美满未来的人。

这就是“幸福型汉堡”——4个小小的汉堡，4种截然不同的人生态度。在课堂上，当本·沙哈尔让学生选择做哪类型人时，答案几乎都是幸福型。

那么，生活中的人们，你会选择哪种人生模式呢？毫无疑问，你也会选择幸福型。然而，一时的选择容易，长时间的身体力行却不易做到。

现实生活中，我们都希望自己的人生精彩绝伦、与众不同，于是，我们都

会倾尽全力去追求幸福的人生，但到底什么是幸福的人生，却没有多少人都透彻的了解。真正的幸福来源于当下，马不停蹄地追赶，只会让我们忽略最真实的快乐。

其实，无论人生目标有多么的瑰丽辉煌，也不能为了“短暂”的拥有，而放弃了过程里的开心微笑。

美好的风景并不一定就在别处，有时候我们苦苦追求的所谓的幸福与快乐，其实就在眼前，那又为什么不知足呢？我们中的很多人，也许经过多年的打拼和艰苦的奋斗，会有所成就，难道一生就如此忙碌地拼搏到死吗？其实，享受真正的人生之旅比直到那旅程结束时还没有感受到快乐重要得多。

可见，一个幸福的人，是既能享受当下，又能着眼未来的人。我们要懂得享受过程，真正让我们得到满足的也是过程，人的一生也是如此，最美的不是结果，而是人生的旅途。

心理启示

追求幸福，就是要选好自己的人生模式，更为关键的，就是挥别那种精神和心境无知无觉的疲惫状态，做好自己能做的一切，把握今天，着眼未来。人不能改变过去，也不能控制将来，人能控制改变的只是此时此刻的心念、语言和行为。过去和未来的东西虚无缥缈，只有当下此刻才是真实的。因此，无论人的生命长久与短暂，人生的道路应该是宽阔有风景的，享受过程应该是愉快幸福的。

幸福在于内心感受，与金钱无关

心理学故事：

法国作家福楼拜的代表作《包法利夫人》中的主人公爱玛是一个较富裕的农民的女儿，曾经在专门训练贵族子女的修道院读过书，尤其喜欢读一些浪漫派的文学作品。虽然现实生活很残酷，但是艾玛却经常沉浸在自己虚构的奢华生活中无法自拔。现实和虚幻世界的强烈反差，使她非常苦闷。成年之后，爱玛嫁给了包法利医生，但是，医生微薄的收入根本无法供她挥霍。而且，爱玛非常讨厌其貌不扬的夏尔·包法利及其他满足现状的个性。即使在有了孩子之后，爱玛的母爱也没有苏醒。她一心一意、执迷不悟地贪图享乐，爱慕虚荣，极尽所能地满足自己的私欲，梦想着能够过上贵妇的生活。为了追求浪漫的爱情，寻求她心目中的英雄，爱玛先是受到罗多尔夫的勾引，结果被欺骗，后来，她又与莱昂暗中私通，中了商人勒乐的圈套，最终导致负债累累，不得不服毒自尽。

在这篇小说中，福楼拜批判了爱玛爱慕虚荣的本性，也深刻地批判了社会的畸形。这种批判引人深思，让人警醒。

现实生活中，可能我们每个人都有这样的人生目标——幸福，然而，如何获得幸福？可能有些人会回答，金钱会带来幸福，于是，他们会把花钱当成生活中最大的乐趣，把赚钱当成自己生活的全部。而实际上，金钱与快乐并不成正比关系。有人就指出，财富增加三倍，愉快才增加一倍。人对金钱的期望大小，也影响着金钱带来的心理价值，即期望越高，失望越大，不快乐感也就越强。另外，实际上，人越有钱，也会越来越远离他人，难以获得圆融的社会关系。

在哈佛教授本·沙哈尔的幸福课上，他这样教他的学生怎么看待自己未来的工作与金钱、幸福的关系。

仔细考虑以下3个关键问题，先来问问自己：① 什么带给你人生的意义？② 什么带给你快乐？③ 你的优势是什么？并且要注意顺序。然后看一下答案，找出这其中的交集点，那个工作，就是最能使你感到幸福的工作了。

本·沙哈尔认为，“金钱和幸福，都是生存的必需品，并非互相排斥。”

由此可见，幸福不是获得更多的金钱与财富，而是得到最适合自己的东西。因此，如果一个人弄清楚自己内心真正需要什么，那么，为之努力的过程和获得的结果才能让你产生幸福感。

美国心理学家戴维·迈尔斯和埃德·迪纳曾经做过一项研究，这项研究表

明，一个人的财富多少，与其幸福程度并没有很大的关联。相反，社会财富的增加并没有让人们变得更加幸福。在大多数国家，收入和幸福的相关性是可以忽略不计的；只有在最贫穷的国家里，收入才是适宜的衡量幸福的标准。

然而，生活中，有太多人，为了金钱的保障，被一个不喜欢的工作捆绑，他们生活得并不幸福。据有关机构统计，在美国，有50%的人对自己的工作不甚满意。但本·沙哈尔认为，这些人之所以不开心，并不是因为他们别无选择，而是他们自己做出的决定，让他们不开心。因为他们首先注重的是物质与财富，随后才是快乐和意义。

亚伯拉罕·林肯曾经说过："对于大多数人来说，他们认定自己有多幸运，就有多幸福。"一个人幸福不幸福，面对同样的生活经历，看你如何去理解，不同的看法导致不同的幸福感受。幸福不是追求来的，关键在于自己保持何种人生态度和对待他人的看法。

不同的人有不同的幸福体会，它是一种心态体验；幸福没有标准，因人因事而异。但无论如何，幸福都不是金钱可以衡量的，一个人，如果对金钱充满欲望，那么，他很可能最终成为金钱的奴隶，这样的人，又怎么能用心感受到幸福呢？

总之，幸福在于内心的感受，与金钱无关，只要我们用心品味，用心感觉，用一颗宽容的心去包容一切，便会体会到绵绵而来的幸福喜悦。

心理启示

幸福与职业、地位、金钱无关，只与自己的感受、心态有关，无论生活在什么样的环境中，只要能感受到幸福，就能保持良好的心态，良好的心态恰是改变自己命运的基石。

本·沙哈尔教授给出的10条幸福小贴士

心理学故事：

沙哈尔教授的“积极心理学”课程，即所谓的“幸福课”在哈佛受欢迎度排名第一，不仅如此，他给世界500强企业所做的培训获得极高的评价，被誉为“摸得着的幸福”，并因此成为全美课酬最贵的积极心理学大师。

他的课程，出勤率平均在95%以上。他的助手曾经这样评价这门课：它是奇妙的，每当我看见学生们离开教室时那轻盈的步伐，你就能看出本·沙哈尔以及这门课的魅力了。

沙哈尔教授的幸福课如此受欢迎，是因为他能为我们的幸福目标指引方向。当然，关于幸福，我们大致有所了解，然而，在每个人的世界里，人们对于幸福的定义都是不同的，因此，人们追求幸福的方式也千差万别。哈佛幸福课教授本·沙哈尔为了让学生能够更好地记住“幸福课”的要点，他将幸福课的要义简化为10条小贴士：

1.遵从你内心的热情

以选课为例，你应该选择让你获得快乐的课，而不是为了修学分，也不是听从他人的意见，认为这门课对你有好处。

2.多和亲朋好友在一起

日常学习和生活再忙，也不要忘了和朋友、家人聚聚，享受一下亲密的人际关系，它是幸福感的来源之一。

3.学会失败

爱迪生曾深有感触地说：“失败也是我需要的，它和成功一样有价值。只有在我知道一切做不好的方法之后，我才知道做好一件工作的方法是什么。”

没有人能随随便便成功，成功者多半都是在摔了无数次的跟头后继续爬起来上路的。敢于失败者才会获取成功，因此，你不要被所谓的失败绊住前进的脚步。

实际上，每一次的失败中都蕴含着丰富的经验教训，弱者只会沉溺其中，而强者则会从中学到东西，最终重新站起来。

4.接受自己的不完美

你不必苛求自己，苛求自己完美，苛求自己保持良好的情绪，要知道，人都是情绪的动物，在平凡的人生中，人的情绪总会不断滋生，它的平凡就像阴晴的天气一样交替，你应允许自己有偶尔的失落、烦躁、悲伤、失望，你要学会坦然地面对自己的消极情绪，尽快调整、转变它，你就能主宰自己的心情，把握自己的幸福。

5.简化生活

生活中，为什么有很多人拥有得很多，却并不幸福呢？因为更多并不总是代表更好，好事多了，也不一定有利。

当然，简化生活并不是使生活流于平淡，它是对生活的及时清理，及时清除那些阻塞我们寻找幸福之路的绊脚石，只有拓宽自己的思维，你才能拥有高品质的生活，才能消除那些对名利的渴望，才能摒除那些瞻前顾后的烦恼，只有充实之后的坦然与从容。简化生活，我们才能懂得生活的真正含义，获得豁然开朗的轻松与快慰。

6.爱自己，有规律地锻炼

体育运动是生活中最重要的事情之一。每周只要3次，每次30分钟，就能大大改善你的身心健康。

不知你有没有这样的体验：当你遇到一件痛苦的事而不知如何排解时，此时，在朋友的建议下，你进行了一项你很喜欢的运动，是不是感觉心情舒畅多了？这是因为运动能缓解一个人的心理紧张和焦虑，分散对不愉快事件的注意力，将你从不愉快事件中解脱出来。

另外，很多时候，人们的坏情绪和健康问题有着很大关系，适量的运动能消除疲劳，减少或避免各种疾病。

7.充足的睡眠

虽然现在的你每天要面临繁重的学习，偶尔不得不加班加点学习，但你必须要保证每天有7~9个小时的睡眠，这样，你会发现，你好像充满了电一样，学习效率会提高很多。

对任何人来说，睡眠都是最好的补品，对于你的容颜和精神是最好的滋

养。给自己选择一个舒适的睡眠环境，认真地投资睡眠，慎重地对待这人生三分之一的时间。

8.慷慨

人常说，赠人玫瑰，手有余香，能够慷慨地给予别人帮助的人，这份情意的暖流在流入别人心田之后，在某个时刻，定会流回到你的心里。

9.要有勇敢的心

勇敢的人并不是无所畏惧，而是在心怀恐惧的情况下依然向前。每一个青少年朋友，都应该记住，你的手里有一本幸福字典，上面写满了两个字——拼搏。它告诉你，遇到问题，不要退缩，勇敢面对，就能闯过去。

10.表达感激

不要认为父母、爱人对你付出是理所当然的，请记录那些别人对你点滴的恩惠，然后常怀感恩之心。一个懂得感恩的人，才是真正幸福的。因为感恩会让你的内心开出温馨的花朵。

心理启示

幸福在于把握现在，在于时刻感悟。有人说自己是不幸的，生活中总是充斥着烦恼，而实际上，人生的幸福与烦恼都是等量的，关键在于你如何感受。假如你能用心去感受，你一定能被幸福包围。

接受不完美的自己：你究竟为什么不快乐

心理学故事：

从前，有个国王，他有七个女儿，这七位美丽的公主是国王乃至整个国家的骄傲。

这七位公主都有一头乌黑亮丽的长发，所以，国王送给她们每个人一百个漂亮的发夹。

有一天早上，大公主醒来，准备梳头，却发现自己的发夹少了一个，于是，她就偷偷去二公主房间拿走了一个；同样，二公主也发现自己的发夹少了一个，便到三公主那里拿了一个，就这样……五公主一样拿走六公主的发夹；六公主只好拿走七公主的发夹。于是，七公主的发夹只剩下九十九个。

隔天，邻国一位英俊的王子忽然来到皇宫，他对国王说："昨天我养的百灵鸟叼回了一个发夹，我想这一定是属于公主们的，而这也真是一种奇妙的缘分，不晓得是哪位公主掉了发夹？"公主们听到了这件事，都在心里想说："是我掉的，是我掉的。"可是头上明明完整地别着一百个发夹，所以都懊恼得很，却说不出。只有七公主走出来说："我掉了一个发夹。"话才说完，一头漂亮的长发因为少了一个发夹，全部披散了下来，王子不由得看呆了。故事的结局，想当然的是王子与公主从此一起过着幸福快乐的日子。

为什么我们一有缺憾就想拼命去补足？一百个发夹，就像是完美圆满的人生，少了一个发夹，这个圆满就有了缺憾；但正因缺憾，未来就有了无限的转机，无限的可能性，何尝不是一件值得高兴的事！

幸福课教授本·沙哈尔曾经向我们提出三个问题：① 问问你自己究竟为什么不快乐？② 闭上眼睛，回忆自己生活中最幸福的时光，想想那时为什么那么幸福？③ 你真的能全然地愉快地接纳自己吗？包括负面的情绪和失败？

沙哈尔教授说，幸福的第一课是全面地接纳你自己。这个世界上有两种事情：一种是可以改变的；另一种是不能改变的。妄图改变那些不能改变的事情，常常只会给我们增添烦恼。

然而，生活中经常有这样一些人，他们做事谨小慎微，总是认为事情做得不到位。他们对自己要求过于严格，同时又有些墨守成规。通常情况下，因为他们过于认真、拘谨，苛求自己，他们比其他人活得更累。

他们总有这种表现，如果一件事情没有做到自己满意的程度，那么必定是吃不好也睡不好，总觉得心里有个疙瘩，很不舒服。什么事情都会有个度，追求完美超过了这个度，心里就有可能系上解不开的疙瘩。我们常说的心理疾病，往往就是这样不知不觉出现的。过分追求完美的人，总是不想让人看到他们有任何瑕疵，他们常常过分控制敌意和愤怒，给人的感觉是过分宽容，看似

开朗热情，其实活得很累。

追求完美，这是一种追求进步的表现，如果人们都满足于现状，那我们将会止步不前。因此，可以说，追求完美并没有什么不好，相反，很多时候，精益求精对我们的能力、知识、经验等方面都大有益处。

要知道，我们不会因为一个错误而成为不合格的人。生命是一场球赛，最好的球队也有丢分的记录，最差的球队也有辉煌的一刻。我们的目标是——尽可能让自己得到的多于失去的。那么，过分追求完美的人该如何去调整呢？

不要苛求自己。你不要总是问自己，这样做到位吗？别人会怎么看呢？过分在乎别人的看法就是苛求自己，你会忽略自己的存在。

要改变自己的观念。你需要明白一点，世界上没有完美的事，保持一颗平常心并知足常乐，才是完美的心境。换一种新的思路，即尝试不完美。

要改变释放方式。当你心情压抑时，你要选择正确的方式发泄，如唱歌、听音乐、运动等，并且，你要抱着一种享受的心情发泄，这样，你很快会感受到快乐。

让一切顺其自然。不要对生活有对抗心理，过于较真的人，他们会活得很累，因此在思考问题时要学会接纳控制不了的局面，接纳自己所做的事，不要钻牛角尖。

总之，人生是没有完美可言的，完美只是在理想中存在，生活中处处都有遗憾，这才是真实的人生。事实上，追求完美的人是盲目的。“完美”是什么？是完全的美好。这可能么？“凡事无绝对”，哪里来的“完全”？更不要提“完美”了。既然没有“完美”，那又为什么要去寻找它呢？

心理启示

世界上的很多烦恼，正是因为过分追求完美而产生的。值得我们追求的东西很多，如果我们苛求自己或别人把每一件事都做得完美无缺，那么我们将会失去很多东西。这个世上本来就没有完美的东西，如果一味地追求完美，最后得到的反而是不美。

躲在乌云后的阳光：幸福的源泉是什么

心理学故事：

有一天，在某个公交站牌处，一个小女孩和妈妈起了争执。

小女孩有点生气地对妈妈说："我就要去海边玩，为什么你不让我去！"

妈妈劝她："不是早说过了吗，今天出太阳了咱就去，但今天没有出太阳啊，而且天气预报说还可能要下雨呢，还是改天再去吧。"

"妈妈骗我，今天出太阳了……"

妈妈笑了起来，问道："哪里有啊，不要骗人，你说说，太阳到底在哪儿？"

小女孩抬起头来，东看看西瞧瞧，然后指着天空喊："不是在那儿吗？"

"没有啊，那只是乌云而已呀。"

"对呀！"没想到，小女孩一副非常认真的样子，"太阳就躲在乌云的后面呢，等一会儿乌云一走开，不就出来了吗？"

听到小女孩的话，所有等车的人都笑了。

对于积极的人来说，太阳每天都在天空中，虽然有的时候我们看不见它，那是因为它正躲在云的后面，而乌云总有散开的时候，就如人生总有诸多的幸福会接踵而来一样。那么，乌云密布的时候，你是怎样看待的呢？如果你也能看到乌云后的太阳，那么，你就是个积极的人。

哈佛大学曾做过一项有关"幸福感"的研究表明，人的幸福感主要取决于3个因素：遗传基因、与幸福有关的环境因素以及能够帮助我们获得幸福的行动。而积极的心理，可以帮助人们获得更快乐、更充实、更幸福。哈佛教授泰勒·本·沙哈尔也在他的幸福课上告诉学生：从根本上说，幸福感的源泉在于积极的心理。

有一项统计显示，在美国，抑郁症的患病率，比起20世纪60年代高出10倍，抑郁症的发病年龄，也从20世纪60年代的29.5岁下降到今天的14.5岁。而许多国家，也正在步美国的后尘。1957年，英国有52%的人，表示自己感到非

常幸福，而到了2005年，只剩下36%。但在这段时间里，英国国民的平均收入却提高了3倍。

为什么人们越来越富有，反而越发不开心呢？很简单，因为人们没有感受到幸福。

在哈佛的校报上，也曾刊登了一篇辅导员的信：我想我快崩溃了，在我管理的宿舍内，已经有20个学生出现了心理问题，他们有的因焦虑而无法完成学期作业，有的因精神崩溃忘记了考试……

还有一位哈佛毕业生曾说过：“可能我们没有发现，那些看起来成绩很好、各方面都很棒的学生，其实，他们并不幸福，他们甚至长期被某种心理疾病控制着。”

正是意识到了这一点，作为哈佛优秀毕业生的泰勒·本·沙哈尔才开设了一门“幸福课”。泰勒·本·沙哈尔的经历如今已经在哈佛被广为流传。

在本·沙哈尔的课堂上，他常常对幸福感作出这样的诠释：衡量人生的唯一标准就是幸福感，是人们生存乃至生活的最终目标。他还对这句话进行解释：“人们衡量一个人是否成功的标准就是钱，用钱去衡量盈亏、利润、税务等，所有和钱无关的都不会被考虑进去，同样，人生也有盈亏，不过，你若想使得你的人生积极起来，就要做到把负面情绪当作支出，把正面情绪当作收入。当正面情绪多于负面情绪时，我们在幸福这一‘至高财富’上就盈利了。”

其实，积极的心理也是可以通过练习和学习而获得的。只要我们凡事向好的方向看，我们就能看到光明。生活中的人们，如果你想获得幸福，就必须从现在起培养自已积极的心态。

一个人心态上是积极的还是消极的，决定了其生活是光明的还是灰暗的。可见，当人生的不幸来临时，积极的心态是一个人战胜一切艰难困苦，走向成功的推进器。积极的心态，能够激发我们自身所有的聪明才智；而消极的心态，就像蜘蛛网缠住昆虫的翅膀、脚足一样，束缚人们才华的光辉。

心理启示

有人说，积极的心态是创造人生，积极的心态是成功的源泉，是生命的阳光和温暖，而消极的心态是失败的开始，是生命的无形杀手。所以，我们一定要重视情绪的力量，请察觉每一个情绪背后的意义，它可能是死神的召唤，更可能是改变命运之门的钥匙。

幸福的本质：你到底需要什么

心理学故事：

有一个学者出门寻找世界上最快乐的人，他走了很远的路，问了沿途碰到的所有人，他们都说自己不快乐。

有一天，学者终于来到皇帝的宫殿，皇帝坐在用黄金做成的椅子上，他身后是一座藏有数不尽金银财宝的巨大宝库。学者问皇帝："你一定是世界上最快乐的人了！"皇帝愁眉苦脸地对学者说："怎么会呢？我每天要考虑所有国家大事，外敌正在入侵我的领土，我怕我的大臣起来谋反，我怕小偷偷走我的珠宝，我怕生病，我怕死亡……唉！我是世界上最不快乐的人！"

学者垂头丧气地从皇宫里走出来，顺着原路往家赶。经过一片荒野时，发现前边有人坐在一堆火旁边，一边唱歌，一边烤着什么东西，他走过去一看是一个乞丐，他奇怪地问道："看样子你一定很快乐了！？"乞丐答："我捡到了半根香肠，晚上不用挨饿了！我现在是世界上最快乐的人！"

生活中，很多人都感叹自己不幸福，他们不知道幸福是什么滋味。在为这个问题纠结之前，你应该问问自己是否理解幸福的本质，因为只有了解幸福的本质，才会用心体味幸福。对此，哈佛幸福课教授本·沙哈尔曾说："幸福的本质不仅仅是对某种需要的满足，而是对某种需要的理解。"

现实世界中的每个人，都有自己的活法，都有自己的快乐，对幸福的理解

也大相径庭。不同的人，对幸福的追求与体验是完全不同的：对孩子们来说，一个小小的玩具都能使他们感到幸福；恋人们的幸福在于浪漫的约会、甜蜜的语言，出则牵手同行、入则相拥相亲；中年人的幸福是儿女成就，事业有成；老年人的幸福则是宁静、安详、平和……但所有的幸福都是建立在对需要的理解上，一个已经陷入欲望沟壑的人是永远不懂幸福的。

在短短的人生旅途中，人人都有所求，但没有人能够拥有世间的一切。人们所求各不相同，但万涓细流，终将汇聚成海，归根结底，他们所求的乃是幸福。世上没有比幸福更可贵、更难得、更为人们所普遍追求的东西了。但现实生活中，人们似乎总是颠倒了欲望与快乐在生命中的比重，一个人，只有真正放下过多的欲望，才会懂得幸福的真谛。

然而，在物质财富极大丰富、文化多元的现代社会，人们的需求和欲望不断地膨胀，很容易在追求物质的感官享受中逐渐迷失了自我，像一艘失去航向和动力的大船，或远离航道，或停滞不前。事过之后才清醒，却只能追悔莫及，抱憾终生。我们不得不承认的一点是，生活中，人们之所以活得累，就是因为他们想要的太多。

尼采说，人最终喜爱的是自己的欲望，不是自己想要的东西！能够控制欲望而不被欲望征服的人，无疑是个智者。被欲望控制的人，在失去理智的同时，往往会葬送自己。

其实，当生活越简单时，生命反而越丰富，尤其是少了物质欲望的牵绊，我们越是能够从世俗名利的深渊中脱身，感受到自己内心深处的宽广和明净。因此，每一个人都应懂得修剪自己的欲望。

可以说，人的幸福指数与其欲望是成反比的，越想得到的多，失去的就会越多。我们从出生那一刻起，就注定了会得到什么，失去什么，我们会得到父母的爱，但终有一天，父母也会离开我们；我们还会遇到事业上的不顺心、感情上的不如意甚至是朋友的背叛等，但人的精力是有限的，我们不可能什么都抓住，所以不必苛求那些得不到的东西或办不到的事情。过于执着，只会让你失去很多当下的快乐，因此，每个人都要学会“知足”，很多快乐都建筑在这两个字之上，如果你一辈子都在不停地满足自己一个又一个目标，却没有一丝

一毫的幸福可言，那这样的人生又有什么意义呢？

心理启示

幸福感是心理欲望得到满足的状态，是对内心需求的一种理解。因此，一个人只有了解了自己的需求，才能更好地理解幸福，最终获得幸福。

心有所向，让工作充满使命感

心理学故事：

有一个老木匠辛苦了一生，建造了得数不清的房子。这一年，他觉得自己老了，便向主人告别，想要回家乡去，安享晚年。

老板十分舍不得他离去，因为他盖房子的手艺是镇上最好的，再也没有第二个人能够跟他相比。但是他的去意已决，老板挽留不住，就请他再盖最后一座房子。老木匠答应了。

最好的木料都被拿出来了，老木匠也马上开始了工作，但是人们都可以看出，老木匠归心似箭，注意力完全没有办法集中到工作上来。

梁是歪的，木料表面的漆也不如以前刷得光亮。

房子终于如期建造完成，老板把钥匙交到老木匠的手上，告诉他这是送给他的礼物，以报答他多年来辛苦的工作。

老木匠愣住了，他怎么也没有想到，自己一生建造了无数精美又结实的房子，最后却让自己获得了一件粗制滥造的礼物。如果他知道这房子是为自己而建的，他无论如何也不会这样心不在焉。

这只是一则故事，然而现实生活中，却有不少人和故事中的老木匠一样，因为缺乏使命感，每天带着一脸的茫然和无奈去工作，茫然地完成上级的任务，茫然地领回工资。他们认为，自己所做的，不过是为别人打工而已。很明

显，这种消极的工作状态无论对于员工个人还是对整个组织而言，都是极为不利的。一个人被动地应付工作，自然不可能投入全部的热情和智慧，也就不可能在自己的岗位上有所成就。

在哈佛的课堂上，谈到工作问题时，教授本·沙哈尔笃定地告诉学生："一个在工作中找到意义与快乐的投资家，一个出于正确动机的商人，绝对要比一个心不在焉的和尚，高尚和有意义得多。"他总结出这样三种境界：赚钱谋生、事业、使命感。

哈佛人毕业之后，都会记住教授的话，并且，他们都会把自己的工作当成使命来完成，他们会对工作投入百分之百的热情，而这也是为什么哈佛人能成功的原因之一。

一个人，如果只把工作当成赚钱的手段，那么，他就不会有太多的成就和个人价值的实现。我们都有这样的体会，一些人每天去上班，只是坐等下班，他们所期盼的，除了薪水就是赶快放假，这样的人又怎么可能做出一番成就呢?

曾经有人以医院的清洁工为研究对象进行了一项研究，在被研究的两组人中，一组觉得自己的工作很枯燥、乏味、没意义，他们得过且过，而另一组人则对工作很投入，他们把医院打扫得很干净，他们经常和护士、病人交谈，为此，他们觉得自己的工作很有意义，也获取了很多的快乐。

伟大的成功和辛勤的劳动是成正比的，有一分劳动就有一分收获，日积月累，奇迹就可以创造出来。这是绝对的真理。只有勤奋工作才是最高尚的，才能给人带来真正的幸福和乐趣。勤奋是通往荣誉圣殿的必经之路。如果你还在浑浑噩噩地生活着，还在感叹自己无法改掉某些恶习时，那么，你不妨为自己定个伟大的目标，具备强有力的信念，你就能找到前进的方向和动力。它能使你摆脱空谈主义，帮助你挖掘身体的所有潜能，帮助你克服很多阻力。

变化繁多的游戏总比单纯游戏来得有趣。同样的道理，如果一个人在做事的过程中能注入热情，那么，再加上工作本身富于变化，做起事来便会着迷。世界著名博士贝尔曾经说过这么一段至理名言："想着成功，看看成功，心中便有一股力量催促你迈向期望的目标，当水到渠成的时候，你就可以支配环境

了”。这句话的含义是，人世中的许多事，只要想做，并坚信自己能成功，那么你就能做成。而这中间，使命起着重要的作用。在相同条件下，有明确而且强烈的个人使命，与被动懈怠的结果是完全不同的。

总之，生活中的人们，如果你觉得现在的自己正在从事一项很无聊的工作，每天上班也只是为了坐等下班，你觉得自己的工作毫无成就感，那么，你必须重新审视自己，如果你对这项工作真的提不起兴趣，那么，你就要为自己重新寻找一个积极而有意义的目标。

心理启示

为自己的目标奋斗的过程才是真正让我们感到幸福的，另外，这个目标必须是积极的，是能带动我们产生积极心态的。当然，我们依然需要重视当下，重视生活、工作中的每一件事，认真做好当下的事，并修饰你做事的每一个细节。因为没有小，就没有大；没有低级，就没有高级。每天那些点滴的小事中都蕴含着丰富的机遇，伟大的成就都来自每天的积累，无数的细节就能改变生活。

第四堂课

听心理学家讲教育故事：用心教育，让亲子沟通成为一件快乐的事

人们常说："可怜天下父母心。"为人父母，都爱自己的孩子，并且对孩子寄予殷切的希望——孩子能够拥有一个无比顺利、无比灿烂的未来。但在教育孩子的过程中，如果我们不掌握一些打开孩子心门的心理学方法，那么，我们便很容易陷入费尽心力却教不好孩子的教育困境。为此，我们必须明白一点，应该向心理学专家学习一点教子心理学，用心教育，相信你一定能把孩子教育成一个积极阳光、热爱学习并且会学习的孩子。

自己人效应：与孩子成为朋友

心理学故事：

林肯出身于一个平民家庭，在参加总统竞选活动时，他的一个非常富有的竞争对手针对其贫寒的出身进行攻击，目的是击垮他。然而，林肯却用一番巧妙的语言争取了主动，赢得了人心。

一次演讲中，他对公众说："有人问我有多少财产。我告诉大家，我有一位妻子和一个儿子，都是无价之宝。此外，也租了一个办公室，室内有一张桌子，三把椅子，墙角还有一个大书架，架上的书值得每个人一读。我本人既高又瘦，脸蛋很长，不会发福。我实在没有什么可依靠的，唯一可依靠的就是

你们。”

这一番话中，林肯的最后一句话“我实在没有什么可依靠的，唯一可依靠的就是你们”，其实就是向公众表明，他与公众是站在同一阵营的，会代表公众的利益。选民们听了之后，自然会体验到林肯热爱民众的深厚情感。这一番巧妙的陈述，其实是利用了心理学上的“自己人效应”。

所谓“自己人效应”，是指对方把你与他归于同一类型的人。强化“自己人效应”，对于父母来说，就是要让孩子感受到，父母是理解他的，是能够从他的角度思考和解决问题的，是和他站在同一个立场的。

其实，自己人效应适用于生活中的方方面面，其中就包括亲子教育。我们都知道，任何父母，都希望自己的孩子把自己当朋友，对自己倾吐成长中的烦恼与快乐，然而，孩子越大越难与他们沟通，这是很多父母共同的感受。这是由什么造成的呢？事实，孩子也想对父母说实话，只是很多父母不懂沟通技巧，在沟通中多半端着家长的架子，甚至和孩子置气，孩子又怎么愿意与你沟通呢？

因此，如果你想解决这一问题，就要掌握一些沟通技巧，让孩子把你当成自己人，这对维持亲子间的良好感情关系很有帮助。

我们来看下面这位妈妈是怎么和孩子沟通的：

这天，儿子放学回家，进门就嚷：“妈，从明天开始，我不去学校了，你别劝我!”

如果平时孩子的爸爸在家，一定要严厉地训斥他。但妈妈却是个温和的人，她知道儿子肯定是受了什么委屈。

“为什么不去呢？”

“没什么，感觉不大舒服。”

“不舒服，哪里不舒服？怎么不早点请假回来呢？”

“不想耽误学习啊，你别问了，反正我不去。”妈妈是聪明的，儿子说话这么有力气，怎么会身体不舒服呢，一定另有隐情。

“可是，今天不舒服，明天不一定舒服啊，要不，妈妈带你去医院吧。”妈妈在说这话的时候，故意露出一点笑容，儿子明白，妈妈看出端倪了，于

是，他只好说："妈，你儿子是不是很没用啊？"

"怎么这么说，我儿子一直是最棒的，有最棒的体格，最棒的学习接受能力，待人温和，还疼妈妈。"

听到妈妈这么说，儿子笑了，主动招出了今天遇到的事："妈，今天老师让我们写一篇作文，我拼错了一个字，老师就嘲笑了我一番，结果同学们都笑我，真没面子!"

此时，妈妈没有说话，只是搂着伤心的儿子。儿子沉默了几分钟，从妈妈怀中站了起来，平静地说："谢谢你听我说这些事，我要去公园了，同学们还等着我呢。"

从这个故事中，我们看到一对母子间的和谐关系。可见，如果我们懂得如何和孩子沟通，让孩子把我们当"自己人"，孩子是愿意和我们沟通的。具体来说，让孩子把我们当"自己人"，需要我们做到：

1.语气应温和，态度友善

父母与孩子说话，最好避免用尖锐的语气和带有恐吓的声音，而应尽量对孩子微笑，用欢快、平和的语气与孩子沟通，这样，能让孩子感受到你的爱。

2.多说"我"，少说"你"

为了能让孩子觉得你和他是站在统一战线、是为了他好，你在说话的时候，不要总说"你应该……"，而应常说"我会很担心的，如果你……"。

3.分享孩子的感受

无论孩子是向你们报喜还是诉苦，你们最好暂停手边的工作，静心倾听。若边工作边听，也要及时作出反应，表示出自己的想法或感受，倘若只是敷衍了事，孩子得不到积极的回应，日后也就懒得再与大人交流和分享感受了。

4.多用身体语言

作为父母，我们要让孩子感受到，无论什么情况，你都是爱他的，即使他做了什么错事。事实上，有时不说话，而利用身体语言，如微笑、拥抱和点头等，就可以让孩子知道你是多么疼他，不只是在他表现良好时。

同时，与孩子身体接触，能拉近与孩子之间的距离，不难发现，有些父母只是在孩子很小的时候才会亲孩子、抱孩子，而孩子长大一点后便忽视了这一

点。然而，身体接触可以令孩子切身体会父母的关怀，同时也别忘了接纳孩子对你们的爱意。

心理启示

同样一个观点，如果是自己喜欢的人说的，接受起来就比较快和容易。如果是自己讨厌的人说的，就可能本能地加以抵制。有道是："是自己人，什么都好说；不是自己人，一切按规矩来。"这在心理学上叫作"自己人效应"。同样，家庭教育中，如果我们也能让孩子把我们当成自己人，那么，就会拉近彼此之间的心理距离，孩子也会消除心理压力，不再对你心存戒心，沟通就会产生良好的效果。

鱼缸法则：给孩子一个自由的成长空间

心理学故事：

曾经在美国的一家大公司的集体办公室内，有一个漂亮的鱼缸，鱼缸里有十几条名贵的金鱼，凡是进进出出的人都会被这十几条美丽的鱼而吸引住。

这些鱼来这家公司的两年时间内，它们一直保持在三寸的长度，在小小的鱼缸里游刃有余地游来游去。可是她们的命运在一次偶然的事件中改变了。

有一天，董事长调皮的儿子来找父亲，结果一不小心将鱼缸打碎了，可怜的小鱼没有了安身之地，大家都急忙为小鱼寻找各种容器。最终，一个聪明的职员发现院子内的喷水池很适合养育，于是，人们把那十几条鱼放了进去。

两个月后，这家公司的董事长吩咐工作人员再买来一个新的鱼缸，人们纷纷跑到喷水池那里去"迎接"小鱼回家，十几条鱼都被捞起来了，但令大家非常惊讶的是，仅仅两个月的时间，那些鱼竟然都由三寸来长疯长到了一尺！

到底是什么原因让这些小鱼在两个月内长这么多？原因有很多，可能是喷水泉的水更适合鱼儿生长，也有可能是水中含有某种矿物质，也有可能是鱼儿

吃了某种特殊的食物，但无论如何，我们不能否认的一个重要的因素是，喷水泉要比鱼缸大得多!

这就是著名的“鱼缸法则”。其实，对于孩子的教育，何尝不也是这样呢？鱼儿需要广阔的空间生长，孩子也需要自由的空间。当你的孩子慢慢长大，你就应该学会慢慢放手，如果你还有想要为孩子安排一切的冲动，那么，你必须克制住自己。

生活中，我们常常说渴望自由，我们的孩子何尝不是如此呢？在教育孩子的过程中，如果我们束缚住孩子的手脚，让孩子不许做这个，不许做那个，对孩子大包大揽，那么，孩子会感到窒息，他的一些优良的个性心理品质也会被压抑。而随着孩子慢慢长大，他们的自主意识也随之增加，他们已经有自己的选择方式，都有自己的想法，都有自己的定位，他们的世界都是一个相对独立的世界。对于无法呼吸的成长环境，他们一定会反抗，那么，亲子关系势必会变得紧张起来。

每一个父母，都应该作为孩子成长路上的引导者，而不是强制者，让孩子自由成长，能让孩子感受到来自父母的尊重和爱，那么，他们也会更加爱你。

那么，怎样才能给孩子提供一个足够自由的空间呢？

1.尊重孩子的需要，让孩子自由探索

孩子的世界和成人的世界是不同的，对于他们成长道路上看到的很多事物，都会感到新奇，都有想去探索的欲望，这也是孩子在成长过程中一种本能的需要，对此，我们应该尊重，让孩子自由探索，这样，他才有更多的生活体验，才能成长得更快。假如我们剥夺了孩子的这种权利，那么，他们就体验不到这种乐趣，也会变得越来越没有自信。

2.不要过度保护孩子

孩子的成长过程虽然是充满恐惧的、颤颤巍巍的，但也是充满乐趣的。他们会摔跤，但作为父母，我们不能扶着孩子走，因此，如果你的孩子想尝试，那么，你应该鼓励孩子，让孩子有尝试的勇气，而不是这样说：“算了，多危险，不要做了。”“小心点，你会伤害自己的！”“你不能做这个，太危险了！”这样，孩子即使想尝试，也会被你的提醒吓退的。

3.尊重孩子的天性，让孩子决定自己的未来

所有的父母都希望孩子长大后能有出息，但并不是所有的父母都能做到不干涉孩子选择人生，他们在为孩子设计未来时，多半不会考虑到孩子的天性、优点等，而是按照自己的意愿。这样的教育模式下培养出来的孩子是很难有突出的个性品质的，也多半是不快乐的。

4.在情况允许的时候，让孩子自由支配时间

孩子虽小，但我们也应该尊重他，让他有一些自己可以独立支配的时间，比如，晚上空余时间，孩子想睡觉，还是想看书等，我们不要干涉。

总之，随着孩子的成长，父母应给孩子越来越多的自由来控制自己的生活。父母必须有意识地要求自己，甚至是克制自己，不要有那种什么事都为孩子做的想法和冲动，给孩子充分的空间。

心理启示

孩子的成长需要自由的空间。自由就好像空气一样，孩子成长的过程中，没有自由，他们是无法健康、快乐成长的。因此，要想使孩子成长得更快，父母就需要给孩子提供足够的自由空间，而不要限制孩子的自由，从而使孩子生活在一个小小的“鱼缸”中。

第十名效应：谁是有出息的人

心理学故事：

在杭州市的天长小学，有个叫周武的老师，1989年，他受邀参加一次往届毕业生的聚会。这次聚会上，他发现一个奇怪的现象：那些担任副教授、经理的学生，在小学时成绩并非十分出色。相反，当年那些成绩突出的好学生，现在却成就平平。

这个现象引起了周武的好奇心，于是，他决定再进行一些验证试验。接下

来，他针对151个小学生进行了追踪调查。十年后，他发现，学生的成长是一个动态的过程。在这种动态变化中，小学生随着就读年级的升高，会出现成绩名次波动的现象：小学时主科成绩在班级前五名的学生，进入中学后名次后移的比例为43%；相反，小学时排在六到十五名的学生，进入中学后，名次往前移的比例竟为81.2%。

实际上，不仅周武，很多教师在教学的过程中，也发现了这样的现象，那些曾经学习成绩好的优等生，在进入大学或者参加工作后，并没有和在校时一样依然有出色的表现，也多半没能出人头地；而相反，往往在班里十名左右、成绩一般的学生，在社会生活和工作中却发挥了巨大的潜力，让人刮目相看。于是周武提出所谓“第十名现象”：第十名左右的小学生，有着难以预想的潜能和创造力，让他们未来在事业上崭露头角，出人头地。

这种后来居上的现象便是“第十名效应”。这个效应也告诉所有为孩子成绩担心的父母们，如果你的孩子成绩平平，不必为之担心，只要他有其他各方面的能力，比如，人际沟通能力、领导管理能力、创造力、协调力等，那么，你的孩子在未来社会就是一个全方位人才。而在家庭教育的过程中，我们也不可对孩子的成绩太过苛刻而忽视了孩子其他方面能力的培养。

实际上，一张成绩单并不能代表什么，一个人最终能否创出一番成就，与其在学校时的学习能力是没有必然联系的，而是看其创造性智力和实践性智力。因此，我们可以说，只以校园成就的高低来肯定或否定一个人，为时过早。我们所熟悉的爱因斯坦和比尔·盖茨在读书时代并不出类拔萃，可后来也成为了世人瞩目的科学家和企业家。

那么，“第十名效应”是怎么产生的呢？对此，周武通过对这些学生的跟踪调查总结出以下几个原因：那些太过注重成绩的学生，虽然他们总是能拿到第一、第二的好成绩，但他们所有的精力都投入到了学习上，便忽视了其他知识的猎取，知识面相对比较狭窄，心理承受能力也差，而同时，体育锻炼的缺乏也让他们变得体弱多病，于是，在参加工作后，根本无法胜任繁重的工作，也无法经受住挫折，最终只能碌碌无为。而相反，那些成绩第十名左右的学生，学习成绩不差，同时，他们并不死读书，在学习时，他们更注重方法和学

习能力的培养，另外，他们还喜欢参加各种社会活动、文艺活动、体育活动，他们对学习成绩不是过分在乎，因此，即使没考好，他们也能轻松面对，正因为如此，他们的心理承受能力明显比那些追求第一、第二名的学生强很多。在参加工作后，他们有足够的能力、体力承担各种压力，他们的表现也就更出色。

当然，这里所指的“第十名”，并不指的是那些正好是第十名的学生，而是一个泛指，指的是那些成绩处于中等水平的学生。

根据周武的解释，这个群体的共同特征是：他们并没有得到老师和家长的多少关注，但他们却有着更为自主性的学习动力。反过来，那些名列前茅的学生却因为得到长辈们过多的关注而抑制了学习的自主性。

总之，作为父母，我们需要明白的是，决定孩子能否成功和成才的是他的全面素质。为了孩子的长远发展，家长千万不能只看重孩子的学习成绩，而应培养孩子全面均衡发展，一张成绩单并不能代表一切。

心理启示

事实上，未来社会，一个人要想在激烈的竞争下有所作为，他就必须从孩提时代开始历练自己多方面的能力，如人际沟通能力、领导管理能力、创造力、协调力等。而这些能力都是在考试成绩中无法体现出来的。考试第一名并不代表他是综合能力最强的，因此，作为父母，我们不要对孩子的成绩太苛刻，而忽视了孩子其他能力的培养。

感官协同效应：多种感官齐上阵

心理学故事：

美国心理学家格斯塔曾做过一个实验：

有十名实验参与者，他们的智商相近，这十个人被分为两组，分别被分配到两个房间内。

格斯塔在两个房间内分别放了5本《圣经》，但第二个房间里比第一个房间多了几本宗教故事画集，并且，实验者还在第二组所在的房间内播放宗教音乐。然后，这十名参与者被要求背诵《圣经》。结果发现第二组成绩远优于第一组。

为什么会产生这样不同的结果呢？

心理学给出了一个解释——这是由“感官协同效应”造成的。科学家发现，一个人在面对一件事物时，从听觉和视觉获得知识分别是15%和25%，但若能把这二者结合起来，则能接收到65%的知识。

什么是感官协同效应呢？“感官协同效应”是指人们在收集信息的时候，参与的感官越多，所得到的信息就越丰富，所掌握的知识也就越扎实。也就是说，多种感觉器官一齐上阵，能够提高感知的效果。

在学习知识的时候，家长也可以根据感官协同效应，教育孩子要尽量使用多种感官，如用耳听，用眼看，用口读，或者亲身去做，这样才能达到最佳的效果。

其实，远在宋代的时候，大学者朱熹就曾发明了一种“三到”读书法，既心到、眼到、口到。这个方法被很多后人推崇，现代社会，这一方法仍然有效。

很多家长都可能有这样的烦恼，我们的孩子虽然学习刻苦，但却是收效甚微。而作为孩子自身，也会因此而丧失自信心。

为此，在帮助孩子提高学习效率的过程中，家长完全可以使用这种方法。你是否曾发现，你的孩子是个认真听讲的孩子，但一到家里，当你让他将课堂学习到的内容温习一遍的时候，他的印象并不深刻，这就是孩子不会听课的表现。

运用多种感官学习，已经成为很多成绩优异的孩子的“学习心得”，我们先来看看菲菲的学习方法：

菲菲的数学成绩一直特别好，在其他同学看来，她一定是个特别喜欢做题的人。而实际上，只有菲菲自己心里明白，她更喜欢动手，而这一点，是爸爸

教给她的。

上小学的时候，有一次，她遇到了一个数学难题，怎么算也算不出来，这时候，爸爸告诉她，为什么不动手试试呢？爸爸为她找来了一些火柴，她就这样比画着，没想到的是，原本很难的一道数学题，就这样解决了。

现在，菲菲已经上初中了，但她还是喜欢动手操作，这帮助她对很多图形有了透彻的了解。

这里，菲菲之所以能将数学学好，就是因为她采取了多种感官并用的方法，的确，学习的关键是理解，只要做到真正掌握每一堂课老师教授的内容，就能够学好功课。而要做到这点，首先就要做到认真听讲，力求做到“五到”，即耳到、眼到、口到、心到、手到。所以，作为父母，如果想要孩子取得良好的学习效果，就要告诉孩子在学习时尽量多使用几种感官。

具体说来，这几种感官包括：

耳到——即运用听觉系统。这需要孩子不但学会听老师的讲授，还要学会听同学们之间关于学习问题的讨论，听也是孩子接受知识的第一方法。

眼到——即眼看。孩子需要看的有教材、老师的板书、参考资料等。

口到——即口说。学会复述老师上课的内容是考查孩子是否真的将知识融为己有的一个重要方面。

手到——即手写。好记性不如烂笔头，上课的时候，将老师板书的重点记下来，有助于课后复习。

心到——对课上接触的新知识积极思考。这需要孩子发挥自己的主观能动性，而不是将学习当成一件苦差事和任务。

事实上，只有做到耳到、眼到、口到、手到、心到，多种感觉器官并用，才能将身体的各个部位一起参与学习，这样，大脑处理信息的能力和速度才会加强。另外，“五到法”可适用于各学科。总之，父母要让孩子明白，学习时耳朵、眼睛、嘴巴、手、心配合起来，就能产生很好的学习效果。

心理启示

作为父母，在帮助孩子学习这一点上，我们也可以根据感官协同效应，让孩子学会运用多种感觉器官。这是因为孩子在收集信息的时候，参与的感官越多，信息就越丰富，所学的知识也就越扎实。

天赋递减法则：别忽视孩子的早期教育

心理学故事：

生物学家达尔文曾经遇到过这样一件事：

一天，他接待了一位美丽的少妇，这位少妇带着自己的孩子来见达尔文，希望能向达尔文咨询一些有关儿童的问题。

“啊，多漂亮的孩子啊！几岁了？”看到这么漂亮可爱的孩子，还没等少妇开口，达尔文就高兴地问少妇。

“刚好两岁了”，少妇诚恳地对达尔文说，“你知道，当父母的总是希望孩子成才的，您是个杰出的科学家，我今天特地带孩子来求教，请问对孩子的教育什么时候开始才好呢？”

“唉，夫人，很可惜，你已经晚了两年半了。”达尔文惋惜地告诉她，“孩子自出生之日起，就会通过嘴、舌头及其他感官来探知外界事物。”

这个故事中，达尔文为什么这样回答少妇的问题。因为在他看来，孩子的教育越早越好。关于这一点，心理学上有个著名的天赋递减法则，即儿童的天赋随着年龄增大而递减，教育得越晚，儿童与生俱来的潜能就发挥得越少。大量的科学研究表明：儿童的潜能培养都遵循着这一奇特的规律。

在教育孩子这一问题上，可能很多家长会认为，培养孩子某一方面的特殊的天赋，应该在孩子成长到一定阶段后才开始，事实上，这种观点是错误的。一个人，随着年龄的增长，他对周围的环境会越来越适应，身体机能也随之发

生了相应的变化，内在能力会逐渐消失。因此，专家建议，早期教育很重要，最好在孩子0岁就开始。

也有家长认为，如果一个孩子真的有天赋，那么，他并不需要进行特别的教育。事实上，人的大脑在刚开始发育时是大脑感应度最强的时期，随着年龄的慢慢增长，感应度开始逐步减退，就和绷紧了的弦一样慢慢松弛下来。

以外语学习为例，如果你的孩子在十岁以后才接触英语，那么，即使他的笔试成绩很好，但他口语绝对不纯正。甚至不少专家认为，对于钢琴而言，如果一个孩子不从五岁开始练习，那么，他就不可能达到很高的境界。而小提琴的最佳学习年纪则更早，专家认为是三岁。也就是说，早期教育能造就天才，儿童的能力如果不在发展期内进行培养，就会出现儿童潜能递减的现象。

我们每个人，自从来到这个世界开始，就具有某种潜在的能力，而在我们出生后的前几年，正是开发和挖掘这种潜能的最佳时期。这里，假如我们把一个孩子生来就有的潜能以100分来计算，如果从5岁开始教育孩子，那么，他长大以后可能有80分的能力；而从10岁开始教育，就只能达到60分，而从15岁开始教育的话，孩子的能力还能不能被挖掘出来都尚未可知。

当然，家长在对孩子进行早期教育时，还要注意两个问题：

1.不能拔苗助长

一些家长对孩子期望太大，害怕孩子输在起跑线上，因此，在孩子学龄前，他们就开始对孩子进行各种智力投资，让孩子学这学那，重视孩子的早起教育是好事，但如果太过心急，反倒会起到反作用。

2.注意方法，最好能寓教于乐

生活中，有一些父母，在孩子很小的时候，就让孩子识字，但他们却不讲教育方法，仅仅在纸上写几个字，让孩子照葫芦画瓢，进行模仿。这样教育，孩子毫无兴趣，自然也学不好。而父母便认为这是在偷懒，往往采取惩罚的手段。这样的教育方法，只会让父母累，孩子苦，还收效甚微。还容易造成孩子的逆反心理，在将来上学后，也会对学习发怵，甚至出现逃学的行为。

因此，对孩子进行早期教育，我们一定要重视方法，最好能寓教于乐，因为对于婴幼儿阶段的孩子来说，本身他们大部分的时间都是在玩中度过的。因此，当你的孩子开始在草地上摸爬滚打的时候，千万不要呵止孩子，这是引导孩子掌握平衡和灵活性的最佳时期。如果你的孩子大点了，你可以放手让他和同龄孩子参加游戏。

这样，在玩乐中，使得智力、想象力、创造力、与人交往的能力等都得到锻炼，这些都是将来接触社会时必须掌握的。

因此，我们可以说，让孩子在婴幼儿时期有充分玩的机会，对于孩子的智力和非智力因素的发展都是极为重要的，同时，也能避免孩子出现某些身心上的障碍。

心理启示

很多父母没有意识到儿童的智力发展是遵循天赋递减法则的，因此，早期教育是开发儿童潜能的必要方式之一，早期教育更容易造就天才。作为父母，你要知道，越早对你的孩子进行教育，开发他们的潜能，你的孩子成功的概率就越大，但同时，我们也要注意方式方法，不可操之过急。

标签效应：你给孩子贴的什么标签

心理学故事：

曾经有一位科学家，在他成长的过程中，他的母亲对他的影响很大。

在他很小的时候，一次，妈妈让他从冰箱里拿出一瓶牛奶，但他竟然一不小心把牛奶瓶子掉到地上摔破，就这样，一瓶牛奶洒得到处都是，他害怕极了，生怕母亲会骂他。

谁知道，母亲听到声响后，走到厨房，并没有生气，而是对他说："哇，你制造的混乱还真棒！我还没见过这么大的奶水坑呢，你看，我们要不要做个游戏，看看我们能用多久时间将它清理了？不过我们可以先玩几分钟。"

几分钟后，母亲说："你知道，现在这个混乱是你造成的，你是男子汉，

应该自己摆平这件事，现在家里有海绵、毛巾，还有拖把，你想怎么处理？”孩子选了海绵，于是她们一起清理满地的牛奶。

等母子俩打扫完之后，母亲又说：“我知道，你肯定不是故意打翻牛奶的，刚才你想用你的一双小手拿起大牛奶瓶子的尝试已经失败了。这样吧，现在你要不要再试一次，看看能不能重新把这件事做好。现在我们到后院实验吧。”母亲建议他把瓶子里装满水，看看有没有办法把它拿起来，他同意了妈妈的建议，并且再一次将装满水的牛奶瓶抓在手上，这一次他发现，如果用双手抓住瓶子顶部接近瓶口的地方，他就可以拿住它。

后来，这位科学家回忆说，他有一位伟大的母亲，他的母亲一直对他采用这样独特的教育方式，这让他从来不害怕犯错误，并且，他的母亲让他认识到，错误只是学习的机会，科学实验也是如此。即使实验失败，我们还是会从中学到有价值的东西。

故事中的这位母亲在教育孩子这一问题上很有智慧。对于犯错的孩子，她并没有严厉批评，而是鼓励孩子找到更好的解决方法。而事实证明，她的孩子是出色的。这里，我们不得不说，这是积极的心理暗示的作用。

生活中，我们常听到这样一句流行语：“说你行你就行，不行也行；说不行就不行，行也不行。”从心理学的角度讲，这句话有一定的道理。一个人的成长，除了先天因素外，种种影响因素中，社会评价和心理暗示起着非常大的作用。而在他们成长的过程中，他们最信任、最亲近的人就是父母，如果父母给他们的评价是积极的；那么，孩子长大后就会自信、开朗、勇敢。

这就是心理学上常说的“标签效应”。所谓“标签效应”，指的是，当一个人被他人贴上一定的名称标签后，他的行为会自动地与这一标签的内容相一致，这是因为他们做出了自我印象管理。

心理学认为，之所以会出现“标签效应”，主要是因为，“标签”具有定性导向的作用，标签无论是好的还是坏的，它对一个人的个性意识都会产生强烈的影响作用，给一个人“贴标签”的结果，往往是使其向“标签”所喻示的方向发展。这里，我们看到了正面标签对一个人的积极影响。

孩子的世界是简单的，他们的情感也是最直接的，作为父母，你给他贴

上什么标签，他就会做出与标签一样的事情来。比如，如果你赞扬他是个乖巧的孩子，那么，他就会按照你的意愿，处处都表现得乖巧：不说脏话，主动做家务，不与小朋友打架等；相反，如果你说他不听话，那么，他就会骂人、打人，做出一些让人生气的事情来。

因此，在家庭教育中，每一位父母都应该认识到标签效应的显然性，尽量不要给孩子贴负面标签，当孩子受挫后，你应该尽力找出孩子的闪光点，把这个亮点放大，贴在他身上，他就会向着你期望的目标一步一步靠近。

那么，作为父母，该如何让贴标签产生积极的作用呢？

1.多看孩子的优点

教育要严格，并不是说要将孩子批评得一无是处，为此，我们最好从多方面、多层次了解和评价，不能只盯住孩子的缺点。

2.多鼓励你的孩子，而不是总给孩子贴负面标签

是孩子总会犯错，父母要给孩子改错的机会，并鼓励孩子，每个孩子都是不断地在犯错、认错、改错中成长的。错误是这个世界上的一部分，与错误共生是人类不得不接受的命运。父母切不可因为孩子的一次错误而给孩子贴上永久的负面标签。

3.夸奖孩子，也要适度

孩子有好的表现时，父母一定要给予表扬，赞赏之言可以稍微夸大，这有利于增强孩子的自信心，但是不宜过分夸大。

心理启示

孩子毕竟是孩子，对于别人给自己的评价，孩子会下意识地产生一种认同感，并进而以此塑造自己的行为。而且，这种评价出现的次数越多，对孩子的心理和行为的塑造固化作用越强，甚至会左右其终生。

天鹅效应：千万别溺爱孩子

心理学故事：

从前，在山脚下，有个美丽的湖，湖中心有一个小岛，岛上住着一个老渔翁和他的妻子。平时，渔翁摇船捕鱼，妻子则在上面养鸡喂鸭，除了买些油盐，他们很少与外界往来。

有一年秋天，一群天鹅来到岛上，它们是从遥远的北方飞来，准备去南飞过冬的。老渔翁看到这群“稀客”，非常高兴，因为他们在这儿住了那么多年，还没有谁来拜访过。渔翁夫妇为了表示他们的喜悦，拿出喂鸡的饲料和打来的小鱼喂给天鹅们吃。看到老渔翁对自己这么好，天鹅们居然在岛上住了下来。

在岛上，它们不仅敢大摇大摆地走来走去，而且在老渔翁打渔时，它们还随船而行，嬉戏左右。

转眼，冬天来了，这群天鹅没有继续南飞。湖面封冻，老夫妇就敞开他们的茅屋让它们在屋子取暖，并且给它们喂食，这种关怀一直延续到春天来临，直至湖面彻底解冻。

日复一日，年复一年。这对老夫妇就这样奉献着他们的爱心。

有一年，他们老了，离开了小岛，天鹅也从此消失了。不过它们不是飞向南方，而是在第二年湖面封冻间饿死了。

故事中，这群天鹅为什么会饿死？因为老渔翁对它们的爱太多了，以至于他们丧失了觅食和取暖的能力。尽管这种爱是无私的，但却害了这群天鹅。这就是心理学上“天鹅效应”的由来。

在这个世界上，人人都赞美无私的爱，可是，有时爱也是一种伤害，并且是致命的。

中国有一句古语：“惯子如杀子”。这句话是永恒不变的真理。因此，为人父母，我们必须要记住，爱孩子也不能溺爱孩子。

生活中，我们常听到一句话——“严父慈母”，但同样还有一句话：“慈母多败儿”，这里的“慈母”，指的就是宠溺孩子的母亲们，也就是溺爱。溺爱对孩子的危害是明显的。我们不难发现，社会上不少富家子弟，他们受到过分溺爱的毒害，造成他们任性固执、追求享受、独立性差、意志薄弱、责任感淡漠等弱点的社会现象。因此，任何一位家长都应该明白，溺爱孩子其实就是害孩子。

著名的伊索寓言里有这样一个故事：

一个少年在盗窃时被抓住了，第二天，他就要被押赴刑场。母亲来看他，失声痛哭。这时，被反绑着手的儿子转过身来，对母亲说：“我有句心里话想对你说。”

母亲凑过去，没想到儿子却一口将自己的耳朵咬了下来。母亲骂儿子不孝，犯了罪还不够，还把母亲的耳朵咬下来。

那少年犯说：“假如我第一次偷了同学的写字板回来给你的时候，你打了我，我就不至于胆子越来越大，现在要被处死。”

这只是一则寓言故事，但我们却能看到父母的溺爱对孩子的人生将会产生多大的负面影响。

然而，生活中，很多家庭都是独生子女，孩子成了家中的小公主、小皇帝，随着物质生活水平的提高，孩子要什么有什么，父母对他们呵护有加，爱护过度成了家庭教育的主流，这就是溺爱型教育。这样，只能让孩子养成依赖性和惰性，缺乏毅力和恒心，缺乏奋斗精神，将来也无法立足于社会。

一般来说，溺爱孩子的表现有：为孩子包揽一切，不让孩子受一点苦；孩子犯了错，护短；生怕孩子受一点委屈；对于孩子的任性听之任之等。

大家都知道我们的独生子女，从诞生那天起，把全家的目光都吸引过来了。因为是独生子，所以各个方面都会受到关注。事实上溺爱孩子会对他们的自身发展产生消极影响，包括他的成长、学习、价值观的确立、社会发展、孝敬父母方面等，都构成了诸多的害处。

其实，溺爱并不是真的爱孩子，而是对孩子独立权利的一种剥夺，它可能造成孩子在未来社会一种能力、智力乃至心理和精神上的一种残疾，这比身体残疾更可怕。

因此，任何一个家长，要吸取前车之鉴，学会理性地对待孩子，放手让孩子自己成长。

心理启示

任何父母都是爱孩子的，都希望孩子健康、快乐的成长，但我们要明白，什么是真正的爱。爱孩子就决不能溺爱孩子，因为溺爱属于教导方面的异常，是一种家庭功能失调，是家长对子女一种畸形的爱，也是一种失去理智、直接影响孩子身心健康发展的爱。不妨让孩子吃点苦，让他明白什么是真正的生活，使他成长为一个健康、健全的人！

甘地夫人法则：适当的挫折教育不可少

心理学故事：

印度前总理甘地夫人，不仅是一位非常杰出的政治领袖，更是一位好母亲、好导师。在她教育儿子拉吉夫的过程中，曾有这样一次经历：

大儿子拉吉夫12岁的时候，生了一场大病，医生建议他做手术。手术前，医生和甘地夫人商量术前的一些事，医生打算说一些安慰的话让拉吉夫轻松面对手术，他安慰孩子：手术并不痛苦，也不用害怕。然而，甘地夫人却认为，拉吉夫已经懂事了，应该学会独立面对了。所以，她阻止了医生。随后，甘地夫人来到儿子床边，平静地告诉拉吉夫："可爱的小拉吉夫，手术后你有几天会相当痛苦，这种痛苦是谁也不能代替的，哭泣或叫苦都不能减轻痛苦，可能还会引起头痛，所以，你必须勇敢地承受它。"

手术后，拉吉夫没有哭，也没有叫苦，勇敢地忍受了这一切。

关于孩子的教育，甘地夫人有自己的心得，她认为，生活本来就不是一帆风顺的，有阳光就有阴霾，孩子在成长的过程中，有快乐，也就会有坎坷。而

一个个性健全的孩子就是要接受生活赐予的种种，这样，才能从容不迫地应对未来生活的各种变化。这就是人们常说的甘地夫人法则。

人们常说，“自古英雄多磨难。”这句充满智慧的警句，生动地说明了一点：父母培养孩子从小学会应对挫折，会使孩子终身受益。实践告诉我们，要教育好下一代，除了教孩子掌握一定的科学文化知识和技能外，还必须帮孩子塑造良好的思想素质，人只有经历过挫折，从小培养顽强的意志力、忍耐力，坚韧不拔、不屈不挠的精神，最终才会获得成功，才能在竞争中立于不败之地。给孩子一点挫折，对孩子的一生是大有益处的。放开手让孩子独立面对生活的各个方面，让其自己解决，孩子几经如此“折磨”，将来就不会像温室里的豆芽那样，一碰就断。这就告诉父母，挫折教育必不可少。

困难和挫折是一所最好的学校，在这所学校里，孩子能历经磨炼，“艰难困苦，玉汝以成”。没有尝过饥与渴的滋味，就永远体会不到食物和水的甜美，不懂得生活到底是什么滋味；没有经历过困难和挫折，就品味不到成功的喜悦；没有经历过苦难，就永远感受不到什么叫幸福。尽管每位父母都不想让孩子去经历苦难，希望他们的人生路上充满笑脸和鲜花，但生活是无情的，每个人的人生路上都会遇到各种各样的苦难，畏惧苦难的人将永远不会有幸福。

父母作为孩子的第一任老师，无论你对孩子的期望有多大，希望孩子将来从事什么样的职业，现在我们都应该帮助孩子学会如何面对挫折和困难，而不是一味地宠溺孩子，不让孩子经受一点风浪，这看似爱孩子，实际上是害孩子，只能让他们长大后陷于平庸和无能。

当孩子在生活和学习中遇到困难时，家长应教育孩子克服依赖思想，鼓励孩子独立面对困难。只有当孩子充分地感受到挫折带来的痛苦体验时，才会激发他们考虑如何解决问题、克服困难。若这个过程经常得到强化，孩子就会在挫折情境中由被动转为主动，从而战胜困难。

而同时，家长也要考虑到孩子还有一定的依赖性，对孩子放手固然正确，但要适度，孩子对挫折的承受能力有限，当孩子每次受挫时，家长要及时告诉孩子：跌倒了，自己爬起来，这就给了孩子一种能力的肯定，此时的挫折教育才是有意义的。

总之，挫折是一种珍贵的资源，也是一种人生的财富。古今中外的理论和实践都证明：挫折教育可以增强孩子的适应能力、磨炼意志、形成自我激励机制，有着其他教育所无法替代的作用和价值，这正是孩子成长所必不可少的“壮骨剂”。但挫折教育也需要家长的引导，父母应引导和培养孩子在不同情境下战胜挫折的应变能力，激发孩子的知识积累和大脑潜能，激发他们探究未知事物的兴趣，提高解决问题的能力，并从中获得可贵的人生智慧和坚忍的意志品质。

心理启示

父母要想使孩子在充满竞争的社会中立足，必须对孩子从小进行挫折教育，培养他们坚韧不拔的意志和毅力，就能够敢于面对挫折，不怕失败，跌倒了自己爬起来，勇于接受艰难困苦的磨炼，这也是父母应尽的义务和责任。

德西效应：奖励也不能滥用

心理学家德西曾进行过一次著名的实验：

这一实验的研究对象是一群大学生。在这一试验中，这些学生需要解答一些有趣的智力难题。实验分三个阶段：

第一阶段，参与实验的所有人在解题时都没有奖励；

第二阶段，所有的人被分成两组，一组被称为实验组，一组是控制组，前者是有奖励的，被试者完成一道难题就能获得一美元，而后者是无奖励的；

第三阶段，这个阶段里，被试者可以自由选择答题或者停止。

结果表明：这些参与实验的人中，实验组被试者在第二阶段十分努力，而在第三阶段，被试者的积极性就降低了不少，愿意继续解题的人变得很少，表明兴趣与努力的程度在减弱；而相反，无奖励被试者却在第三阶段表现得比前

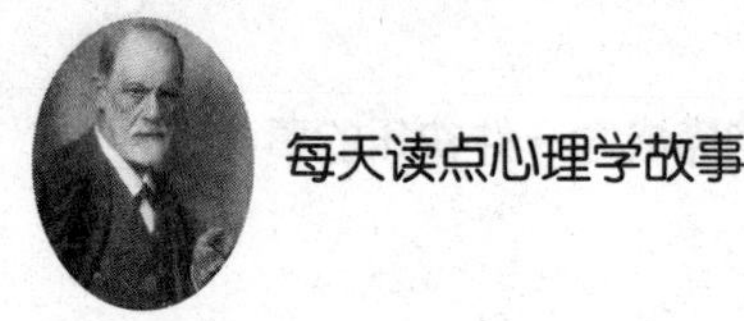

者积极很多。

德西在实验中发现：在某些情况下，人们在外在报酬和内在报酬兼得的时候，不但不会增强工作动机，反而会减低工作动机。此时，动机强度会变成两者之差。后来，心理学家把这种规律称为“德西效应”。

从这一实验中，我们得出结论，对于一项令参与者感到愉快的活动，如果对参与者提供外部奖励，反而会削弱活动对参与者的吸引力。这就是著名的德西效应。那么，德西效应是怎样产生的呢？

心理学认为，动机是一个人发动或抑制自身行为的内部原因。当动机达到最佳水平时，活动效率就会达到最高；而动机不足则会使活动效率降低。可见，为了鼓励孩子继续努力做某件事，奖励孩子，一定要注意适当、正当奖励，要以精神奖励为主、物质奖励为辅，并让孩子拥有主导权，从而最终起到奖励孩子的目的。

天下的父母内心最深处都希望自己的孩子有出息，以后过上美满幸福的生活，这一愿望能不能实现，就看我们为孩子的成长做了什么，更要看我们是怎样做的。切记，勿让“德西效应”在教育中滋生蔓延。而事实上，生活中的一些父母是这样教育孩子的：比如，为了鼓励孩子好好学习，就对孩子说：“如果这次期末考试你能考一百分，暑假我就给你买个笔记本。”“要是你能考进前五名，我就给你买双××鞋。”等等。家长们也许没有想到，正是这种不当的奖励方法，将孩子的学习兴趣一点点地浇灭了。

教育学家认为，正确的奖励有助于培养孩子的自我意识和独立能力。很多家长也发现，想要让孩子变得乖巧听话，就要时常奖励他们。但是奖励也是有讲究的。家长即使要奖励孩子，也一定要注意从树立孩子的远大理想这一方面出发，尽量奖励一些对孩子学习有帮助的东西，奖励一些对孩子成长有帮助的精神奖励等。

在孩子取得一定进步的时候，可以采用多种形式的奖励。但具体说来，我们应遵循以下几条原则：

1.可让孩子选择奖励的方式

采取这一奖励方式对孩子自主能力的培养是很有帮助的。例如，当孩子

取得好成绩后，你可以问问孩子的意见，让他自己决定想得到什么……给孩子一定的主导权，才是最受孩子欢迎的奖励。同时，这种给孩子更多主导权的奖励，十分有助于孩子多种能力的培养。

2.注意奖励的度

我们可以偶尔对孩子进行一些物质奖励，但孩子毕竟是孩子，他们还不知道物质财富来之不易，也没有赚取物质财富的能力，因此，我们没有必要对其奖励一些高消费产品。另外，多数家庭的经济收入也并不允许父母这么做。再者，对孩子奖励太过贵重的东西，容易让孩子产生虚荣心、攀比心，这样既达不到奖励的效果，又娇纵了孩子，与奖励的初衷背道而驰，显然是不合适的。

3.奖励缘由不要只放在学习成绩上

如果我们只是在孩子取得好的学习成绩时才奖励孩子，那么，孩子就会认为，“只有学习才是重要的”，这对孩子综合能力和良好品质的形成是不利的，所以，只要孩子在任何一方面有进步，我们都应该奖励，比如，孩子助人为乐、孩子在游戏中获胜等。

4.不可失信于孩子

无论你答应给孩子什么奖励，你都要做到，这样的奖励才会让孩子心服口服，达到奖励的预期目的。

5.精神奖励为主

其实，孩子最需要的是父母的肯定和鼓励，因此，有时候，我们一句真诚的“你真棒”，比给孩子物质奖励都能让孩子产生热情。

当然，我们可选择的对孩子的精神奖励的范围很广，比如，可以为孩子唱一首歌，陪孩子看演唱会或者给孩子买本书等，都能达到激励孩子的目的。

心理启示

从“德西效应”中，我们不难看出一点，对孩子采取奖励措施，只有在正当的情况下，才能产生积极的作用，否则会适得其反。一味奖励会使学生把奖励看成学习的目的，导致学习目标的转移，而只专注于当前的名次和奖赏物。因此，作为父母，要特别注意正确使用奖励的方法而不能滥用奖励，要避免“德西效应”。

第五堂课

听心理学家讲健康心理故事：做情绪的主人，拥有阳光心态

有人说，人都是情绪化的动物，诚然，即使再理智的人，也经常会因为各种情绪而影响自己的心情。情绪大致可以分为积极情绪和消极情绪。积极的情绪可以引导我们以正确、恰当的方法做人做事，引导我们成功，而相反，在消极情绪的引导下，我们很有可能会做错事而追悔莫及。不得不承认，琐碎的生活和繁重的工作压力，常常让我们感到心情烦躁，对此，我们每个人都要掌握一些培养积极情绪的心理学方法，只有这样，我们才能做情绪的主人，拥有正能量，才能快乐地生活。

霍桑效应：有了负面情绪一定要宣泄出来

心理学故事：

在20世纪20年代中期，有一家名为霍桑的工厂，它是美国西部电器公司的一家分厂。为了提高工作效率，这个厂请来包括心理学家在内的各种专家，在约两年的时间内找工人谈话两万余人次，耐心听取工人对管理的意见和抱怨，让他们尽情地把情绪宣泄出来。

令人惊讶的是，“谈话试验”真的起作用了，那些接受谈话的工人们，他们不再抱怨，干活也很起劲，工厂的产量自然大幅度提高。那么，为什么会有

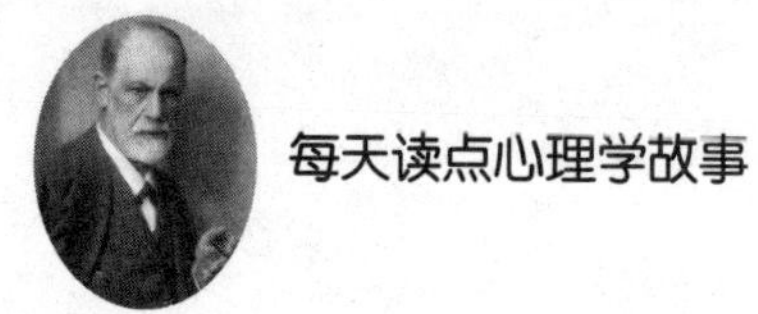

这样的结果呢？

原来，这些工人们在长期的工作中，逐渐认识到工厂的规章制度、福利待遇的不合理性，并心生不满，但这些不满情绪又得不到倾诉和宣泄，经过长年累月的积累后演变为抱怨、抵触等负面情绪，他们将这种情绪带到工作中，自然会影响工作的效率。而“谈话试验”使他们将这些不满尽情地宣泄出来，从而感到心情舒畅，干劲倍增。

社会心理学家将这种奇妙的现象称为“霍桑效应”。所谓“霍桑效应”，是指那些意识到自己正在被别人观察的个人具有改变自己行为的倾向。霍桑效应告诉现实生活中的人们，不良的情绪会影响到我们的生活和工作，只有及时得到宣泄，保持良好的心情，才能以最佳的精神状态投入到工作和学习中。

每个人都会对身边的事情产生情绪，因为人类本身就是情绪化的动物，都有喜怒哀乐，那些脾气好的人也并不是没有情绪，也并不是一味地压制自己的情绪，而是懂得以正确的方式排解心中的不快，而不是将坏情绪传染给身边的人，让他们成为我们情绪宣泄的对象。面对消极情绪，我们要找到合理宣泄的方式，把情绪放下。

美国《读者文摘》中记载了这样一个故事：

一天深夜，一个医生刚刚值班回来，累得倒头就睡，可谁知，刚入睡，就接到一个电话，还没等医生问对方的姓名，这位妇女就开始骂骂咧咧起来：“我恨透他了！”

“他是谁？”医生问。

“他是我的丈夫！”医生心想，女士肯定拨错了电话，于是善意地提醒她：“你打错电话了。”

然而，这位女士好像压根儿没听到医生的话，还是继续说个不停：“我一天到晚照顾四个小孩，他还以为我在家里享受，太累的时候我也想出去散散心，但是他却不允许，而他自己天天晚上出去，说是有应酬，谁会相信……”

尽管这位医生一再打断她的话，告诉她，他并不认识她，但是她还是坚持把自己的话说完。最后，她对这位素不相识的医生说：“您当然不认识我，可是这些话已被我压了很久，现在我终于说出来了，舒服多了，谢谢您，对不

起，打搅您了。”

这里，我们可以再次发现，宣泄对于一个人的情绪调节有很大的作用，而一味压抑自己的情绪，不良情绪长期得不到宣泄，会使人们在心理上形成强大的潜压力，导致精神忧郁、孤独、苦闷等心理疾病。一旦这种心理压力超越了人们的承受能力，甚至会导致精神失常。

确实，生活中，让我们产生负面情绪的事情实在太多，但如果一味地压制这些情绪，问题也并不会因此解决，同时，积压在身体内部的负面能量反而不利于我们的身心健康，比如会引发头痛、胃病等，所以，压抑绝不是面对愤怒的最好方法。

所谓合理发泄情绪，是指心中产生不良情绪时，在发泄的时候，选用合适的方式方法，选择适当的场所。具体有以下几种发泄悲观情绪的方法：

1.倾诉法

当你觉得内心憋闷、心情抑郁时，可以选择倾诉的方式来排遣，倾诉的对象可以是你的朋友、同事，也可以是你的亲人，使消极情绪发泄出去后，精神就会放松，心中的不平之事也会渐渐消除。

2.转移法

美国金融公司经理伍德亨先生能够取得辉煌的成就，得益于他年轻时养成的一种调整情绪的习惯。那时，他还是一个公司里的小职员，受到同事们的轻视。

一次，他忍无可忍，决定离开这个公司。临行前，他用红墨水把公司里每一个人的缺点都写在纸上，将他们骂得体无完肤。骂完后，他的怒气逐渐消去，决定继续留在公司。从那次以后，每当心中愤怒的时候，他总是把满腹牢骚都用红墨水写在纸上，立刻感觉轻松不少，好像一个被放了气的皮球一样。这些纸条一直被他隐藏起来，从不拿给别人看。后来，同事们知道他的这种宣泄怒气的方法后，都觉得他极有涵养。上司知道后，也对他青睐有加。

坏情绪是影响人际关系的“无形杀手”，然而，我们却无一例外地受七情六欲的影响和支配，被各种情绪所困扰。我们要学会转移，通过其他行为，转移自己的注意力，而逐渐淡化情绪。

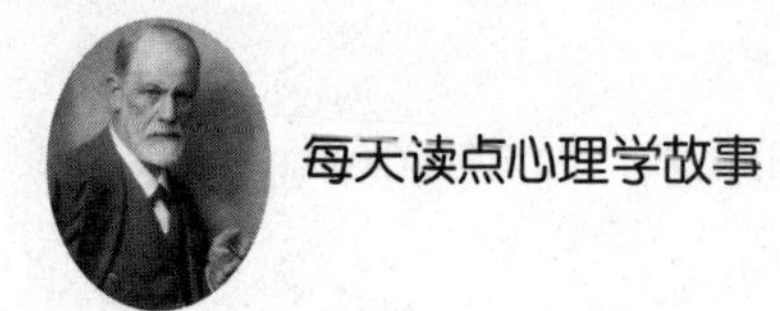

3.哭泣

当你遭到突如其来的灾祸，精神受到打击心里不能承受时，可以在适当的场合放声大哭。这是一种积极有效的排遣紧张、烦恼、郁闷、痛苦情绪的方法。

心理启示

人不仅要有感情，还要有理智。如果失去理智，感情也就成了脱缰的野马。在陷入消极情绪而难以自拔时，我们不能压抑，而应该适时找到宣泄的方式，才能及时卸下包袱，继续上路！

马太效应：没有绝对的公平

心理学故事：

有这样一个故事。

从前有一个国王，他要进行一次远行，在出门前，他交给三个仆人每人一锭银子，并吩咐他们说："这些钱是我给你们做生意的本钱，等我回来时，你们再带着赚到的钱来见我。"

国王回来时，他的第一个仆人说："陛下，你交给我的一锭银子，我已赚了10锭。"国王很高兴并奖励了他10座城池。

第二个仆人报告说："陛下，你给我的一锭银子，我已赚了5锭。"于是国王便奖励了他 5 座城池。

第三个仆人报告说："陛下，你给我的银子，我一直包在手巾里存着，我怕丢失，一直没有拿出来。"

于是国王命令将第三个仆人的那锭银子赏给了第一个仆人，并且说："凡是少的，就连他所有的，也要夺过来。凡是多的，还要给他，叫他多多益善。"

后来这一现象被人们称之为“马太效应”。马太效应反映了当今社会中存在的一个普遍现象，即强者越强、弱者越弱的现象。事实上，在我们的生活中，马太效应也是处处存在的。

以一个班级为例，那些学习上的尖子生，老师就会认为他们在其他方面也是优秀的，并对他们抱以很高的期望，于是，在这种激励下，他们的表现会越来越好，而那些学习成绩差、调皮的学生，就会受到老师的冷落、同学们的孤立等。

再以职场为例，那些工作上小有成就的员工，在获得奖励和鼓励后，他们的工作积极性会更高，业绩会越来越好。而那些表现一般的员工，在被冷落后，也就逐渐变得消沉、做一天和尚撞一天钟，到最后，成为公司可有可无的人。

生活中，我们总是强调人人平等，公平竞争，但实际上，这个世界上没有绝对的公平。人的心理常常受到伤害的原因之一，就是要求每件事都应当公平。在这种想法的引导下，人们一旦受到不公平的待遇，便开始抱怨、发泄内心的不满，而其实，我们完全没有必要苛求绝对的公平，这是一种不明智的做法。

每当人们遇到不公正的待遇，不难想象，他们多半会在事后向周围的亲人、朋友抱怨，也可能会把不满情绪发泄出来，而这样的心态，是很不利于我们的生活和工作的，也会对个人发展产生消极影响。根据马太效应，我们不难看出，一个人如果获得了成功，什么好事都会找到他头上。其实，人活于世，无论遇到什么，都绝不可以怨天尤人，人最大的敌人是自己。态度积极主动执着，那么你就赢得了物质或者精神财富，获得财富后，你的态度更加强化了你的积极主动性，如此循环，你才能把马太效应的正效果发挥到极致。

为此，对于不公正待遇，我们需要从以下几个方面做出心理调整：

首先，我们要学会将注意力放在自己身上，而不是别人，多关注自己，就不会因为比较而出现不公平的心态了。

其次，多关注生活中快乐的事。这时，你就会发现，心情豁然开朗。生活中的诸多快乐正一件接一件迎面而来，即使不是一个好天气，你都会感到内心的喜悦。

总之，我们一定要明白，在这个世界上，总是有这样那样不公平的事，没有百分之百的公平，越是苛求所谓的公平，那么，你就越会觉得自己正在遭受不公平的待遇。所以要摆正心态，不必事事苛求百分百的公平，否则就是自己和自己过不去。要把注意力放到重要的事情上面，这样，在不断的自我充实过程中，你就会发现，随着自身实力的增强和个人的成长，那些不公平的现象也会逐渐远离自己。

心理启示

我们每个人都希望能得到绝对公正的待遇，而实际上，绝对的公平是不存在的，对此，一定要学会摆正自己的心态，注重自己的生活，而不要把眼光放在他人的表现上，否则，只是徒增烦恼而已。

海格力斯效应：放下仇恨，放过自己

心理学故事：

古希腊神话故事中有位大英雄，叫海格力斯。一天，他走在坎坷不平的路上，看见脚边有个像鼓起的袋子样的东西，很难看，便踩了那东西一脚。谁知那东西不但没被海格力斯一脚踩破，反而膨胀起来，并成倍地加大，这激怒了海格力斯。他操起一根木棒砸下去，结果那东西竟膨胀到把路也堵死了。海格力斯奈何不了它，正在纳闷，这时一位圣者走到海格力斯跟前说："朋友，快别动它了，忘了它，离它远去吧。它叫仇恨袋，你不惹它，它便会小如当初；你若侵犯它，它就会膨胀起来与你敌对到底。"

"以牙还牙，以眼还眼"，"以其人之道还治其人之身"，这就是心理学上的"海格力斯效应"。海格力斯效应是指一种人际互动，它是一种人际间或群体间存在的冤冤相报、致使仇恨越来越深的社会心理效应。海格力斯效应会

使人陷入无休无止的烦恼之中，错过人生中许多美丽的风景，再没有真正的快乐，再没有新的进步了。

人类是这个世界上情感最为复杂的动物，与爱相伴相生的还有恨。仇恨是人类情感的毒素。我们看到，仇恨所产生的报复在这个世界上随处可见。因为仇恨，有些人嗜杀他人的生命；因为仇恨，亲人间反目成仇；因为仇恨，朋友间老死不相往来。仇恨的后果是危害社会，使人被伤害，同时自己也被伤害。仇恨吞噬生命、肉体和精神的健康。冤冤相报是我们所不愿看到的。看穿历史和现实的愤懑仇恨，我们发现，仇恨已是往事，何必执拗？放下它，不仅释放了别人，更释放了你自己。而那些心怀仇恨的人与奸诈的人看似受不到别人伤害，但是“毒素”首先伤害的便是他们自己。

其实，大家都在向往着幸福，我们应该心存感激的生活。仇恨不会让你快乐，无疑，它是你感情上的累赘。而你所恨的人，也许对你曾经所做出的伤害也是无意的，仇恨使你产生报复的行为，而反过来，被伤害的对方也会再次拿起反抗的武器，正所谓冤冤相报何时了？将心比心，你也知道恨一个人的痛苦，何必要多一个人来痛苦呢？

因此，不要再执拗地将仇恨放在心里了，这会让你失去理智。是的，仇恨有什么意义呢？何不放下它，保留一个完美的结局，而非“两败俱伤”。当仇恨在我们心中化解的时候，你会发现做人原来是这样轻松惬意，幸福心情是这样垂手可得，人生是这样美妙神奇。

那么，我们该如何放下仇恨呢？

1.学会宽容，懂得忍耐

很多时候，我们都需要宽容，宽容不仅是给别人机会，更是为自己创造机会。

只有忘记仇恨，宽宏大量，才能与人和睦相处，才会赢得他人的友谊和信任，才会赢得他人的支持和帮助。

2.转换角度，找出事情良性的一面

每件事情都有两面性，有好的一面，就有坏的一面。人之所以仇恨，就是因为人只看见了坏的一面，如果你试着向好的一面看，仇恨也许就会消除。

3.找到令自己快乐的钥匙

专栏作家哈里斯和他的朋友在报摊上买报纸，朋友礼貌地对报贩说了声“谢谢”，但报贩却冷口冷脸，没发一言。“这家伙态度很差，是不是？”他们继续前行时，哈里斯问到。“他每天都是这样的。”朋友说。“那么你为什么还是对他那么客气？”哈里斯问。朋友答：“为什么我要让他决定我的行为？”

每个人心中都有一把“快乐的钥匙”，但我们却常在不知不觉中把他交给别人掌管。我们身处的地方，不论是环境、人、事、物都很容易影响我们的情绪，可是千万不要忘了，决定快乐的钥匙，只在你自己手中！

可见，放下仇恨，也就拯救了自己，生活中的许多小摩擦、小误会、小睚眦更应该放下，如果你不喜欢在现实生活中遇到的同事、朋友、邻居、陌生人等，何不尝试放下心中不愉快的想法和做法，与人为善，也就与己为善；与人方便，也即与己方便，或许你会因此活出自己的新天地。

心理启示

人生在世，人际间或群体间的磨擦、误解乃至纠葛、恩怨总是在所难免，如果肩上扛着“仇恨袋”，心中装着“仇恨袋”，生活只会是如负重登山、举步维艰，最后，只会堵死自己的路。假如你不愿意宽恕，这个重担将一辈子跟随着你；但假如你可以通过宽恕克服情感上的伤害，你便可以让自己痊愈。

踢猫效应：别让坏情绪失控

心理学故事：

老板批评了员工小王，小王很生气，回到家跟丈夫大吵一架；丈夫觉得很窝火，就把沙发上跳来跳去的孩子臭骂了一顿。孩子心里窝火，看见自家的猫

在身边，不分青红皂白就狠狠地给猫一脚；那可怜的猫不知所措，转身就跑，冲到外面街上，正好一辆卡车开过来，司机为了避让猫，却把路边的一个小孩撞伤了。

这就是心理学上著名的“踢猫效应”，是我们不良情绪带来的结果，相反，如果我们能做到控制自己糟糕的情绪，那么，就不会把它传染给身边的人，也就不会引发这一连串的问题。

有人说，人类最大的敌人永远是自己，坏情绪就像弹簧，假如你的勇气一次又一次地后退，坏情绪就会一次又一次地前进，直到最后占据你心灵的高地，全盘操纵你的一切，你的正义、勇敢、上进、积极、坚毅的品格全都遭受最无情的蹂躏和践踏，直至这一切消失殆尽，于是，走向失败，走向毁灭。

生活中，我们总会遇到一些影响情绪的事，我们平静的心会被扰乱，或开心、或悲伤、或愤怒，但这些激动的情绪若不进行排解，那么，就会产生一个“情绪链”，而我们就是这个循环反应的罪魁祸首。其实，激动本身并没有任何破坏性，但在激动的情况下，人们会做出失去理智的事，它给人带来的负面影响可能远远超过我们的想象，给我们的生活带来深远的影响。

因此，我们需要控制自己的脾气，当然，这需要一个过程，每个人的自控能力不是一下子就能形成的。

曾经，美国石油大王洛克菲勒遇到一件匪夷所思的事：

这天，他正在办公，但他的门却被打开了，一位不速之客突然闯入，这个人直奔他的办公桌，并用拳头狠狠地击了一下桌子，然后火气十足地说：“洛克菲勒，我恨你！我有绝对的理由恨你！”接着那个脾气火暴的莽汉恣意谩骂洛克菲勒达10分钟之久。

洛克菲勒公司办公室所有的职员都感到无比气愤，他们满以为洛克菲勒会打电话叫来保安，把这个无礼的家伙从办公室内赶出去，他完全可以这么做，但出乎所有人意料的是，洛克菲勒并没有这么做。他停下手中的活，用和善的眼神注视着眼前这位言语攻击者，并且一言不发，对方越暴躁，他就显得越和善！

最终，那个无礼的人被洛克菲勒弄得莫名其妙，渐渐地平息下来。因为一个人发怒时，遭不到反击，他是坚持不了多久的，于是，他咽了一口气。实际上，他是故意来此与洛克菲勒作对的，并想好了洛克菲勒将要怎样回击他，他再用想好的话语去反驳。但是，洛克菲勒就是不开口，这反而让他不知如何是好了。

末了，他又在洛克菲勒的桌子上猛敲了几下，仍然得不到回应，只得索然无味地离去。洛克菲勒呢，就像根本没发生任何事一样，重新拿起笔，继续他的工作。

看完这则故事，我们不得不感慨，洛克菲勒确实是一个忍耐力极强的人。这里，面对莽汉的无理取闹，如果他以同样的态度报复，那么，情况就会更糟。

美国的一位心理专家说："我们的恼怒有80%是自己造成的。"而他把防止激动的方法归结为这样的话："请冷静下来！要承认生活是不公正的。任何人都不是完美的。任何事情都不会按计划进行。"可见，一个成熟的人应该有很强的情绪控制能力。无论遇到什么事情，哪怕是违背自己本意的事情，都要控制自己的情绪，不能有过激的言行。唯有如此，才能成就大事，从而达到自己的目标。

人们在遇到一些或悲或喜的事情时，都会激动，并且很难一下子冷静下来，所以当你察觉到自己的情绪非常激动，眼看控制不住时，可以用及时转移注意力等方法自我放松，鼓励自己克制冲动的情绪，对此，我们可以尝试一下深呼吸方法。

在深呼吸后，你可以通过自我暗示，来平息情绪。比如，当你遇到有人超车时，你能对自己说："这个人大概有什么急事吧。"或者说："也许我的车开得的确太慢了。"那么，你就不至于会发火了。事实证明，"重新判断"的确是一种极为有效的控制不良情绪的方法。

最后还有一点，就是在我们控制住冲动的情绪后，还要重新思考，努力打开心结，为什么会有冲动的情绪，为什么自己不能从一开始就看开点，为什么不能很好地控制情绪，这样才能从源头遏制冲动。

心理启示

情绪，是一把双刃剑。当情绪被我们牢牢地掌控时，情绪就成为我们驯服的奴隶，我们便随时可以让坏情绪远离我们。在生活中，应该懂得自己掌握情绪，既不要让别人的坏情绪影响到自己，也不要让自己的坏情绪影响他人；同时，我们要把自己快乐、积极的情绪传递给他人。

习得性无助：摆脱消极心理

心理学故事：

美国心理学家塞利格曼1967年做了一项经典实验：

他的研究对象是狗，他起初把狗关在笼子里，当准备好的蜂音器一响，就电击笼子里的狗，狗关在笼子里只能呻吟和颤抖。

就这样重复了几次之后，当他再一次打开蜂音器后，在电击之前将笼子的门打开，但奇怪的是，此时狗不但不逃，而是在电击之前一听蜂音器响就先倒在地上开始呻吟和颤抖。原本，这只狗可以主动地离开笼子，免除这种痛苦，但它却绝望地等待痛苦的来临。心理学家们把这种在受到多次挫折之后产生的应付情境的无能为力感叫作习得性无助或习得性绝望感。

“习得性无助”指因为重复的失败或惩罚而造成的听任摆布的行为。习得性无助是指通过学习形成的一种对现实的无望和无可奈何的行为、心理状态。那么，“习惯性无助”又是怎样发生的呢？其实原因很简单，如果一个人总是被失败打击，他感受不到成功的喜悦，那么，他就容易形成一种无助感，自卑、失望、悲观，甚至对自我价值的认知也是消极的。

其实，在对人类的观察实验中，心理学家也得到了与习得性无助类似的结果。

细心观察，我们会发现：正如实验中那条绝望的狗一样，如果一个人总是

在一项工作上失败，他就会在这项工作上放弃努力，甚至还会因此对自身产生怀疑，觉得自己“这也不行，那也不行”，无可救药。

而事实上，此时此刻的我们并不是“真的不行”。而是陷入了“习得性无助”的心理状态中，这种心理让人们自设樊篱，把失败的原因归结为自身不可改变的因素，放弃继续尝试的勇气和信心。破罐子破摔，比如，认为学习成绩差是因为自己智力不好，失恋是因为自己本身就令人讨厌等。

所以，要想让自己远离绝望，必须学会客观理性地为我们的成功和失败找到正确的归因。生活中，我们经常听到一些人在遭遇失败时这样说：“算了，就这样吧，没用的”，“听天由命吧”……这种消极、自卑的心理是他们在学习上积极进取的最大杀手。要知道，心理暗示的作用是巨大的，如果经受了某个挫折就断然给自己下结论“不行”，就是给自己一个消极的心理暗示，时间长了，就真的会习惯性地说“我不行”。

对此，如果你正处在失败中，一定要摆脱这种无助感，只有这样，你才能真正重拾自信。

事实上，对待同一事物，不同的人看法不同是很正常的事。就像人也有两面性一样，问题在于我们自己怎样去审视，怎样去选择。面对太阳，你眼前是一片光明；背对太阳，你看到的是自己的阴影。也许现在的你正在经受着很多挫折，也开始自我否定，认为自己什么都不行。但你必须从今天开始积极地认识自我，摆脱这种习惯性无助，才能真正变得坚强。

人们的受挫能力是有一定极限的，在经受了长期的挫折影响后，便容易对自己的能力产生怀疑，对失败的恐惧远远大于对成功的希望。但无论如何，我们都要避免这样的心态，正确评价自我，才能树立自信心，走出困境，成为一个坚强的人。具体来说，在日常生活中，你需要做到以下几点：

1.不要总是和其他人比较

如果你总是拿自己的短处和他人的长处相比，就很容易产生自我否定的情绪，给自己造成心理压力，认为自己真的比别人差、比别人笨，于是形成恶性循环。

2.客观评价自己

一个人要摆脱习惯性无助，首先就要正确认识自我，多看自己的优点。人

无完人，一个人对自己的评价应该是客观的，不仅包括自己的不足，还包括自己的长处。

3.体验成功，摆脱无助感

你不妨多去做一些成功率高的事，这样，在成功的体验中，你能逐渐树立自信心，排除挫折，进而远离无助感。

心理启示

人一旦沾染上“习惯性无助”，就会给自己的心筑起一道永远无法逾越的墙，他们会坚信自己无能为力，放弃任何努力，最后导致失败。对此，在挫折面前，我们应该谨防习惯性无助，以积极的心态看待挫折，摆脱无助心理，你才能真正成长为一个坚强的人。

焦虑的新兵：有什么可担心的呢

心理学故事：

在美国加州，有位大学刚毕业的年轻人，在冬季大征兵中，因为表现良好而被选中，即将到最艰苦也最危险的海军陆战队服役。

这位年轻人自从获悉自己被海军陆战队选中的消息后，便显得忧心忡忡。在加州任教的祖父见到孙子一副魂不守舍的模样，便开导他说：“孩子啊，这没什么可担心的。到了海军陆战队，你将会有两个机会，要么是留在内勤部门，要么是分配到外勤部门。如果分配到了内勤部门，那么，你就完全不用担忧了。”

年轻人接过爷爷的话说：“那要是我被分配到外勤部门呢？”

爷爷说：“同样，如果被分配到外勤部门，那同样会有两个机会，要么是继续留在美国本土，要么是分配到国外的军事基地。如果你被分配在美国本土，那又有什么好担心的呢?”

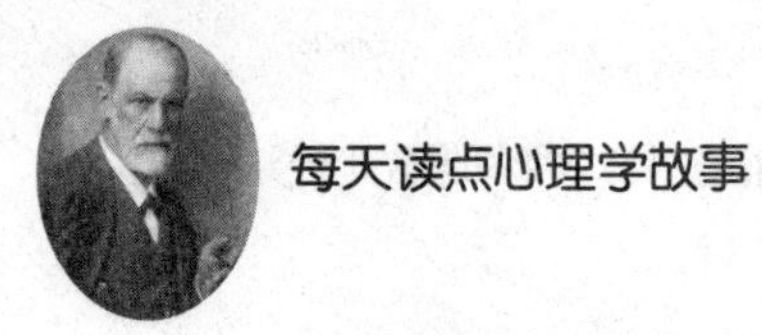

年轻人继续问："那么，若是被分配到国外的基地呢？"

爷爷说："那也还有两个机会，要么是被分配到崇尚和平的国家；要么是被分配到战火纷飞的海湾地区。如果你分配到和平友好善国家，那也是件值得庆幸的好事呀。"

年轻人又问："爷爷，那要是我不幸被分配到海湾地区呢？"

爷爷说："你同样会有两个机会，要么是留在总部；要么是被派到前线去参加作战。如果你被分配到总部，那又有什么需要担心的呢！"

年轻人问："那么，若是我不幸被派往前线作战呢？"

爷爷说："那同样还有两个机会，要么是安全归来，另一个是不幸负伤。假设你能安然无恙地回来，你还担心什么呢？"

年轻人问："那倘若我受伤了呢？"

爷爷说："那也有两个机会，要么是轻伤，没有任何生命危险。要么是身受重伤、危及生命。如果只是负了一点轻伤，而对生命构不成威胁的话，你又何必担心呢？"

年轻人又问："可万一要是身受重伤呢？"

爷爷说："即使身受重伤，你同样有两个机会，要么是依然能够保全生命。要么是完全救治无效。如果尚能保全性命，还担心它干什么呢？"

年轻人再问："那要是完全救治无效怎么办呢？"

爷爷听后哈哈大笑着说："那你人都死了，还有什么可以担心的呢？"

这位爷爷是一位智者，他已经深深地领悟了人生的真谛。有时候，我们对某件事很担心，但只要转念一想，最好的状况莫过于……以这样的心态面对，其实就没有什么可担心的了。

生活中，有不少如故事中的新兵一样易焦虑的人。令他们担心的事实在太多了：要是考试考不过该怎么办？找不到工作怎么办？明天下雨怎么办……如果你总是为这些事情担忧，那么，你势必会殚精竭虑。其实你大可不必，正如故事中的这位爷爷告诉我们的一样，凡事大不了有两种可能，哪一种可能都不可能将我们打垮，那么，你还有什么可担心的呢？

研究发现，很多焦虑症患者患病是有一个过程的，他们的潜意识中长期

存在一些被压抑的情绪体验，或者曾经受到过某种心灵的创伤，并且，这些焦虑症状早以其他形式体现出来，只是患者本人没有对自己的情况引起重视。因此，生活中的我们，一旦发现自己有焦虑情绪，就应该学会自我调节、自我调整，把意识深层中引起焦虑和痛苦的事情发掘出来，必要时可以采取合适的发泄方式，将痛苦和焦虑的根源尽情地发泄出来，经过发泄之后症状可得到明显减缓。

那么，面对内心的担忧，我们该如何做呢？

1.做好最坏的打算

俗话说："能解决的事，不必去担心；不能解决的事，担心也没用。"就如故事中的这位爷爷所说："人都死了，还有什么好担心的呢。"这样一想，你会发现，在最坏的情况面前，也没什么可忧虑的，那么，你也就能变得积极了。

2.学会转换思维

比如，面对着半杯水，对于乐观旷达、心态积极的人而言，是："哈，真高兴我还有半杯水！"对那些悲观沮丧、患得患失的人而言，则是："唉，只有半杯水了，这该如何是好呀？"

因此，对那些乐观旷达、心态积极的人而言，两个都是好机会。对那些悲观沮丧、心态消极的人而言，两个都是不好的机会。

我们始终要记住，人生在世，很多事我们控制不了，但我们可以选择自己的心态，以乐观、积极的心态面对，那么不好的机会也会成为好机会。如果用消极颓废、悲观沮丧的心态去对待，那么，好机会也会被看成是坏机会。

心理启示

人生拥有的是不断的抉择，看你是用什么态度去看待这些有赖您决定的无数机会。能够纵观每件事情、每个问题的正反两面，你将发现，内心最深沉的恐惧也在所有状况明朗之后，将会自行化为乌有。

神奇的菲里埃大桥：色彩的各种暗示作用

心理学故事：

在英国伦敦，有座著名的菲里埃大桥，这座大桥的桥身曾经是黑色的。说来奇怪，自从这座大桥建成后，常常有人从桥上跳水自杀。由于每年从桥上跳水自杀的人数太惊人，这一现象引起了伦敦皇家科学院科研人员的重视，他们开始着手追查原因，后来，皇家科学院的医学专家普里森博士提出这与桥身是黑色有关时，不少人还将他的提议当作笑料来议论。

在连续三年都没找出好办法的无奈情况下，英国政府接受建议，试着将黑色的桥身换掉，这下奇迹竟发生了：桥身自从改为蓝色后，跳桥自杀的人数当年减少了56.4%，普里森为此而声誉大增。

为什么有那么多的人在这座桥上自杀？这里，我们不难看出，原因在于菲里埃大桥的桥身颜色。黑色让这些自杀者的心情更加抑郁。

可见，色彩对人们的心理活动有着重要影响。生活中的每天，只要我们睁开眼，就能接触到各种颜色，颜色让这个世界更加缤纷绚丽。色彩或明亮、或晦暗，画家们也一直在用他们自己对色彩的理解来诠释这个世界，而现实生活中，色彩也在有意无意影响着人们的情绪。

近期，有英国、芬兰的科学家研究认为：色彩确实会对人的情绪产生重要影响，它们是通过刺激人的感官、刺激人的神经，进而产生心理作用的。现代社会，很多人已经认识到了这一点，并且有意地营造出让自己心情愉快的心情空间。

那么，人们可能感到好奇的是，为什么人们的情绪、心情乃至精神状态能被颜色影响呢？这主要是因为颜色最初是来自于大自然中的，比如，我们经常看到的是蓝色的天空、蔚蓝的大海、鲜红的花朵、金灿灿的麦田……看到这些与大自然先天的色彩一样的颜色，自然就会联想到与这些自然物相关的感觉体验，这是最原始的影响。这也可能是不同地域、不同国度和民族、不同性格的人对一些颜色具有共同感觉体验的原因。

每个人都有自己喜欢的颜色，但在我们心情不好或情绪低落时，最好要善用色彩：

1.白色

白色洁净能反射全部的光线，具有敞亮的感觉。白色对易动怒的人可起调节作用，有助于保持血压正常。孤独症、抑郁症患者不宜在白色环境中久住。

2.粉红色

粉红色是温柔的最佳诠释，这种红与白混合的色彩，非常明朗而亮丽，粉红色意味着“似水柔情”。经实验，让发怒的人观看粉红色，情绪会很快冷静下来，因粉红色能使人的肾上腺激素分泌减少，从而使情绪趋于稳定。孤独症、精神压抑者不妨经常接触粉红色。

3.红色

颜色鲜艳强烈，刺激和兴奋神经系统，增加肾上腺分泌和增强血液循环。这是一种较具刺激性的颜色，给人以大胆、强烈的情感，使人情绪奔放，产生热烈、活泼的情绪。但过久凝视大红色，会影响视力，易产生头晕目眩之感，心脑血管病患者一般应避免红色。卧室和书房也要避免过多地运用红色。

4.绿色

与红色相反，绿色则可以提高人的听觉感受性，有利于思考的集中，提高工作效率，消除疲劳，还会使人减慢呼吸，降低血压。但是在精神病院里单调的颜色，特别是深绿色，容易引起精神病人的幻觉和妄想。

5.蓝色

很容易使人想到蔚蓝的大海、晴朗的蓝天，是一种令人产生遐想的色彩，具有调节神经、镇静安神、缓解紧张情绪的作用。蓝色的灯光在治疗失眠、降低血压中有明显作用，还能减少噪声对城市居民的情绪干扰。虽然蓝色的环境让人感到幽雅宁静，但抑郁症患者过多接触蓝色，会加重病情。

6.紫色

给人的感觉似乎是沉静的、脆弱纤细的，总给人无限浪漫的联想，追求时尚的人最推崇紫色。但大面积的紫色会使空间整体色调变深，从而产生压抑感。

7.黄色

颜色明亮，可刺激神经和消化系统。这是一种健康鲜活的颜色，象征温情、华贵、欢乐、跃动和活泼。黄色能促进血液循环，增加唾液腺的分泌，引起食欲。能促进健康者的情绪稳定，但对情绪压抑、悲欢失望者，则会加重这种不良情绪。

心理启示

人的第一感觉就是视觉，而最先冲击我们视觉的就是色彩。同时，人的行为之所以受到色彩的影响，是因为人的行为很多时候容易受情绪的支配。因此，当我们心情不好时，可以根据不同色彩的暗示作用来加以调节。

对每个人微笑：装出你的好心情

心理学故事：

原一平是日本著名的推销员，在他成功的推销生涯中，微笑起到了不可代替的作用。

原一平是个长相平凡甚至有点其貌不扬的人。在刚开始从事保险行业时，他和其他推销员一样，经常吃闭门羹。当时的他没钱租房，只能睡在公园的长椅上。

原一平知道自己毫无气质与优势可言。但他知道，微笑是获得他人信任的法宝。为了改变窘状，原一平开始每天一早就在公园里向每一个碰到的人微笑，不管对方是否在意或者回报他微笑，他都不在乎。终于有一天，一个常去公园的大老板对原一平的微笑发生了兴趣，他不明白一个吃不饱的人怎么会总是这么快乐。于是，他提出请原一平吃一顿饭，可原一平却请求这位大老板买他的一份保险，老板答应了。接着这位大老板又把原一平介绍给许多商场上的朋友。

原一平品尝到了微笑的魔力，后来，他进一步通过观察发现世界上最美的笑是婴儿的笑容，那种天真无邪的笑，散发出诱人的魅力，令人如浴春风，无法抗拒。因此，他开始练习微笑。有一段时间，他练习太入迷，因为在路上练习大笑，而被路人误认为神经有问题。他甚至睡觉都常常会“笑”醒，并跑到镜子前去练习。“噢，你看，这种表情正确吗？”他问来到他身旁的妻子。“喂，你有没有搞错！深更半夜爬起来干什么？”“嘘，没什么。”看妻子睡眼惺忪，不再理睬她，继续练习。“喏，这个样子好像就对了。”“喂，你究竟在干什么呀？”妻子要拿脚踢他。“练习笑啊。”“哎哟，太难看了吧！”“别乱说。现在好些了吗？”“哦，是好看些了。”“这就是痛快的笑啊。”

经过长期的练习，他掌握了38种笑：逗对方转怒为喜的笑，安慰对方的笑，岔开对方话题的笑，消除对方压力的笑，重新修好时的笑，两人意见一致时的笑，吃惊之余的笑，挑战性的笑，大方的笑，含蓄的笑，假装糊涂的笑，心照不宣的笑，遭人拒绝时的苦笑，压抑辛酸的笑，无聊时的笑，郁郁寡欢时的笑，热情的笑，自认倒霉的笑，使对方放心的笑……他的笑达到了炉火纯青的地步，他可以针对不同的客户，展现不同的笑容。用微笑表现出不同的情感反应，用自己的微笑让对方露出笑容。

其实，世界上最伟大的推销员乔·吉拉德也曾说：“当你笑时，整个世界都在笑。”实际上，微笑给我们带来的，不仅仅是良好的人际关系和顺利的工作状态，更重要的是，我们在训练微笑的过程中，获得了一份好心情，有了好心情，自然万事如意。

我们都知道，人的情绪和行为都有对应的关系，比如，高兴了会笑；伤心了会哭；生气了会骂人等。而实际上，我们可以进行逆向思考，我们的行为也可能在某种程度上影响甚至决定我们的情绪。比如，悲伤时会哭泣，但我们哭泣的话，也会引发悲伤的情绪。心理学家提出了一个“假喜真干”的概念，意思就是假装自己喜欢做某件事，或从事某项工作，并且付出实际的行动，那么，你会真的喜欢上这件事或这项工作。

根据这一点，可以发现，如果我们尝试微笑，就可以调节我们的心情。曾经有报道说，日本人为了改变自己压抑的性格，从而有利于与外向的西方人打交道，他们采取了一种训练笑容的方法：他们在下班之前的半个小时里，会每人拿起一只筷子，横着咬在嘴里，固定好脸部表情后，将筷子取出。此时人的脸部基本维持一个笑容的状态，再发出声音，就像是在笑了。

这种看似荒谬的做法确是有科学依据的。心理学家普遍认为，除非人们能改变自己的情绪，否则通常不会改变行为。其实，我们在生活中都有这样的体会，当孩子哭泣时，我们会逗他们说："笑一笑呀！"结果孩子勉强笑了笑之后，跟着就真的开心起来了，这就很好地说明了情绪的改变将导致行为改变。

那么，我们该如何"伪装"出好心情呢？

最常见的一个办法即是，当你在生气的时候，可以找一面镜子，对着镜子努力做出笑容来，持续几分钟之后，你的心情果真会变得好起来。这种方法叫作"假笑疗法"。实验证明，这种方法很有效果。每天早上，如果你能先假笑，那么，接下来的一整天，你都会有好心情。

心理启示

英国小说家艾略特说："行为可以改变人生，正如人生应该决定行为一样。"当我们心情不好时，可以先微笑，然后多回忆曾经愉快的时光，用微笑来激励自己，那么，你就能"装"出一份好心情。

第六堂课

听心理学家讲成功故事：用成功者的标准要求自己，你就能成功

人们常说：“没有人能随随便便成功”，这句话是指成功需要很多因素。而我们又发现，任何一个成功的人，他之所以成功的原因都是因为他们有成功者的心态、成功者的思维、成功者的行为模式和成功者的做事态度，因此，如果你也想成为一个成功者，不妨先听听心理学家的教诲，并记住一点，人是唯一受暗示的动物，你想成为什么样的人，就要用什么样的标准要求自己。

比马龙效应：你得到的，就是你期待的

心理学故事：

古希腊有一位技艺超群的雕刻师，名叫比马龙。他用一支洁白如玉的象牙，雕刻出一位美如天仙的少女加拉蒂亚。比马龙深深地爱上了她，日夜祈求神将雕像变成真正的少女，和他成为终生的伴侣。最后精诚所至，神被比马龙的痴情所感动，于是将雕像变成少女，比马龙和加拉蒂亚终成眷属，永浴爱河。比马龙与加拉蒂亚的故事，后来成为心理学上广被研究与讨论的主题：比马龙效应。

“比马龙效应”是由美国著名心理学家罗森塔尔和雅格布森在小学教学上予以验证提出。亦称“罗森塔尔效应”或“期待效应”。后来他做过这样一个

实验：

他考察某校，随意从每班抽3名学生共18人写在一张表格上，交给校长，极为认真地说："这18名学生经过科学测定全都是智商型人才。"事过半年，罗森又来到该校，发现这18名学生的确超过一般，长进很大，再后来这18人全都在不同的岗位上干出了非凡的成绩。这一效应就是期望心理中的共鸣现象。

所谓比马龙效应，就是期望的应验；当人们对自己有所期望时，这个期望总有一天会实现，这就是所谓的"自我应验预言"。比马龙效应暗示在本质上，是人的情感和观念，会不同程度地受到别人下意识的影响。人们会不自觉地接受自己喜欢、钦佩、信任和崇拜的人的影响和暗示。而这种暗示，正是让你梦想成真的基石之一……因此，每一个渴望成功的人都应该明白一点，你有什么样的期望，你就会有什么样的成就，这就是暗示的作用。

根据这一效应，我们不妨来回想一下生活中的你是否曾有这样的体验：你穿着一件新衣服去上班，但无意中却听到一个同事说你的衣服不好看，刚开始，你不以为然，但这一天下来，你却听到很多同事这样评价，于是，你就慢慢开始怀疑自己的判断力和审美眼光了，下班后，你回家做的第一件事情就是把衣服换下来，并且决定再也不穿它去上班了。其实，这只是心理暗示在起作用。暗示作用往往会使别人不自觉地按照一定的方式行动，或者不加批判地接受一定的意见或信念。可见，暗示在本质上，是人的情感和观念，会不同程度地受到别人下意识的影响。

同样，如果你正在为一件事努力，那么，假如你能给自己一些积极的暗示——我一定能成功，我一定能做到，那么，你就可以化压力为动力，便会产生超越自我和他人的欲望，并将潜在的巨大的内驱力释放出来，进而最终获得成功。

有"经营之神"美誉的松下幸之助是一个善于将比马龙效应运用到工作中并管理员工的的高手。他首创了电话管理术，经常给下属，包括新招的员工打电话。每次他也没有什么特别的事，只是问一下员工的近况如何。当下属回答说还算顺利时，松下又会说：很好，希望你好好加油。这样使接到电话的下属每每感到总裁对自己的信任和看重，精神为之一振。许多人在比马龙效应

的作用下，勤奋工作，逐步成长为独当一面的人才，毕竟人有70%的潜能是沉睡的。

通用电气的前任CEO杰克·韦尔奇也是比马龙效应的实践者。韦尔奇说："给人以自信是到目前为止我所能做的最重要的事情。"他认为，团队管理的最佳途径并不是通过"肩膀上的杠杠"来实现的，而是致力于确保每个下属都知道自己第一时间内应该完成什么，并鼓励他们去做到。韦尔奇在自传中用很多词汇描述那个理想的团队状态，如"无边界"理论、四E素质（精力、激发活力、锐气、执行力）等，以此来暗示团队成员"如果你想，你就可以"。对此，韦尔奇找到了一条与下属沟通的最佳方式——写便条。这并不需要他花费太多时间，但却几乎总是能立竿见影。

因此，我们不难得出一点，作为我们自身，要获得成功，他人的激励是一个方面，而最重要的是我们需要从心底发出积极向上的声音。你只有相信自己，进行积极的自我暗示，才能始终保持向上的热情和奋斗的激情，才能最终看到成功的曙光。

心理启示

你期望什么，你就会得到什么，你得到的不是你想要的，而是你期待的。只要充满自信的期待，只要真的相信事情会顺利进行，事情一定会顺利进行，相反的说，如果你相信事情不断地受到阻力，这些阻力就会产生，成功的人都会培养出充满自信的态度，相信好的事情一定会发生的。比马龙效应告诉我们，对一个人传递积极的期望，就会使他进步得更快，发展得更好。反之，向一个人传递消极的期望则会使人自暴自弃，放弃努力。

路径依赖：强化好习惯，成就卓越人生

心理学故事:

有五只猴子，它们被关在一个笼子里，在笼子的上空有一串香蕉，实验人员装了一个自动装置。众所周知，猴子是最爱吃香蕉的，看到香蕉，它们就会伸手去拿，一旦侦测到有猴子要去拿香蕉，马上就会有水去教训“越界”的猴子，而这五只猴子都会一身湿。直到后来，再也没有一只猴子敢拿香蕉了。

之后，实验人员在这个笼子里放了一只新的猴子，并换出其中一只猴子，新来的猴子不知这里的“规矩”，伸手去拿香蕉，结果，被其他4只猴子暴打一顿，因为其他四只猴子认为新来的猴子会害它们被淋水，所以制止它去拿香蕉。新来的猴子尝试了几次，虽被打得满头包，依然没有拿到香蕉。当然，这五只猴子就没有再被水淋。

后来实验人员不断地将最初经历过水惩戒的猴子换出来，最后笼子里的猴子全是新的，但没有一只猴子再敢去碰香蕉。

起初，猴子怕被新来的、不懂规矩的猴子牵连，不允许其他猴子去碰香蕉，这是合理的。但后来人和水惩戒都不再介入，而新来的猴子却固守着“不许拿香蕉”的规矩不变，这是为什么呢?

对此，心理学家道格拉斯·诺斯提出了一个名词：路径依赖。路径依赖，又译为路径依赖性，它所阐述的是一种惯性，即一旦进入某种路径后，就会对这种路径产生依赖。同样，一个人一旦做出了某种选择，就走上了一条不归路，惯性的力量就是这么强大，一旦你走进去，便很难走出来。

“路径依赖”理论被总结出来之后，人们把它广泛应用在选择和习惯的各个方面。这就告诉生活中的我们，要想拥有一个成功的人生，就需要从现在起养成并强化良好的行为习惯。

世界著名心理学家威廉·詹姆士这么说：播下一个行动，收获一种习惯；播下一种习惯，收获一种性格；播下一种性格，收获一种命运！不难发现，好的习惯对于一个人的一生有多么重要。一个浑身恶习的人，很难有什么大作

为，而一个有着良好习惯的人，才有可能实现自己人生的大目标。行为习惯，是人们成长过程中，在很长一段时间内逐渐形成的一种行为倾向。从某种意义上说，“习惯是人生最大的指导”。

我国著名教育家叶圣陶先生也认为，要养成某种好习惯，随时随地加以注意，身体力行、躬行实践，才能“习惯成自然”，收到相当的效果。因此，在日常生活中，我们也要注意自己的言行习惯，“行成于思毁于随”，良好习惯形成的过程，是严格训练、反复强化、坚持不懈的结果。

现代控制论创始人、美国著名数学家维纳，在回忆父亲对他早期学习习惯的严格训练时说：“代数对我来说没有什么困难，可父亲的教学方法，使我精神不得安宁，每个错误都必须纠正。他对我无意中犯的错误，第一次是警告，是一声尖锐而响亮的‘什么’，如果我不马上纠正，他会严厉地训斥我一顿，令我‘再做一遍’。我曾遇到不止一个能干的人，可是他们到后来一事无成。因为这些人学习松懈，得不到严格纪律的约束。我从父亲那里得到的正是这种严厉的纪律训练。”父亲严格的训练，终于使维纳养成了良好的学习习惯，以后成为誉满全球的科学巨人。

这里，维纳严谨的学习习惯，就是来自于他的父亲一点一滴严厉的教导。

一个人的习惯就像是走路，如果你选择了好的行为习惯，也就是选择了一条正确的道路一直走下去。其中，对我们的行为起到影响的就是惯性，并让其轻易走不出自己选择的道路。习惯的力量是巨大的，人一旦养成一个习惯，就会不自觉地在这个轨道上运行。如果是好习惯，则会终生受益；反之，就会在不知不觉中害你一辈子。通常我们说某人素质不高，往往就是因为这个人有许多坏习惯。

心理启示

在一定程度上，人们的一切选择都会受到路径依赖的可怕影响，人们过去做出的选择决定了他们现在可能的选择，人们关于习惯的一切理论都可以用“路径依赖”来解释。任何一位家长，都必须把从小培养孩子的良好习惯作为家庭教育的重要内容。

与优秀者为伍，向成功者靠近

心理学故事：

一天，一个生物学家经过一家农场，看见鸡舍里的鸡群中有一只老鹰，于是就问农场的主人，为什么鸟中之王会落魄到这般与鸡为伍的地步。农场主说："因为我一直喂它鸡饲料，把它训练成了一只鸡，所以它一直都不想飞，它的一举一动根本就是只鸡，而且根本不以为自己是一只老鹰了。"

生物学家说："不过，它到底还是一只老鹰，应该一教就会的。"

经过一番讨论后，两个人终于同意试试鹰是否还会飞。生物学家轻轻地把老鹰放在手臂上，然后说："你属于蓝天而不是大地，张开翅膀飞翔吧！"可是，那只老鹰有些疑惑，因为它不知道自己是谁？它看到鸡群正在地上啄食，于是又跳下去与它们做伴了。

生物学家不死心，又把老鹰放到屋顶上怂恿它飞，他说："你是一只老鹰，张开翅膀飞翔吧！"可是老鹰对自己的不明身份和这个陌生的世界感到恐惧，于是又跳到地上觅食去了。

看完这则故事，我们不得不为这只老鹰悲哀，原本它有着鹰的特质，原本它可以翱翔于天空，却因为长期和温顺的小鸡们待在一起，而失去了飞翔的本领。

其实，我们生活的周围，又何尝没有这样的人呢？他们原本很优秀，但却宁愿混迹于消极、平庸的人群中，并被他们影响，最终，逐渐失去了斗志，变得俗不可耐，最终也只能平庸下去。

心理学家研究认为："人是唯一能接受暗示的动物。"积极的暗示，会对人的情绪和生理状态产生良好的影响。激发人的内在潜能，发挥人的超常水平，使人进取，催人奋进。因此，人际交往中，如果你想提升自己的价值，有一番作为，就要远离消极的人，而与积极上进的人为伍吧！否则，消极的人会在不知不觉中偷走你的梦想，使你渐渐颓废，变得平庸。生活中最不幸的是：由于你身边缺乏积极进取的人，缺少远见卓识的人，使你的人生变得平平庸

庸，黯然失色。

人的情绪和心态都是能相互影响的，因此，如果你想成为一个成功的人，就必须和优秀的人为伍。西方有句名言："与优秀者为伍。"日本有位教授手岛佑郎，研究犹太人的财商，得出的结论是："穷，也要站在富人堆里。"然而，我们生活的周围，却到处充斥着这样一些人：他们只会责怪别人不好、只会责怪社会，可以发现，这些人中从来没有人会真正实现自己的梦想，因为他们只顾着挑剔别人的缺点，却从来不关心、检讨自身的不足。对社会有诸多不满的人，不仅自己的人生前途黯淡，而且还会把这种不满的情绪传染给身边其他的朋友。

有句谚语叫作：跟着好人学好人，跟着巫婆跳大神。相对而言，我们有必要有意识地尽量远离这些人，就算他们有别的长处，但毫无疑问，他们还是会成为你人生经历中的毒药。事实上，对世界充满抱怨的人，几乎无法在社会上立足，就连有没有其他"长处"也值得怀疑。

当然，在人际交往中，积极的优秀者很多，但我们不可能人人结识，因此，我们要学会有目标地结识，比如，在同专业里的专家、权威人士，与他们结识，把他们奉为老师，我们不仅能学到最精尖的专业知识，还可能获得他们的帮助、提携、提拔，使我们飞黄腾达，甚至能在行为得失上给以指点，扶持我们一步步成长、成功！

总之，如果你也想做一个成功者，就要时刻向成功者靠近，与成功者为伍，哪怕并不是同一领域的人，他们都可以与你交流他们的经验和教训。你可以从强者身上学习怎么才能变得更强，哪怕这样会让你自惭形秽，但是你得到更多的，则是来自成功者的宝贵经验，来自榜样的无穷激励。近朱者赤，只有时刻学习一流人物的品质精神，才能让你也逐渐成为一流人物！

心理启示

有人说，人就像一个磁场，无论什么样的人都会像磁场一样影响别人，就像积极阳光的人会让你豁然开朗，开心豁达的人让你心情舒畅，积极的人给予你积极的影响，消极的人给你消极的影响。

吉格勒定理：立足高远，更有所成

心理学故事：

1969年，从小就喜欢吃汉堡的迪布·汤姆斯在美国俄亥俄州成立了一家汉堡餐厅，并用女儿的名字为店起了名——温迪快餐店（Wendy's）。在当时，美国的连锁快餐公司已比比皆是，麦当劳、肯德基、汉堡王等大店已是大名鼎鼎。与他们比起来，温迪快餐店只是一个名不见经传的小弟弟而已。

迪布·汤姆斯毫不因为自己的小弟弟身份而气馁。他从一开始就为自己制订了一个高目标，那就是赶上快餐业老大麦当劳！

虽然在20世纪80年代，他并无“下手”的机会，但等待机遇的他终于找到了麦当劳在营销过程中的漏洞——麦当劳号称有4盎司汉堡包的肉馅，而重量从来就没超过3盎司，而正是利用这一点，他成功借助广告打败了麦当劳。

因此，他的目标达到了，凭借几十年朝着目标的努力，温迪的营业额年年上升，1990年达到了37亿美元，发展了3200多家连锁店，在美国的市场份额也上升到了15%。直逼麦当劳坐上了美国快餐业的第三把交椅。

迪布·汤姆斯为什么能成功？可以说，他的成功正是对目标管理的成功，刚开始，他的目标就是麦当劳，朝着这一目标，我们发现，他努力的方向变得逐渐明朗，离成功的脚步也更近了。可以说，迪布·汤姆斯的成功不仅说明了一个远大的目标对个人奋斗历程的重要性，更说明了一个企业是否能顺利成长，是否能经久不衰，也与之有密切的关系。

一个人能否成功，是与其内心的目标相关联的。关于这点，心理学上有个著名的“吉格勒定理”，它是由美国行为学家J.吉格勒提出的，他曾说过：“设定一个高目标就等于达到了目标的一部分。”这一定理告诉人们，一开始时心中就怀有一个高的目标，意味着从一开始时你就知道自己的目的地在哪里，以及自己现在在哪里。朝着自己的目标前进，至少可以肯定，你迈出的每一步都是方向正确的。一开始时心中就怀有最终目标会让你逐渐形成一种良好的工作方法，养成一种理性的判断法则和工作习惯。如果一开始心中就怀有最

终目标，就会呈现出与众不同的眼界。有了一个高的奋斗目标，你的人生也就成功了一半。如果思想苍白、格调低下，生活质量也就趋于低劣；反之，生活则多姿多彩，尽享人生乐趣。

自古以来，无论是个人还是组织，凡能成大事者，不仅仅有雄韬大略，更有一个指导行动的信念和理想；理想是指导行动的，也就是说，如果我们想让行动领先一步，理想就必须超前一些。喷泉的高度不会超过它的源头；一个人的成就不会超过他的信念。有信心的人，可以化渺小为伟大，化平庸为神奇。

从吉格勒定律中，我们可以看出，一个人要想成功，就要做到高瞻远瞩，站得高才能看得远。世上被称为天才的人，肯定比实际上成就天才事业的人要多得多。为什么呢？许多人一事无成，就是因为他们缺少雄心勃勃、排除万难、迈向成功的动力，不敢为自己制定一个高远的奋斗目标。不管一个人有多么超群的能力，如果缺少一个认定的高远目标，他将一事无成。设定一个高目标，就等于达到了目标的一部分。

总之，梦想可以燃起一个人的所有激情和全部潜能，载他抵达辉煌的彼岸。我们每个人，都要在年少时就为自己树立一个梦想，而最重要的是，无论你拥有什么样的理想，都不要轻易地舍弃它。只有坚持，你才能最终用自己的力量创造出自己的美好人生。

心理启示

“思想有多远，就能走多远”，这句话虽然有点夸张，但却是道出了思想对行动的指导作用。同样，一个人能走多远，关键也取决于我们的思想，如果你是个使命感强的人，你希望自己活得伟大，那么，对于当下的行动，你就有自控意识，就能坚持不懈的努力。因此，我们每个人，都应该找到自己的使命，制定出明确的目标，并为实现自己的目标而奋斗，才能成为你想成为的人。而当你的理想遭遇阻碍时，请记住，一定不能放弃，只要你坚持，你就能具备强有力的信念，就能最终走出迷雾，找到方向。

跳蚤效应：自我设限，会错失机会

心理学故事：

生物学家曾经做过这样一个实验：

把跳蚤放在桌子上，然后拍打桌子，此时，跳蚤会奋身跳起，甚至能跳到高于它身高好几倍的高度。接着，生物学家把跳蚤放在一个玻璃罩内，再让它跳，跳蚤碰到玻璃罩弹了回来。如此连续多次以后，跳蚤每次跳跃都保持在罩顶以下的高度。然后再逐渐降低玻璃罩的高度，跳蚤总是在碰壁后跳的低一点。最后，当玻璃接近桌面时，跳蚤已无法再跳。随后，生物学家移开玻璃罩，再拍桌子，跳蚤还是不跳。这时，跳蚤的跳高能力已经完全丧失了。

为什么会有这样的现象呢？其实这是一种思维定式下的表现。玻璃罩内的跳蚤，会产生这样一种想法：我再跳高了还会碰壁。于是，为了适应环境，它会主动地降低自己跳跃的高度一次次受挫慢慢地吞噬了它的信心，在失败面前变得习惯、麻木了。更可悲的是，桌面上的玻璃罩已经被生物学家移走，它却再也没有跳跃的勇气了。

行动的欲望和潜能被自己的消极思维定式扼杀，科学家把这种现象称为“自我设限”，也就是“跳蚤效应”。

跳蚤调节了自己跳的目标高度，而且适应了它，不再改变。很多人不敢去追求梦想，不是追不到，而是因为心里就默认了一个“高度”。这个“高度”常常使他们受限，看不到未来确切的努力方向。作为人类，有什么样的目标就有什么样的人生。

不得不承认，什么的生活中，都有这样一些人，他们满腔热血，为自己制定出了人生的宏伟目标，并决定从现在起努力奋斗、打好基础。而随着时间的推移，他们发现，这一雄心壮志和现实产生了冲突，此时，他们就开始退缩，不敢再往前一步。而这样，是不可能收获胜利果实的。

心理学家告诉我们，很多时候，人们不是被打败了，而是他们放弃了心中的信念和希望，对于有志气的人来说，不论面对怎样的困境、多大的打击，他

都不会放弃最后的努力。因为成功与不成功之间的距离，并不是一道巨大的鸿沟，它们之间的差别只在于是否能够坚持下去。

1952年7月4日的清晨，浓浓大雾笼罩整个海岸，一位34岁的妇女，从海岸以西21英里的卡塔林纳岛上涉水下到太平洋中，开始向加州海岸游过去。这次，如果她成功了，她就是第一个游过这个海峡的妇女，这名妇女叫费罗伦丝·查德威克。

在此之前，她是从英法两边海岸游过英吉利海峡的第一个妇女。当时，雾很大，海水冻得她身体发抖，她几乎看不到护送她的船。时间慢慢前行，千千万万的人在电视上看着。在以往这类渡游中，她最大的困难总不是疲劳，而是冰凉刺骨的水温。15个钟头之后，她浑身冻得发麻又很累。她感觉自己不能再游了，就叫人把她拉上船。

在另一条船上，她的母亲和教练都告诉她海岸已经很近了，叫她不要放弃。但她朝加州海岸望去，除了浓雾什么也看不到。几十分钟之后，人们将她拉上船。又过了几个钟头，她渐渐暖和了，这时她回忆起自己渡游的经历。她不假思索地对记者说："说实在的，我不是为自己推脱，如果当时我看见陆地，我能坚持下来。"人们拉她上船的地点，离加州海岸只有半英里！

后来她说，令她半途而废的既不是疲劳，又不是寒冷，而是因为她在浓雾中看不到目标。查德威克小姐一生就只有这一次没有坚持到底。两月后的一天，她成功地游过了这个海峡。她不但是第一位游过卡塔林纳海峡的女性，而且她以超出两个钟头的成绩打破了男子纪录。

这一故事中的女主人公查德威克是个游泳好手，她的目标是要游过卡塔林纳海峡，第一次，她没有游过卡塔林纳海峡，原因正如她说的，她找不到目标；看不到终点，因此不得不放弃了。而事实，她离自己的目标只有半英里的距离，不过庆幸的是，她凭借自己的勇气和能力，再次游过了同一海峡。

总之，对于一个人来说，成功的信念和积极的心态比什么都重要。只有这样，你才能在困难中坚持，在坚持中成功。世界上最伟大的人，通常也是失败次数最多的人。面对各种不利，只要有一点点成功的可能，就要永不放弃。

心理启示

“有志者，事竟成，百二秦关终属楚；苦心人，天不负，三千越甲可吞吴。”这句话的意思就是，只要我们坚持到底，无论梦想多大，都有实现的可能。我们每个人都要记住一点，信心是一种态度，更有一种魔力，常使“不可能”消失于“无形”。我们都要学会为自己喝彩，给自己鼓励和信心，这样，你才能冲出自我设限的牢笼，激发出自己的潜能，才能够成为翱翔人生天空的雄鹰，并且也能不断地让人生有更美好的发展！

自信心效应：了不起的矿工

心理学故事：

在一个矿井里，六名矿工正在很深的矿井下采煤，突然，一声巨响后，矿井坍塌，出口完全被堵住了。

这6名矿工顿时与世隔绝，陷入慌乱之中，但很快，他们平静下来，凭借经验，他们意识到自己面临的最大问题是缺乏氧气，井下的空气最多能维持3个多小时，而且，这是在应对得当的情况下。他们料想，因为矿井坍塌，矿井上方的人应该已经知道了这件事，他们要想获救，上面的人就必须重新打眼钻井才能找到他们。但是，在空气用完之前他们能获救吗？所以，这些矿工们决定尽一切努力节省氧气，于是，他们全部躺在了地上，以减少体力消耗。

这三个小时一下子成为6名矿工一生中最难熬的时间，他们中间，只有一个人佩戴了手表，他也成为了大家的焦点：过了多长时间了？还有多长时间？现在几点了？大家都不停的问他。时间被拉长了，在他们看来，2分钟的时间就像1个小时一样，每听到一次回答，他们就感到更加绝望。

领头的工人突然发现，如果大家都这样焦虑下去，那么，还没等到走出矿井，就因为呼吸急促缺氧而丧命了。所以，他要求由戴表的人来掌握时间，每半小时通报一次，其他人一律不许再提问。大家遵守了命令。当第一个半小时

过去的时候，戴表的矿工轻描淡写地说："过了半小时了。"

戴表的人发现，随着时间慢慢过去，通知大家最后期限的临近也越来越艰难。于是他擅自决定不让大家死得那么痛苦，他在第二个半小时的时候，没有通知大家时间，而是又过了四十五分钟，而此时，大家是那么地相信他，谁也没有怀疑；这样，又过了一个小时，他还是说："又是半个小时过去了。"另外5人各自都在心里计算着自己还有多少时间。表针继续走着，每过一小时大家都收到一次时间通报。

外面的人加快了营救工作，他们知道被困矿工所处的位置，他们很难在4个小时之内救出他们。4个半小时到了，最可能发生的情况是找到6名矿工的尸体。令他们感到惊异的是竟有5个人还活着，只有一个人窒息而死，他就是那个戴表的矿工。

这是发生在非洲的一个真实的故事。在人们本能的求生意识被激发的情况下，原本只能维持三个半小时生命的矿工们居然坚持了四个半小时，这就是信念的力量。而那位戴表的矿工在时间逝去的提醒下，丧失了信心，"哀莫大于心死"，他是被内心的恐惧打败了。

这正是心理学上所说的"自信心效应"。心理学家告诉我们，支撑一个人追寻理想的动力往往是自信。自信是成功的助燃剂，一个人自信多一分，成功就多一分。"人生最重要的才能，第一是无所畏惧，第二是无所畏惧，第三还是无所畏惧。"这五名矿工之所以能活下来，再次证明了这个道理。信心能使得人们具备顽强的意志力，并可能会"起死回生"。

信心是蕴藏于生命中的伟大力量，是创造成功的奇迹，是安身立业不可缺少的保障。只要有信心，你就能移动一座山；只要你相信自己会成功，你就一定能成功。

很多成功者在谈及自己成功的秘诀时都会说："信心。"自信是对自己的高度肯定，是成功的基石，是一种发自内心的强烈信念。人生之路犹如白流入海一样，不会是一帆风顺、一路坦荡，总是要经历风风雨雨，坎坎坷坷。那些成功的人在面对人生低谷的时候，总是能够心底坦然，不会屈服于挫折，而是勇于做一个承受痛苦、奋斗不息的人，以百折不挠的精神，继续奋力前行。

威尔逊有句名言："要有自信，然后全力以赴！假如具有这种观念，任何事情十之八九都能成功。"

然而，不得不承认的一点是，生活中，一些人常常有这样的表现，他们还未做一件事，就已经考虑到失败的结果，必然会导致内在潜能得不到充分的调动与发挥。要避免与摆脱这种心理上的失衡，就必须时时表现出一种强者的风范，敢于面对困难与挫折，并始终怀着必胜的信念去克服、战胜困难，坚定不移地朝着成功的目标迈进。只有看到事情的光明面，才能做一个真正自信、充满积极的、正能量的人。

心理启示

信心的力量是无穷的。这个世界上不存在做不到的事，只要你相信自己。当你相信自己能做出最好的成绩时，你不仅会发现自信提高，而且会发现自信会有助于你的表现。

马蝇效应：自我鞭策，给自己动力

心理学故事：

1860年大选结束后几个星期，有位叫作巴恩的大银行家看见参议员萨蒙·波特兰·蔡斯从林肯的办公室走出来，就对林肯说："你不要将此人选入你的内阁。"林肯问："你为什么这样说？"巴恩答："因为他认为他比你伟大得多。""哦，"林肯说："你还知道有谁认为自己比我要伟大的？""不知道了。"巴恩说："不过，你为什么这样问？"林肯回答："因为我要把他们全都收入我的内阁。"

事实证明，这位银行家的话是有根据的，蔡斯的确是个狂态十足的家伙。不过，蔡斯也的确是个大能人，林肯十分器重他，任命他为财政部长，并尽力与他减少磨擦。蔡斯狂热地追求最高领导权，而且嫉妒心极重。他本想入主白

宫，却被林肯“挤”了，他不得已而求其次，想当国务卿。林肯却任命了西华德，他只好坐第三把交椅，因而怀恨在心，激愤难已。

后来，目睹过蔡斯种种形状、并搜集了很多资料的《纽约时报》主编亨利·雷蒙特拜访林肯的时候，特地告诉他蔡斯正在狂热地上蹿下跳，谋求总统职位。林肯以他那特有的幽默神情讲道：“雷蒙特，你不是在农村长大的吗？那么你一定知道什么是马蝇了。有一次我和我的兄弟在肯塔基老家的一个农场犁玉米地，我吆马，他扶犁。这匹马很懒，但有一段时间它却在地里跑得飞快，连我这双长腿都差点跟不上。到了地头，我发现有一只很大的马蝇叮在它身上，于是我就把马蝇打落了。我的兄弟问我为什么要打掉它。我回答说，我不忍心让这匹马那样被咬。我的兄弟说：‘哎呀，正是这家伙才使得马跑起来的嘛！’”然后，林肯意味深长地说：“如果现在有一只叫‘总统欲’的马蝇正叮着蔡斯先生，那么只要它能使蔡斯的那个马不停地跑，我就不想去打落它。”

再懒惰的马，只要身上有马蝇叮咬，它也会精神抖擞，飞快奔跑。这就是心理学上著名的马蝇效应。马蝇效应已经被广泛应用于企业的管理中，激励和点燃员工的激情，才能促使他们的工作动机更加强烈，让他们产生超越自我和他人的欲望，并将潜在的巨大的内驱力释放出来，为企业的远景目标奉献自己的热情。

其实，对于渴望获得成就的人们来说，我们也应从马蝇效应中获得启示。也需要自我鞭策，才能不断奋进。一个人若是自我满足、不思进取、安于现状、自暴自弃，那么，他最终只会离成功越来越远。

有位名不见经传的年轻人，第一次参加马拉松比赛就获得了冠军，而且还打破了世界纪录。

当他冲过终点时，新闻记者蜂拥而上，不停地提问：“你是如何取得这么好的成绩的？”

年轻人气喘吁吁地回答说：“因为，因为我的身后有一匹狼。”

所有的人听后都惊恐地回头张望，但并没看到他身后有什么可怕的东西。

这时他继续说：“三年前，我在一座山岭间开始练习长跑，每天凌晨两三点钟，教练就让我起床练习，可是我尽了自己的最大努力，进步却一直不快。

“有一天清晨，我在训练的途中，忽然听到身后传来狼的叫声，刚开始是零星的几声，似乎还很遥远，但很快就急促起来，而且就在我的身后。我知道是一只狼盯上了我，我甚至不敢回头，只知道拼命奔跑。那天训练我的速度居然是最快的。”

年轻人顿了顿，又说：“后来教练问我原因，我说我听见了狼的叫声。教练意味深长地说：‘原来不是你不行，而是你身后缺少了一匹狼！’我这才知道，我听见的狼叫声，是教练伪装出来的。从那以后，每次训练时，我就想象着自己身后有一匹狼正在追赶，包括今天的比赛，那匹狼仍然在追赶着我，我必须战胜它！”

生活中的人们，想必你也和故事中的这位年轻人一样，有着自己的人生目标。可是，你的身后有“狼”吗？这只狼实际上就是催你奋进的“马蝇”。

我们很多人都感叹压力太大，来自各个方面的压力，常常把我们压得喘不过气来，我们甚至渴望逃离，逃离现在的生活，但如果在人生路上毫无压力、过于安逸，那么，你就注定一生平淡、碌碌无为，如果有只“狼”在你的身后追赶着你前进，你势必会攀上人生的高峰。

心理启示

一个人，越是有能力，越是容易自负。也有一些人，还未遇到一点挫折就自暴自弃，对此，我们只有赶走所有的自负、骄傲和自卑，才能勇往直前，去迎接前面的路。这就如同被苍蝇叮咬的马儿一样，有了自我鞭策之后，我们才会越跑越快。

“下坡容易”定律：不抽烟的球王

心理学故事：

巴西球员贝利，被人们称为“世界球王”、“黑珍珠”，自幼酷爱足球运动，并很早就显示出他超人的才华。

有次，贝利和他的同伴们刚踢完一场足球赛，已经筋疲力尽的他向小伙伴要了一支烟，他得意地吸了起来，似乎刚才极度的疲劳已经烟消云散了。然而，这一切都被他的父亲看在眼里了，父亲的眉头皱起了一个大疙瘩。

晚饭后，父亲把正在看电视的贝利叫过来，然后很严肃地问："你今天抽烟了？"

"抽了。"贝利意识到自己做错了事，红着脸，低下了头，准备接受父亲的训斥。

但令他奇怪的是，父亲并没有发火。他从椅子上站了起来，在房间里来回踱步好半天，才平静地对贝利说："孩子，你踢球有几分天资，也许将来会有出息。可惜，抽烟会损伤身体，你现在要是抽烟了，你在比赛时就发挥不出应有的水平。"

听到父亲这么说，小贝利的头更低了。

父亲又语重心长地接着说："作为父亲，我有责任教育你向好的方向努力，也有责任制止你的不良行为，但真正主导你人生的是你自己，我只想问问你，你是愿意抽烟呢？还是愿意做一个有出息的足球运动员呢？孩子，你已经长大了，该懂得如何选择了。"说着，父亲还从口袋里掏出一叠钞票，递给贝利，并说道："如果你不愿意做个有出息的运动员，执意要抽烟的话，这笔钱就拿给你做抽烟的经费吧！"父亲说完便走了出去。

看着父亲远去的背影，贝利哭了，他知道父亲的话有多大的分量。他哭得好难过，过了好一阵，才止住哭声。小贝利猛然醒悟了，他拿起桌上的钞票还给了父亲，并坚决地说："爸爸，我再也不抽烟了，我一定要当个有出息的运动员。"

从此以后，贝利再也不抽烟了，不但如此，他还把大部分时间都花在刻苦训练上，球艺飞速提高。15岁参加桑托斯职业足球队，16岁进入巴西国家队，并为巴西队永久占有"女神杯"立下奇功。如今，贝利已成为拥有众多企业的富翁，但他仍然不抽烟。

欲胜人者先自胜！胜人者有力，自胜者强。谁征服了自己，谁就取得了胜利。对自己苛刻，征服自己的一切弱点，正是一个人伟大的起始。大凡成功的人，都有极强的自制力。我们应随时警惕自己的行为，严格要求自己，不要过

度放纵自己踏上贪图享乐之路，对此，无论是成大事者，还是普通人，都应该学会自制。

对此，心理学上有个“下坡容易”定律：在上坡时，我们觉得很吃力，但下坡却很容易。其实，人生也有“上坡”和“下坡”，“上坡”就好比“学好的过程”，而“下坡”就好比“学坏的过程”，于是就有了人们常说的“学坏容易学好难”。的确，一个人，要想养成好的习惯、做到严守纪律远比犯错误要难得多。

那么，人为什么学坏容易，学好却比较难呢？人类学家是这样解释的：人虽然是高级动物，但还并未摆脱动物攻击、放纵、破坏的本能，如果没有意志力的控制，这些本能随时会爆发出来。相反，很多优良行为，比如讲信用、爱干净、勤奋、好学等，则是人类特有的行为，是需要人们刻意培养才能形成的，而在培养优良行为的时候，人需要对自己的本能加以约束，因而就会比较困难。

可见，一个人要想征服世界，首先就要征服自己。这正如中国古人所说：“天将降大任于斯人也，必先苦其心志，劳其筋骨，饿其体肤，空乏其身，行拂乱其所为，所以动心忍性，增益其所不能。”那些成大事者，都能做到严格要求自己，都有“动心忍性”的自制力，使其能守得云开见月明，走出逆境。

所谓严格要求自己，其实就是自律，就是自我管理、自我控制；自律就是战胜自我、超越自我。金无足赤，人无完人，人最大的敌人是自己。只有能够战胜自我的人，才是真正的强者。

当然，做到严格要求自己是需要一种自制力的，而自制力的培养是一个循序渐进的过程，因为自制力不可能是一念之间产生的，也不是下定决心就可以立时形成的，其形成需要一个过程。如果你给自己规定从明天开始要好好学习，一旦达不到目标你往往会产生挫折感和无能感，丧失改变自己的信心。所以，你应把培养自制力融入日常生活中，而不要期望一蹴而就。

心理启示

我们遇到的最强大的对手往往不是别人，而是自己。你只有做到严格要求自己、约束自己，才能抵制来自外界的各种诱惑，才能不断克服陋习、完善自己，才能平平安安地走好自己的人生之旅。

第七堂课
听心理学家讲社交故事：交“人”重在交“心”

社交是每个人都无法回避的生活内容。无论你是学者、干部还是普通的老百姓，只要你参加社会生活，就免不了要与各种各样的人打交道。可以说，如何社交是每个现代人都要面临的新课题。因此，每一个渴望在人际交往中如鱼得水的人，都应该正确地认识、掌握并利用一些社交心理学。不同的人际互动情境，有各种独特有效的心理策略，只要你能巧妙地运用各种神奇的心理效应，就能聚拢人心、化解冲突，从而使你的个人魅力与影响力得到最好的发挥。

首因效应：完美的第一印象至关重要

心理学故事：

一个新闻系毕业的大学生正急于寻找工作。这天，他到某报社对总编说：“你们需要一个编辑吗？”“不需要！”“那么记者呢？”“不需要！”“那么排字工人、校对呢？”“不，我们什么空缺也没有了。”“那么，你们一定需要这个东西。”说着他从包中拿出一块精致的小牌子，上面写着“额满，暂不雇佣”。总编看了看牌子，微笑着点了点头，说：“如果你愿意，可以到我们广告部工作。”

这个大学生通过自己制作的牌子良好的表达了自己的机智和乐观，给总编留下了美好的第一印象，引起其极大的兴趣，从而为自己赢得了一份满意的工作。这种“第一印象”的微妙作用，在心理学上称为首因效应。

在心理学中，首因效应也叫“第一印象”效应。第一印象，是在短时间内以片面的资料为依据形成的印象。心理学家曾经指出：“保持和复现，在很大程度上依赖于有关的心理活动第一次出现时注意和兴趣的强度。”并且这种先入为主的第一印象是人的普遍的主观性倾向，会直接影响到以后的一系列行为。

在生活中，我们每个人都会不知不觉地对“第一”有特殊的感情，并会对“第一”情有独钟，比如，你会记住第一任老师、第一天上班、第一个恋人等等，但对第二就没什么深刻的印象。而这，就是“首因效应”的表现。同样，“首因效应”同样适用于社交活动中，给别人留下良好的第一印象，俘获别人的心，才能在社交中通过影响对方的潜意识，来达到我们的交际目的。因此，在社交生活中，我们需要记住，完美的第一印象至关重要。

心理学家研究表明：在人际交往过程中，第一时间留下的印象非常重要，与一个人初次会面，45秒钟内就能产生第一印象。这一最先的印象对他人的社会知觉产生较强的影响，并且在对方的头脑中形成并占据着主导地位。一般情况下，一个人的体态、姿势、谈吐、衣着打扮等都在一定程度上反映出这个人的内在素养和其他个性特征。

可见，要想在人际交往中被人接纳和肯定，那么就要给别人留下完美的第一印象，这在很大程度上影响着你的交际。那么，具体来说，作为女性，该怎样利用好这一效应呢?

1.注意穿着打扮，塑造美好的气质

对于很多人来说，良好的气质是给别人留下美好的第一印象的前提。因为引起别人关注的首先是视觉。

社交生活中，我们要充分展现自己在穿着打扮上的优势，将自己的气质塑造出来。当然，选择衣服的时候一定要适合自己的形象，比如肥瘦长短要适合自己的身材，还要适合自己的整体形象。这样，当你的穿着打扮到位之后，你的美好气质自然就显露出来。

2.主动和对方打招呼

有些人在社交生活中总是表现得过于羞涩、胆小，需要她表现的时候，扭扭捏捏，让人觉得矫揉造作，这样的人会给别人留下极不好的印象。相反，大方自信的人往往更能赢得别人的喜欢和欣赏。因此，第一次与人见面，不妨大方一些，自信一些，让别人因为你的大方和自信而对你充满好感。

俗话说：“一回生，二回熟。”对于初次见面的人来说，你主动开口，向对方打招呼，就能体现出自己的热情和对对方的重视，一定能叩开交际的大门。如果你能用自信真诚的目光正视对方的眼睛，会给对方留下深刻的印象。

3.找出与对方的“共同点”

人际交往中，人们都有“求同”心理，人与人之间也往往因为一些沟通中的共同点紧密联系在一起。即使是初次见面，也会在无形中让他对你产生亲切感。一旦心理上的距离缩短了，双方就很容易推心置腹了。

4.了解对方的兴趣、爱好

对初次见面的人，如果你能用心了解对方的兴趣、爱好并充分利用，就能缩短双方的距离，加深对方对你的好感。

例如，和年轻女孩谈减肥、星座，和孩子谈动画片等。即使是对自己不甚了解的人，也可以谈谈新闻、书籍等话题，这都能在短时间内给对方留下深刻的印象。

心理启示

在人际交往中，当别人给你留下的第一印象良好时，在接下来的接触中你会觉得他什么都好，如果别人给你留下的第一印象不好时，就会觉得时时看他不顺眼，这就是心理学上所说的首因效应。

事实证明，第一印象是难以改变的。“首因效应”，就是说人们根据最初获得的信息所形成的印象不易改变，甚至会左右对后来获得的新信息的解释。

近因效应：不良印象要尽快消除

心理学故事：

美国心理学家卢钦斯用编撰的两段文字作为实验材料研究了首因效应现象。他编撰的文字材料主要是描写一个名叫吉姆的男孩的生活片段：第一段文字将吉姆描写成热情并外向的人，另一段文字则相反，把他描写成冷淡而内向的人。例如，第一段中说吉姆与朋友一起去上学，走在洒满阳光的马路上，与店铺里的熟人说话，与新结识的女孩子打招呼等；第二段中说吉姆放学后一个人步行回家，他走在马路的背阴一侧，他没有与新近结识的女孩子打招呼等。在实验中，卢钦斯把两段文字加以组合：

第一组：描写吉姆热情外向的文字先出现，冷淡内向的文字后出现。

第二组：描写吉姆冷淡内向的文字先出现，热情外向的文字后出现。

第三组：只显示描写吉姆热情外向的文字。

第四组：只显示描写吉姆冷淡内向的文字。

卢钦斯让四组被试分别阅读一组文字材料,然后回答一个问题：“吉姆是一个什么样的人？”结果发现，第一组被试中有78%的人认为吉姆是友好的，第二组中只有18%的被试认为吉姆是友好的，第三组中认为吉姆是友好的被试有95%，第四组只有3%的被试认为吉姆是友好的。

这项研究结果证明，信息呈现的顺序会对社会认知产生影响，先呈现的信息比后呈现的信息有更大的影响作用。但是，卢钦斯进一步的研究发现，如果在两段文字之间插入某些其他活动，如做数学题、听故事等，则大部分被试会根据活动以后得到的信息对吉姆进行判断，也就是说，最近获得的信息对他们的社会知觉起到了更大的影响作用，这个现象叫作近因效应。

近因效应是指当人们识记一系列事物时对末尾部分项目的记忆效果优于中间部分项目的现象。前后信息间隔时间越长，近因效应越明显。原因在于前面的信息在记忆中逐渐模糊，从而使近期信息在短时记忆中更为突出。

在人际交往中，人们往往比较重视第一印象效应，而忽视甚至对“近因效

应”一无所知。事实上，在学习与人际交往中，“近因效应”与“第一印象效应”同样重要。心理学上认为，能强留在人的记忆里的，在最初到最后的记忆，也就是说，第一印象固然重要，但随着交往的深入，印象会逐渐发生改变，一连串事件的不同阶段，被接受的印象很有差异，只有最初和最后印象深刻。

近因效应在我们的现实生活中是常见的。细心的人们，你是否曾看到过：两个好朋友为一点意见、误会而翻脸甚至断交；常年来往，亲密得彼此不分的两个家庭，为一件小事闹矛盾，甚至大动干戈，从此断绝来往。而产生这类现象的原因之一，就是受到近因效应的影响。

然而，我们不得不承认的是，很多人却忽视了近因效应，导致了人际交往虎头蛇尾，给别人的最终印象很差，这样的事例屡见不鲜。

所以，在与人交际的过程中，任何一个人，都要善于运用一些心理策略，充分利用首因效应和近因效应，两者都要重视，才能让别人真正喜欢我们。而假若你给对方的第一印象并不好，一定要尽快消除，具体来说，你可以这样做：

1.尝试沟通

即使你带给别人的第一印象不好，也不要因此忧心忡忡，只要你能尝试多沟通，不动声色地表现自己良好的一面，就能让他人对你有进一步的了解，化解误会，重新建立别人对你的好印象。

2.注重后期维护

在沟通后，你更要注重持续的维护工作，绝对不能让人觉得你的热情只有三分钟热度。因此，人们往往更记得和喜欢经常保持联系、维持关系的人。

因此，你不妨平时打个电话，偶尔送个小礼物，有时间互相走动一下。由于是一直处在交往的状态，在有需要帮助的时候提出请求就不显得突兀了。反而那些刚认识的时候很热情，事后长时间不联系，有需要帮助的时候突然又找上来的人，会让人们觉得自己像是被利用了。每个人难免产生抵触心理：我不是你招之即来挥之即去的人。会经营人际关系的人，一定会注重平时关系的维护。

总之，在与人交际的过程中，我们要善于运用一些心理策略，尽量做到让别人喜欢你。如果你在与人初会的过程中，犯下了某种错误，或是表现平平的话，可以在分手之前，做一个良好的表现，以改变对方对你原来的印象。只要你的表现得体，不管原先的表现如何，都可以获得补救，甚至留下永生难忘的印象！

心理启示

近因效应有利有弊，在不同的情况下，你需要对近因效应的作用辩证对待，其宗旨是避免不利近因效应的影响，利用积极近因效应的作用，为我们赢得朋友的心奠定基础。如果给对方的第一印象不够好，或者在双方的交往中曾遇到了不快，我们应该巧妙地运用“近因效应”，在最后时刻，挽回局面，达成谅解，给对方留下好印象。

焦点效应：人人都渴望被关注

心理学故事：

一位女助理奉上司之命，和另一家公司谈合作之事，这天，她走进了对方公司负责人的办公室。对方当时正在处理另外一件事，她静静地坐了下来，观察了一下此人的办公室：在他的办公桌后面是一个很大的书柜，隐约地，她看见，书柜里摆放了很多书，然而最显眼的还是那张穿着博士服的照片，照片一侧竖写了四个大字“大展宏图”，照片被裱了起来，看起来非常不错。实际上，她已经听说了，这个经理，和一般的博士不一样，他是通过自学考上大学，然后一步步走到今天的，这时，她心中的敬意涌上心头。

当对方忙完以后，她说：“王总，您是博士毕业啊？读的哪所大学？您的事迹我听过一些，很让人敬佩，您是博士又掌管着这么大的一个公司，国内像您这样的董事长可不多啊！”对方一听，立刻哈哈大笑：“哪里，哪里，过奖了……”于是，对方开始讲起了自己以前的辛酸故事。

对方谈了一会儿，她就带着对方进入商业正题，她今天来的目的就是将公司积压的那批货卖给这家公司，这样，才能解决公司的财政危机。但是，当

她如实报出了上司订的价格后，对方的脸色马上就变了，这时，她看出了不对劲，于是，她又说：“王总，照片上的字是您写的吧，真有气势，您对书法肯定也很有研究吧？”

对方一听，说道：“过奖了……我以前……”

最后，这笔生意很快就谈成了，而她也与对方成了很好的朋友，闲暇时间便一起打球、喝茶，畅谈人生理想。

故事中，这名女助理是聪明机智的，刚开始，她利用的就是通过满足对方的心理需求，肯定对方的能力和充满心酸的历史，来拉近和对方之间的距离，在冷场的时候，她再次强化了对方这一需求。试想，如果一开始她就直接将正题放在工作上，大谈对方和自己合作的好处，那估计她谈判的过程也不会如此顺利。

这个故事常被心理学家们引用。人们之所以会对那些关注自己的人产生好感，是焦点效应的表现。生活中，每个人都有同样一种心理：我们习惯把自己看作一切的中心，希望得到他人的关注，这就是焦点效应。社交生活中，我们也可以利用这一效应，一定要给对方以足够的重视，甚至在某些时候还要试着让对方多做做“焦点”，这样才会拉近交际双方的心理距离，才会提高我们的交际效率。

心理学家基洛维奇在康奈尔大学做了一个实验，他让康奈尔大学的学生穿上某名牌衣服，然后进入教室。在进入教室前，这名学生认为班上肯定有过半的学生会注意到他的名牌衣服，但实际上，令他意想不到的是，结果只有23%的人注意到了这一点。

这个实验说明，我们总认为别人对我们会倍加注意，但实际上并非如此。由此可见，我们对自我的感觉的确占据了我们世界的重要位置，我们往往会不自觉地放大了别人对我们的关注程度，而且通过自我的专注，我们会高估自己的突出程度。

生活中的人们，你每次出门前是否会精心打扮一番，这是因为你想成为他人眼中的焦点。用餐时，你不小心将餐巾纸弄掉了，你很尴尬，实际上，并没有人注意到这一点，这也是焦点心理在作怪。其实，我们完全没必要这么紧

张。有实验表明，其实我们（不是公众人物的情况下）并不是那么受人关注。但从人们的这一心理中，我们可以得出一个获得他人好感的秘诀——满足他人成为焦点的心理。

社交生活中，无论出于什么目的的交往，我们都要懂得做足“预热”工作，特别是陌生人，如果我们一味地说自己的事，对方必然觉得乏味，而如果说对方的事，对方则更愿意听，交谈也必然更顺利。

事实上，生活中，我们与人相处的时候，并不需要处心积虑的讨好对方，也不需要毫无瑕疵的语言奉承，因为这些都不及让对方做焦点中心来得更有效。

比如，在交谈中，我们可以引导对方谈得意之事。再得意、再值得骄傲和自豪的事情，如果没有他人的询问，自己也不便主动提及。如果你能在适当的时候、恰到好处地提起的话，对方一定会欣喜万分，并会敞开心扉畅所欲言。适当地给人这种机会，他一定对你念念不忘。

总之，每个人都想成为焦点，每个人都想博取别人的关注。我们承认，这是一种心理弱点，但却是普遍存在的。我们在处理人际关系的过程中，一定不能忽视人们心理客观存在的这种“焦点心理”，一定要试着让别人多做做焦点。

心理启示

我们认为，既然每一个人都有一种“想让自己成为焦点”的心理，那么，每一个人，在社交生活中，你就不能忽视人们的这种心理。为了和谐的人际关系，为了提升我们的交际能力，为了提高我们的交际效率，我们应该学会洞察不同场合里人们的“焦点心理”，甚至应该尝试着去满足对方的“焦点心理”。相反，如果我们在人际交往中过于考虑自己的内心感受，而从来不考虑对方的“渴望被重视”的“焦点心理”，就可能在人际交往中遇到麻烦。

细节效应：贴心点，以细节打动人

心理学故事：

一天，法国巴黎的希尔顿大酒店来了一位美国女宾，她衣着讲究，应该是个上层社会的人，但她似乎很匆忙，只是简单地安顿了一下就去参加商业洽谈了。

这位女宾的举动很快引起了细心的值班公关经理的注意。值班公关经理在女宾走后，很快吩咐服务员重新布置来客的房间，把房内的地毯、窗帘、床罩和桌布统统换成大红色。

美国女宾忙了一天回到酒店，对自己房间的变化甚为惊讶，怀着好奇的心理去问公关经理为什么这样做。经理说：“我看见您的皮鞋、提包和帽子都是红色的，猜想到您对红色一定有兴趣，于是就做了这样的布置。您的商务繁忙，更希望休息得好些。这样的环境，您喜欢吗？女宾听了非常满意，当即取出支票本，开了张一万元的支票，作为小费赠送。投其所好，留意顾客的衣着举止，使希尔顿大酒店赢得了顾客的青睐和信誉。

故事中，这位公关经理就是细心的，他通过充分了解、分析顾客心理，从而投其所好，因此来获得客户好感，为希尔顿酒店的信誉做出了贡献。

在我们的人生中，很多细节都会像我们遇到过的路人一样被我们遗忘。但总有一些细节，会深深地打动我们，甚至在我们的记忆里打上深深的烙印，成为我们留给别人的难以抹去的印象。细节虽小，但它的力量是难以估量的。这就是细节效应，因为细节更能看出一个人的性格、品性、态度等各个方面。交际场合中，尤其是事关重大的交际场合，请千万注意细节，千万要做到“滴水不漏”，“一丝不苟”，这样才能给别人留下好印象。

曾经有一个故事，讲的是一个理工科女孩和十几个男孩一起竞争一名技术主管的职务。面试时，主考官并没有按照正常流程走，而是只让应聘者随便在公司内走上一圈，然后发表个人对公司的看法。这十几个男孩都大谈特谈规模、前景、抱负等。而最终，让他们意想不到的是，这家公司居然录用了这名

身材弱小的女生，其实原因很简单，因为她在参观洗手间时将一只正在滴水的龙头牢牢关好了。

这也是重视细节带来的良好效应。现代社会，在与人交际的过程中，不妨也和这位理科女孩一样，关注细节、重视细节，并从细节着手潜移默化的影响他人，最终达到我们的交际目的。

生活中，人们常说："细节决定成败"，其实，社交生活中也是如此，只有做好每一件小事，才能让他人感受到你的贴心。那么，细节究竟是什么呢？其实细节就在我们身边，包括你在与人见面时候的言谈举止、穿着打扮等。细节是无处不在的，它虽然非常的微小，但是却可以从根本上影响一个人。

那么，细心的人们，社交生活中，该怎样做才能以细节取胜呢？

1.注意言行举止，做到不失礼

礼仪是人们社会活动的润滑剂，是联络人们感情的纽带，是人际关系的桥梁，礼仪具有沟通作用。生活中的礼仪可以使你在人们心目中树立一个良好的形象，如果你很傲慢无礼，即使你的话是金玉良言，人们也不会有心思去听，无形中丧失了交流的机会，就更不用说使对方对你敞开心扉谈论问题了。没有人会拒绝有礼貌的人，即使是对方在极其愤怒或者悲伤的时候，他们会被你的礼貌所打动，缓和自己极端一时的情绪与你交流，所以懂得礼仪的人会有一个好人缘，这会给你的社交带来不可估量的好处。

2.微笑给你加分

笑容是一种令人感觉愉快的面部表情，它可以缩短人与人之间的心理距离，为深入沟通与交往创造温馨和谐的氛围，因此，有人把笑容比作人际交往中的润滑剂。在笑容中，微笑最自然大方，最真诚友善。世界各民族普遍认同微笑是基本笑容或常规表情。在人际交往中，保持微笑，作用明显。但是要注意你的微笑应发自内心，渗透着自己的情感，表里如一。因为毫无包装或娇饰的微笑才有感染力，才能被视作"参与社交的通行证"。

3.小事情制造惊喜

当然，这样的小事情应该符合以下几个特点：

第一，一定要是有利于对方的事情；

第二，一定要是对方容易在生活中忽视的事情；

第三，这件事在对方看来一定要是惊喜和意外。

在人际交往中，多做一点让他人意外的小事情，是对我们的交际形象进行精雕细琢的重要举措，是完善我们交际形象的一个重要招数。这种小事情做得越多，我们的人缘就会越好。

心理启示

心理学家指出，在人际交往中，越是微小的细节越能打动人心。能否充分重视交际中的细节，直接关系到交往的成败，正所谓“成也细节，败也细节”。细心的人常常因为重视细节而在人际交往中旗开得胜，而粗心者则常因忽略细节而在人际交往中功亏一篑。

相悦定律：主动伸出友谊之手

心理学故事：

下面是世界上的顶级富翁巴菲特和比尔盖茨之间的一段故事：

曾经一度，世界首富比尔·盖茨和世界第二富翁沃伦·巴菲特是两个互不相干的人，彼此只闻其名，不识其人，两人之间甚至还有很深的偏见，盖茨认为巴菲特是一个小气、顽固、靠投机敛财的人，巴菲特则认为盖茨不过是运气好，靠时髦的东西赚了钱而已。但后来的一次机遇，让他们重新认识了彼此，并建立了深厚的友谊。这件事情发生在1991年。

那年的一天，巴菲特给盖茨寄去了一张华尔街CEO聚会的请帖，主讲人就是巴菲特，因为对巴菲特心存偏见，盖茨对这次聚会不屑一顾，对于这张请帖，他也随手丢到了一旁，这一幕被盖茨的母亲看到了，她劝解自己的儿子：“我倒是觉得你应该去听听，他或许恰好可以弥补你身上的缺点。”母亲的话让盖茨清醒了许多，他决定以全新的态度去认识巴菲特这个商界前辈。

二人见面后，对盖茨同样心存偏见的巴菲特也傲慢地说："你就是那个传说中非常幸运的年轻人啊？"在听过母亲的劝解后，盖茨是抱着一颗真心来结识巴菲特的，因此，面对巴菲特并不客气地问候，他没有针锋相对，而是真诚地鞠了一躬，"我很想向前辈学习。"盖茨的这一举动让巴菲特觉得很意外，但也很感动，就是这一举动，让巴菲特对盖茨的印象一下子好了很多。

就在离会议开始还有一段时间时，这两个商界奇才坐到了一起，他们就世界经济这一问题发表了自己的看法，他们发现，原来彼此对于很多问题的见解都如此惊人的一致，除此之外，他们还要很多共同点，都是白手起家、热衷冒险、不怕犯错误……不知不觉中，时间过去一个多小时，意犹未尽的巴菲特被催促着来到演讲台上，他的开场白竟然是："在开始讲话之前，我想说的是，今天我第一次和比尔·盖茨交谈，他是一个比我聪明的人……"

从这次聚会之后，他们之间进行了更为密切的交往，随后，他们都发现原来彼此之前对对方存有很深的偏见。盖茨逐渐认识到，原来巴菲特并不是人们所说的吝啬小人，而是对金钱有着超凡脱俗的深刻见解，他说"财富应该用一种良好的方式反馈给社会，而不是留给子女……"就是在他的影响下，一心忙于工作、对婚姻持怀疑态度的盖茨终于学会了热爱家庭。

而在巴菲特眼里，盖茨也是个年轻有为的"真人"。2006年6月15日，盖茨宣布将逐步退出微软，专心从事慈善基金会的事业。紧随其后，6月25日，巴菲特因为妻子过早去世，决定将把370亿美元的财产捐给盖茨的慈善基金会。

巴菲特多次公开说，此生最了解他的人就是盖茨；而盖茨尊称巴菲特为自己人生的老师。

可以说，盖茨和巴菲特之间偏见的解除，是由盖茨这个年轻人的一句"我很想向前辈学习"而逐渐化解的，他曾经给巴菲特的印象就是一个幸运的年轻人，而当他决定用一颗真心去结交巴菲特的时候，他已经抛开成见，跨出了交往的第一步，才会有后来两人关系的逐渐好转到成为莫逆之交。

从这个故事中，我们看出一点，人与人之间的感情是相互的，要想获得他人的喜欢，我们首先就要尝试喜欢他人，并主动伸出友谊之手，这就是心理学

上的相悦定律。

人际吸引的相悦定律，就是指人与人在感情上的融洽和相互喜欢，可以强化人际间的相互吸引。更简单地说，就是喜欢引起喜欢，即情感的相悦性。决定一个人是否喜欢另一个人的一个强有力的因素是，这另一个人是否喜欢他。

了解了人际吸引的相悦规律，就可以用它来指导我们的交际，以便能更好地交往与沟通。

一方面，我们要用友善的态度对人，在与人交谈的时候，要多考虑对方的感受，不要轻易地说让他人心情不悦的话，更不要随便当面指出对方的缺点，即使他人有什么过错，也应该迂回、委婉地指出来，让他人感受到你的善解人意，这样才能取得别人更多的信任和喜爱。

另一方面，与任何人交往，都不可太过感性，如果只与那些说好话的人交往，就会掉进奉承的陷阱里，而交不到真正的朋友。

再次，我们应该放宽自己的眼界，不要只与自己喜欢的人交往。因为很多我们不喜欢的人，却是能激励我们成长的人，他们常常忠言逆耳，常常不厌其烦地指正我们的行为。

心理启示

对于相悦定律，我们应该有个全面的认识：第一，不要只和自己喜欢的人交往，要知道，在那些我们不太喜欢的人中，或许有许多良师益友；第二，有些人，初相识的时候觉得话不投机，但随着交往的深入，你会发现他们也有很多可爱的、值得你学习的地方。

沟通位差效应：平等交流是有效沟通的保证

心理学故事：

在沃尔玛公司，高层领导们一再强调倾听基层员工意见的重要性，即使现

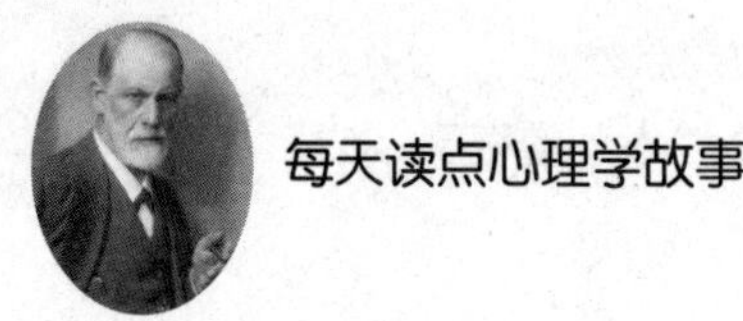

在公司规模不断扩大也是如此。

沃尔玛实行“门户开放”政策，这个政策的含义是，在公司内，即员工任何时间、地点，只要有想法或者意见，都可以口头或书面形式与管理人员乃至总裁进行沟通，提出自己的建议和关心的事情，包括投诉受到不公平的待遇。公司保证提供机会讨论员工们的意见，对于可行的建议，公司会积极采纳并用来管理公司。

沃尔玛公司的董事长沃尔顿先生也总是很乐于接见来自各地的基层工作人员，他总是很耐心地听对方把话说完，如果情况属实，或者对方的意见正确，那么，他就会认真解决与之有关的问题。同时，他要求公司每一位经理人员认真贯彻公司的这一思想，并要付诸行动，而不要只做表面工作。

沃尔玛重视对员工的精神鼓励，总部和各个商店的橱窗中，都悬挂着先进员工的照片。公司还对特别优秀的管理人员，授予“山姆·沃尔顿企业家”的称号。

沃尔顿还强调：员工是“合伙人”。沃尔玛公司拥有全美最大的股东大会，每次开会，沃尔玛都要求有尽可能多的部门经理和员工参加，让他们看到公司的全貌，了解公司的理念、制度、成绩和问题，做到心中有数。每次股东大会结束后，沃尔顿都会邀请所有出席大会的员工约2500人到自己家里来举办野餐会。

在野餐会上，沃尔顿与众多不同层次的员工聊天，大家畅所欲言，交流对工作的看法，提出对公司的建议，讨论公司的现状和未来。每次股东大会结束后，被邀请的员工和没有参加的员工都会看到会议的录像，而且公司的刊物《沃尔玛世界》也会对股东大会的情况进行详细的报道，让每个员工都能了解到大会的每一个细节，做到对公司确实全面的了解。沃尔顿说：“我想通过这样的方式使我们团结得更紧密，使大家亲如一家，并为共同的目标而奋斗！”

这则故事中，沃尔玛为什么能凝聚员工的精神，让员工对公司有强烈的认同感和主人翁精神？因为他们重视和员工之间的平等沟通。在同行业中，沃尔玛的工资不是最高的，但他的员工却以在沃尔玛工作为快乐，因为他们在沃尔玛是合伙人。

通常来说，在企业中，信息的交流主要有三种：上传、下达、平行交流。

前两种是非平等交流，后一种总体上是一种平等交流。要想扩大沟通的有效性，就需要把平等的理念注入到前两种交流形式中去。关于这一点，有个著名的“位差效应”。

那么，什么是“位差效应”呢?

这一效应来自于美国加利福尼亚州立大学对企业内部沟通进行研究后得出的重要成果。这一研究结果表明，来自领导层的信息中，被下属真正知道并正确理解的只有20%~25%，而其中能向上级反馈的信息则不超过10%，而平行交流的效率则可达到90%以上。

后来，经过进一步的研究，他们发现，正是因为平行交流是建立在平等基础上的，所以它的效率很高。为了验证平等交流在企业内部实施的可行性，这些研究者尝试在企业内部建立一种平等的沟通机制。结果发现，建立这种机制后，大大增加了企业领导和下属间的沟通能力，使他们在价值观、道德观、经营哲学等方面也能很快地达成一致；可以使上下级之间、各个部门之间的信息形成较为对称的流动。这样，他们得出了一个结论：平等交流是企业有效沟通的保证。

现实生活中，每个人都渴望获得他人的尊重认可，这一点，无论是国家元首还是流浪汉、乞丐都无一例外。任何交流，只有建立在平等的基础上，才会取得应有的成效。

其实，从某种意义上讲，我们这里所说的“平等沟通”，并不是“平等地位”的沟通，而是发自内心的情感交流。有修养的人通常都能做到：待人真诚、言语得体，凡事平常心对待。也就是说，在与人交流的时候，我们应该放下架子，从心理上实现“平等沟通”。放下架势，沟通才能顺畅。

心理启示

平等是有效交流和沟通的保证。在人际沟通的过程中，要想取得良好的沟通效果，提高沟通效率，必须尽可能地使双方处在一个平等的位置上。否则，就不可能实现真正的沟通。

改宗效应：“反调”更有价值

心理学故事：

有一次，唐太宗去洛阳，路上住在显仁宫。大队人马安顿下来，侍女奉茶，太宗一看茶盘、茶杯都是几年前来这儿用过的旧银器，心中很是不快，命人把总管叫来，狠狠地训斥了一通。总管心想：贞观初年，皇上您自己省俭得很，怎么如今嫌这嫌那的呢？心里不明白，嘴上却只好认错，赶忙命御厨将皇上的晚餐多加了几样海鲜。晚上，太宗来到餐桌前，瞥了一眼，又大为不悦：“怎么搞的，海味不见新奇，山珍又少得可怜，总管哪里去了？快把他贬为百姓！”说罢拂袖而去。

第二天，魏征知道了事情的来龙去脉，便来到太宗的内宫。这时的魏征已是唐太宗的宠信之臣，进出较为方便，与太宗讲话亦自在得多了。叙过君臣之礼后，魏征转入正题：“陛下，臣闻皇上为总管侍奉不好而发脾气，臣以为这是个不好的苗头。”

唐太宗不解：“我大唐国家殷实，多花几个小钱有什么了不起?再说，我可是一国之君啊!”

魏征深感唐太宗“当局者迷”，便决计为他指点“迷津”：“陛下，正因为您是一国之君，所以您一开头，马上上行下效，整个社会就要形成一种奢靡的风气，那就糟了。”

“爱卿，请不要把话说得这么严重。国君就我一人，其他人谁敢向我看齐？”

魏征越发感到问题的严重性，他想：皇上经常把隋亡的教训挂在嘴上，何不以此来警策皇上呢?

“陛下，当年隋炀帝巡游，每到一地，就因地方上不献食物或贡物不精而被责罚。如此无限制地追求享受，结果使老百姓负担不起，导致人心思变，江山丢失。皇上怎么能效法隋炀帝呢？”

这一着真灵，唐太宗果然大为震惊：“难道我是在效法隋炀帝吗？”

“是的，陛下！像显仁宫这样的供应，如果知足的话，会很感满足的。但如果炀帝来，即使供应再丰盛精美一万倍，也难填他的欲壑。”

唐太宗听了既震惊又感动：“爱卿，除了你，其他人是讲不出这种话的啊！”

“以铜为镜，可以正衣冠；以古为镜，可以知兴替；以人为镜，可以知得失。魏征没，朕亡一镜矣！”这句话，堪称对魏征人生价值的最佳诠释。的确，魏征是太宗的镜子，多次采纳魏征的意见。

这则故事中，太宗在洛阳时，对行住条件不满，众人也不敢多说，只能听从，但魏征却不同，他刚直敢言，勇于谏诤，检点太宗的过失，他正如太宗自己所说：“爱卿，除了你，其他人是讲不出这种话的啊！”

对于大臣们的赞同意见，太宗没有采纳，却偏偏采纳唱反调的魏征的意见，这是为什么呢？

其实，这是心理学上改宗效应的作用。改宗的心理学效应，说的是，在一个问题对某人来说十分重要的时候，如果他在这个问题上能使一个“反对者”改变意见而和自己的观点一致，他宁愿要那个“反对者”，而不要一个“同意者”。简而言之，人们喜爱改变观点者甚于喜爱一向忠实于自己观点的人。

“改宗效应”使我们明白：某些没有是非观念的“好好先生”之所以被人瞧不起，乃是因为他们给人一种没有能力的感觉；而不少敢于直言是非，勇于开展批评的人，最终能受到人们的喜爱，乃是因为他们给人一种富有才能的感染力。

俗话说：“良药苦口利于病，忠言逆耳利于行。”的确，人们都爱听好话，不愿与那些反对我们的人为伍，可有一种情况，如果当众人附和我们的时候，突然有个人提出与众不同的意见，和大家唱起了反调，可能我们会更重视这个反对意见。因为人们往往有这样的心态，总是喜欢历尽艰辛的征战，却鄙视不战而胜的果实，会认为那些反对意见更真诚、更发自内心。

其实，生活中，“改宗效应”随处可见，比如，很多长相可人的女孩子，追随者无数，可偏偏只有那些故意和她作对的男生，才入得了她的法眼。并且，她们还会处心积虑要征服这个男生，他为什么不喜欢我呢？是我不够出色还是他眼界太高？反正，无论什么原因，都足以引起她的好奇。等她终于胜利收兵，却发现自己未见得有多喜欢这个男生，只是他的忽视引起了自己的好胜心而已。估计很多恋爱中的男人都使用过这样的伎俩，当自己站在追随者的阵营无法攻破对方的堡垒时，开始从另外一个角度，让自己进入刁难者的阵营，当这个阵营比较稀缺的时候，反而容易胜出。

心理启示

现实生活中，我们在与人交际的时候，不要总是当“好好先生”，不妨站在“毒舌”的行列，对对方说“不”，你会发现，你会越来越“招人待见”，你的意见也会越来越有价值！

多看效应：常联系，朋友间不联系就会生疏

生活中的人们，你是否有这样的感受：假设你有这样两位大学同学，你与他们俩的关系都很好，但毕业以后，你和其中的一个同学留在了读书的这座城市，而另外的同学去了其他地方。你与前者几乎天天见面，没事就聚一聚。而与后者，你们虽然也偶尔通电话，但毕竟都有自己的生活，几乎没有见过面，几年以后，你更喜欢谁？与谁更亲密？很明显是前者，这就是“多看效应”的表现，见面次数多，即使时间不长，也能增加彼此的熟悉感、好感、亲密感。相反，见面次数少，哪怕时间长，也难以消除因间隔的时间长而有生疏感。因此，在维护人脉关系中，我们应该多增加与对方见面的机会，这一效果是经常通电话所无法比拟的。

可见，如果我们要想保持和朋友的关系，真正走进对方心里，就需要和对方持续的接触。比如，你想追求某个女孩，一次见面在一起待一天，还不如经常约见；再比如，你想通过汇报工作来赢得领导的注意与重视，一次性将你一个月的工作汇报完，还不如经常汇报。这一点，同样适用于人际关系的建立。

要知道，为了给对方留下好印象，你一个人滔滔不绝地说话，效果反而不好。你不妨找机会多与对方见面，每次时间不要太长。这样，能给对方一定的思维空间，让他回味你的为人，就会期待与你的下一次见面。

当然了，“多看效应”发挥作用的前提是有良好的第一印象，假如你给别人的第一印象就差，那么，很可能见面次数越多就越惹人讨厌，“多看”反而让人“多厌”，那就起到反作用了。

心理启示

人际间的关系是变动的，两个人相处，不是越来越互相信任，便是越来越彼此猜疑。要想保持友谊，必须适当地互动。一旦静止，彼此就疏远了。人脉管理也是如此，关键在于互动。我们要想维持友谊，就需要持续的接触，只有这样，你才能攻破对方最后的心理防线，成为其真正意义上的朋友。

犯错误效应：小瑕疵让你更完美

心理学故事：

美国社会心理学家埃利奥特·阿伦森设计了这样一个实验：在一场竞争激烈的演讲会上，有四位选手，两位才能出众，几乎不相上下，另两位才能平庸。才能出众的一名选手在演讲即将结束时不小心打翻了一杯饮料，而才能平庸的选手中也有一名碰巧打翻了饮料。

实验结果表明：才能出众而犯过小错误的人更有吸引力，才能出众但未犯过错误的排名第二，而才能平庸却犯错误的人最缺乏吸引力。

为此，心理学家提出“犯错误效应”，也称“白璧微瑕”效应，即小小的错误反而会使有才能的人，人际吸引力提高。

有研究结果表明：对于一个德才俱佳的人来说，适当地暴露自己一些小小的缺点，不但不会形象受损，而且会使人们更加喜欢他。“自我暴露会让别人喜欢你”。

因此，在人际交往中，如果你是一个优秀的人，那么，适当地暴露自己的一些小缺点和不足，会让你更受欢迎。

心理学家对“犯错误效应”的解释是，一个人适当地暴露自己一些小的缺点，至少可以达到两个目的：

（1）可使人们感到他也是个普通人，因而会觉得他是比较容易相处的。试想，谁愿意和一个“完美”的人相处呢？那样只会觉得压抑、恐慌和自卑。

（2）可使人们感到他的真诚和对人的信任，因而会觉得他是可敬可爱的人。这正如一位先哲所说的那样：“一个人往往因为有些小小的缺点，而显得更加可敬可爱。”

“金无足赤，人无完人”，生活中，我们发现，那些“趋于完美”、“毫无瑕疵”的人并没有太多的朋友，越是苛求完美，人际关系也越差，因为这些人虽然优秀，但不可爱。在与陌生人交谈的过程中也是如此，那些表现得十分完美的人，人们往往敬而远之；而相反，适度展示你的缺陷，可以赢得关注。而实际上，一丁点瑕疵根本遮掩不了你本人的光辉。之所以如此说，是因为坦率地暴露缺点，反而使人对你正直、诚实的作风留下深刻的印象，而这种诚实、正直往往转变成别人对你的信赖，自然你也就大受其益了。

举个很简单的例子，每当百货公司举办“瑕疵品贱卖会”，必然造成人潮涌动的盛况，甚至连大拍卖也比不上它的吸引力。为什么“瑕疵品”能如此地激起人们的购买欲呢？这是因为世上本没有十全十美的东西，你把自己的商品吹嘘得天花乱坠，完美无瑕，会给人一种虚假的感觉。而如果你适当的暴露一点无伤大雅的缺点，反而能给人一种诚实的感觉，让人易于信任。

人与人交往，本身就是一个由陌生到熟悉的过程。良好的人际关系是在自我暴露逐渐增加的过程中发展起来的。随着信任程度和接纳程度的提高，交往的双方会越来越多地暴露自己。因此，自我暴露的广度和深度是人际关系深度的一个敏感的“探测器”。

那么，我们在与陌生人说话、“自我暴露”时，应该注意什么呢？

1．把握“度”的问题

“过多地暴露”或者“和盘托出”都会存在风险，那有可能导致对方顺着你的思路去评价你，最终导致的结果是让对方远离你，因为和人们不喜欢“完美”的人一样，他们也不喜欢全身满是缺点的人。因此，提倡“自我暴露”，并不是让你去不看对象、不分场合、不问情由地“胡暴乱露”一通，我们不妨选择暴露那些不会影响到整体形象的“小事件”或者“小缺点”、“小毛病”等，正因为这些小瑕疵的存在，我们会显得更真实，更可爱！

2．要遵循相互性原则

这时的“相互性原则”的含义是：“自我暴露”必须缓慢到相当温和的程度，缓慢到足以使双方都不致感到惊讶的速度。如果过早地涉及太多的个人亲密关系，反而会引起对方强烈的排斥情绪，引起焦虑和自卫反应，扩大双方之间的距离。

当然，并不是说一个人犯的错误越多，越能增加魅力，“犯错误效应”的产生是有条件的。犯错误者应该是那些具有非凡才能的人，而且是偶然地犯一些无伤大雅的小错误。在阿伦森的实验里，那个平庸又犯错的人成了最不受欢迎的人。大物理学家爱因斯坦有一举动让我们感到非常可爱，就是他帮助邻家小姑娘做算术题，并且津津有味地吃小姑娘给他的甜饼。但这件事情如果发生在普通人身上还能体会到这种美感吗？能力平庸的人即使是犯小错误，给人感觉也是不可原谅的。

因此，在人际交往中，我们若想让别人喜欢自己，就不要苛求完美无缺。我们在修炼自身能力、努力成为一个强者的同时，偶尔犯下一些可以被人谅解的小错误，容易让身边的人产生亲近之感，为你赢来好人缘。

心理启示

如果你是一个强者，请不要过于“包装”自己，追求“锦上添花”，适当地“示弱”，适度地暴露些“瑕疵”反而会赢得更多人的喜欢。

第八堂课

听心理学家讲管理故事：善用管理心计强化领导力量

管理工作的关键是做人的工作。很多公司和企业之所以没有取得良好的发展，甚至不得不面临倒闭，都是因为没有做好这一工作。而要做到这一点，你需要比其他员工更勤奋，必须掌握更多的知识，但最重要的是你要掌握一些心理计策，这样，无论是批评指正下属的工作，还是为下属下达任务，甚至是调动下属的积极性，你都能赢得下属的支持，轻松取得工作上的胜利。

南风法则：良言一句三冬暖

心理学故事：

法国作家拉封丹写过一则寓言：

南风和北风在半空中相遇了，可是它们谁也说服不了对方让步，一时僵持不下。这时，它们看见路上的行人，于是决定打个赌，看谁能将行人身上的大衣脱掉，就算谁获胜，就刮它那个方向的风。北风首先发威，顿时冷风凛冽寒冷刺骨，行人为了抵御北风的侵袭，把大衣裹得更紧了；南风则徐徐吹动，顿时风和日丽，行人觉得春暖全身，纷纷解开纽扣，继而脱掉了大衣。南风便轻而易举地获得了胜利。

这就是心理学上人们常说的南风法则，“南风法则”也叫作“温暖法

则”。它告诉我们：温暖胜于严寒，温情往往比冷酷更能打动人心。

“南风法则”给人们的启示，在与人打交道或者办事情的时候，用好的态度、温和的方式比用高傲相持的生硬方式更容易提高办事的效率。在与人相处时，用友善体贴的方式会比强悍冷漠的方法更易俘获他人的心。这一点，也被运用到了现代企业的管理中。

在松下电器公司，包括松下幸之助在内的所有领导，都很注重员工的利益，并从内心真正关心他们，正是因为如此，员工们才愿意与公司同甘共苦，共渡难关。

20世纪30年代初，世界经济都陷入萧条状态。很多厂家为了自保，都不断裁员，减少工人的薪酬。但松下公司却没有这么做。那时候，松下幸之助因病在家休养，但此时，他依然站出来说，坚决不能裁员，也不能降薪。相反，他决定，生产实行半日制，工资按全天支付。与此同时，他要求全体员工利用闲暇时间去推销库存商品。松下公司的这一做法获得了全体员工的一致拥护，大家千方百计地推销商品，只用了不到3个月的时间就把积压商品推销一空，使松下公司顺利渡过了难关。

其实，在松下的成长史上，曾有几次更为严重的危机，但正是因为松下幸之助始终都坚持和员工一起共存亡的信念，不忘为民众服务的经营思想，使公司的凝聚力和抵御困难的能力大大增强，每次危机都在全体员工的奋力拼搏、共同努力下化险为夷，松下幸之助也赢得了员工们的一致称颂。

从松下的管理经验中，我们看到温情管理为员工营造了一种和谐的工作氛围，让员工感受到了家的温馨，增进了企业内部的相互信任，增强了员工对公司的忠诚感。

在倡导实施以人为本、尊重和关心员工为管理决策的今天，以强制手段来管理员工，是不能打开员工心灵的，更不可能真正调动起员工的工作积极性。而领导者若也能使用暖暖的南风般的温情去管理员工，让员工感受到你的亲和力，那么，员工的心会更贴近企业，更能增强企业的凝聚力和向心力。

事实早已证明，凡是具有蓬勃生命力的企业，都有一套能让员工从内心自然接受的管理手段。所以，员工能在企业这个大家庭里感到，工作虽有压力，但更有动力、更有希望。虽有劳累，但不觉得心累，更充满工作的快乐感、幸福感和愉悦感。

根据南风法则，在企业的管理中，领导者该如何与员工沟通呢？

1.时刻不忘微笑的力量

人们总是愿意与那些热情、开朗的人打交道，一个善于微笑的领导者，总是让人感觉到亲切、和蔼，也总是能给下属留下良好的第一印象。

2.态度要诚恳、说话要亲切

在与下属沟通的过程中，要让下属感到你是诚实的，人们是不愿意和一个虚伪狡诈的人打交道的。另外，一定要把话说得亲切、和蔼，这样才能使下属感到愉快，从而对你产生信任，因此，你说话一定要恰如其分，符合双方的身份，否则，就会引起对方的反感。

3.多关心下属，哪怕再小的事

总之，一个企业的发展，贵在人和。要人和，就离不开“暖意融融”的人文关怀。而作为企业的大家长，领导者只有正确把握好方式方法，坚持用真诚、平等、温暖的情怀去管理，才能让人感觉到春天般的希望，才能使全“家”上下具有共同的奋斗目标和价值追求，对家有强烈的归属感和认同感，对组织有充分的信任感和依托感。如此这般，才能人人心情舒畅，保持春天般积极向上的心态，齐心协力干事创业，进而推动企业繁荣发展。

心理启示

人都是情绪化的动物。情感，是进入别人内心，拉近双方距离的最有利武器。因此，凡是有沟通的地方就有情感发挥的余地。只要懂得这个道理，情感就会在你人际沟通中助你一臂之力，让你轻易地征服对方。同样，现代企业的管理者们在对待员工时，要多点“人情味”，实行温情管理。所谓温情管理，是指企业领导要尊重员工、关心职员和信任下属，以员工为本，多点“人情味”，少点官架子，尽力解决员工工作、生活中的实际困难，使员工真正感觉到领导者给予的温暖，从而激发他们工作的积极性。

布朗定律：找到沟通的钥匙

心理学故事：

（一）一把坚实的大锁挂在铁门上，一根铁棍费了九牛二虎之力，还是无法将它撬开。钥匙来了，它瘦小的身子钻进锁孔，只轻轻一转，那大锁就“啪”的一声打开了。铁棍奇怪地问：“为什么我费了那么大力气也打不开，而你却轻而易举地就把它打开了呢?”钥匙说：“因为我最了解他的心。”

（二）很久以前，有个虔诚的修女，为了拯救受难的人们，她只身来到印度。当她看到当地有很多的人因为贫困而衣衫褴褛甚至没有鞋子穿的时候，她决定自己也不穿鞋子，因为这样才能够更加贴近他们从而更好地帮助他们。

以至后来戴安娜王妃听说此事后，也来印度拜访她，当她看到这位光脚的修女之后，却因为自己穿了一双洁白的高跟鞋而感到无比惭愧……

后来，中东发生了战争，这位修女孤身一人来到战场上，当作战的双方都发现这位修女来到的时候，竟然不约而同地停止了攻击，等她把战区里面的妇女和儿童都救了出来……

在这位德高望重的修女去世的时候，印度举国上下的人民都为她而悲痛，在她的灵柩经过的地方，没有人会站在楼上，因为不愿意自己站的比她还高，而她遗体的双脚仍然是裸露的，向世人宣告她是与那些贫苦的人们平起平坐。这位高尚的修女就是特里莎。

这两个故事告诉我们：找到心锁就是沟通的良好开端。知道别人最在意什么，别人的意愿就会在你的把握之中。

是的，只有深入内心的了解，有效的沟通，才是赢得对方信任的金钥匙。同样，作为企业的领导者，在与员工沟通的过程中，也只有找到打开员工心锁的钥匙，才能在交流中做到有的放矢，针对性地解决交流中的问题。

这就是著名的布朗定律，它是指找到心锁就是沟通的良好开端，知道别人最在意什么，别人的意愿就会在你的把握之中。它是美国职业培训专家史蒂文·布朗提出的。

现实工作中，很多企业领导也认识到沟通的必要性，必须多听听员工的意见和建议，然而，他们似乎并没有找到沟通中的这把钥匙，于是，他们的交流工作多半走过场、是无效用的。而“布朗定律”对沟通技巧的破解和定义是相当深刻的：“一旦找到了打开某人心锁的钥匙，往往可以反复用这把钥匙去打开他的某些心锁。”——这就是“布朗定律”的高明之处，它认为不仅找到钥匙可以打开某人的心锁，而且往往可以反复用这把钥匙去打开他的某些心锁。这句话意味着要找到那把钥匙，不是打开一次心锁就扔掉的那种，而是可以继续用这把钥匙去第二次、第三次地打开他其他的心锁……

从事管理工作的领导者们，应该从这一点中有所感悟，每个员工心中也有那把非同寻常的钥匙，找到这把钥匙，就要看清它的主要特征和本质，不能只看到表象、毛皮，更不能被一些枝节琐碎迷惑。

那么，具体来说，作为领导者，应该如何才能找到这把沟通的心锁呢？

1. 细心观察员工的工作、情感动向

作为一个领导者，在工作中除了要关心员工的工作效率外，还必须要关注员工的情感动向，这是一个需要细心洞察、耐心寻找的发现过程，需要“由表及里”，即根据一些现象逐步深入分析，最后找到问题的关键所在，也需要“因小见大”，即通过此人一些细微的言谈举止，顺藤摸瓜，最后发现隐藏的那把“心锁”。

比如，如果与你沟通的这个员工最近闷闷不乐、不爱与人接触，那么，导致这一问题的原因可能有很多，例如，他本身可能是个不爱说话的人，也可能遇到了爱情、亲情、友情的挫伤，也可能遇到了生活中的难题，甚至有可能是工作本身引起的，也许是这个月的工资被多扣了、奖金少拿了等。这都需要具体分析，同样要深入去观察和分析才能作出正确的判断和处理。总之，对于不同的人，我们要善于根据实际情况找到他具体的、个性的那块心病，从而才可以配上适合的钥匙，最后去打开他的心锁。

2. 从对方感兴趣的话题入手

作为领导者，可能一直以来担当的都是说教者的角色，但事实上，你必须牢记一点，那就是你是说给对方听的，不是说给你自己听的。因此，说话

不在于仅图自己痛快，而必须顾全到对方的兴趣，你要为听者想。要探出对方的兴趣，一般用几个回合的对答就应该可以探出来，然后择其感兴趣的谈下去。

心理启示

任何一个懂得沟通技术的领导，都能在与员工沟通的过程中做到有的放矢和“具体问题，具体分析”，并能掌握对方的意愿，找到打开对方心锁的那把钥匙，而且可以反复用“这把钥匙”去打开他的某些心锁！

特里法则：承认错误是一个人最大的力量源泉

心理学故事：

在美国的一家公司，有个叫哈森的年轻人，他是公司的基层主管。一次，由于工作繁忙，他错误地核准付给一位请病假的员工全薪。

不过，很快，他发现了自己的错误并立即打电话给这位员工，并且解释说必须纠正这项错误，也就是说，他要在这位员工的下一次薪水中扣除这月多支付的薪水金额。然而，这位员工说已经动用了这笔工资，为此，他表示，如果这样做，那么，下个月他就将面临严重的财务问题，因此请求分期扣回多领的薪水。但这样哈森必须先获得他上级的核准，哈森自己做不了主。

“好吧，只能这样了，不过我得请示老板，我想他肯定会大为不满，实际上，这都是因为我的一时疏忽造成的，在没有找到新的方法解决之前，我必须向老板承认错误。”哈森说。

随后，哈森便来到老板的办公室，他很详细地跟老板说明了情况并承认了错误，不出所料，老板听后大发雷霆，先是指责人事部门和会计部门的疏忽，后又责怪办公室的另外两个同事，这期间，哈森则反复解释说这是他的错误，不干别人的事。

最后老板看着他说："好吧，这是你的错误。现在把这个问题解决吧。"这项错误改正过来，没有给任何人带来麻烦。自那以后，老板就更加看重哈森了。

勇于承认错误，为哈森带来了老板的信任。其实，一个人勇于承认自己的错误，不仅能在最短的时间内将问题的危害降低到最小，进而为解决问题争取时间，还能消除一个人内心的某种罪责感，增添满足感。

作为一个企业的领导者，他的一次错误决策，就很可能给企业和员工带来某种损失，因此，勇于承认错误更有必要性。而相反，面对自己犯下的错误，企业领导者因顾及面子而不愿承认，有隐瞒错误的想法，但往往就因这个错误而影响了企业的全局发展。

对此，美国田纳西银行前总经理特里指出的一句管理名言：承认错误是一个人最大的力量源泉。这就是著名的"特里法则"，它讲的是因为正视错误的人将得到错误以外的东西。

然而，现实的工作中，有很大一部分领导，在他们犯错误之后，脑子里往往会出现想隐瞒自己错误的想法，害怕承认之后会很没面子。其实，承认错误并不是什么丢脸的事。反之，在某种意义上，它还是一种具有"英雄色彩"的行为。因为错误承认得越及时，就越容易得到改正和补救。而且，由自己主动认错也比别人提出批评后再认错更能得到别人的谅解。更何况一次错误并不会毁掉你今后的道路，真正会阻碍的，是那不愿承担责任，不愿改正错误的态度。

另外，下属对一个领导的评价，往往决定于他是否有责任感，勇于承担责任不仅使下属有安全感，而且也会使下属进行反思，反思过后会发现自己的缺陷，从而在大家面前主动道歉，并承担责任。

再者，领导这样做，表面上看，是自己承担了责任，会受到下属和上级的责怪，但实际上，它会起到很多我们可能忽视的作用。道理很简单，假如你是中层领导，你主动站出来，为下属承担责任，那么，你的上司肯定也会反思，我是不是也有某些责任呢？企业内部这种互相自省的良好作风盛行开来，便会杜绝互相推诿，上下不团结的局面，使公司有更强的凝聚力，从而更有竞

争力。

因此，作为领导者的你，如果犯了错误，一定要主动站出来，正视错误，必须从行动开始，这样，别人会从内心真正支持你。对错误行为进行有效及时改进，把错误的行为或事实从根本上改变或解决，才是最终目标。

心理启示

人总是有自己的缺点，也自然免不了要犯错误。领导者也是如此，即使管理着规模大小不一的企业或组织，也无法避免。而面对这些错误，一个领导者是否也能摆脱面子问题的烦恼，勇于承认，则体现了一个领导者的责任心。

威尔德定理：高效沟通从倾听开始

心理学故事：

一天，一位商人出海游玩，站在码头，看到一个收获颇丰的渔夫，于是，他开始和渔夫说话。

“您捕的鱼又大又新鲜，捕这些鱼要花多长时间啊？”

“先生，用不了多长时间，我才驾船出海几小时而已。”渔夫回答道。

商人有点困惑地说：“看来你的技术不错，那为什么不多捕一点呢？”

渔夫笑了起来：“为什么非要那样呢？我需要多余的时间做点别的事。”

商人又问：“那多余的时间你用来做什么？”

渔夫说：“很多啊，看我想做什么了，我可以跟孩子玩耍，陪老婆睡午觉，每晚到村里跟朋友喝喝小酒，唱唱歌。我的生活过得美满又充实。”

商人嘲笑地说：“哦，你实在是目光短浅。”他抛出名片：“不过我能帮助你成就一番事业。依我看，你每天应该多花一点时间出海打鱼，用赚的钱再买一条大船，不出多久，你又可以卖掉大船再买几条大船。最后你可以自己做

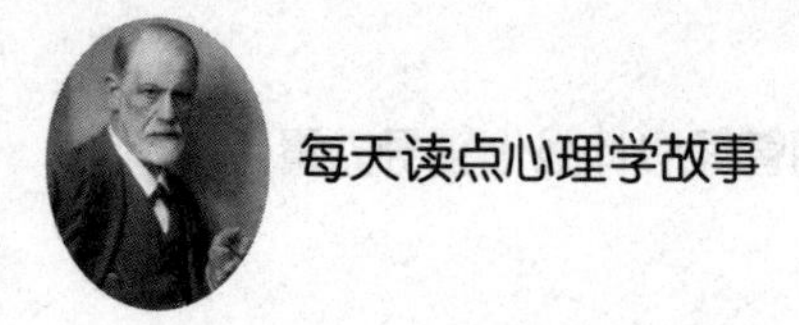

生意，你必须雇更多的渔夫，当然，对于雇佣渔夫这一块，我能帮助你。”

渔夫此时并没有插话，于是，商人拿出了纸笔，边画图表边继续说：“几年后，与其把鱼卖给那些商贩，不如直接卖给加工厂，最后你可以自己开罐头厂。这样，你就能控制产品的生产和销售。当然，你还必须撤离这个小渔村，在市中心找个合适的地点，你知道，你必须扩大你的市场占有率。也许你会搬到更大的城市，在那里你可以完全掌握成功且不断扩大你的生意。”商人说得有点上气不接下气，他稍微停顿一下，等着渔夫对他的意见表示采纳和感激。

渔夫思考了一会说：“先生，这要花多久时间呢？”

“哦，大概……十五到二十年吧。”

“先生，这然后呢？”

商人笑着说：“你会变得很有钱。你可以赚上几百万，甚至上千万。”

渔夫揉着脸颊问道：“那么，接下来呢？”

商人说：“最后，你就可以变成一个有钱的退休者，你可以尽情享受美好的晚年时光，比如，在海边买个渔村，中午陪着老婆孩子，和朋友聊天、唱歌。”

渔夫歇了一会儿说：“先生，谢谢你给我的建议。不过，你没发现，这正是我现在所过的生活吗？”

这里，我们发现，尽管商人费尽唇舌希望能让渔夫改变观念，但最终却还是未能打动渔夫。因为商人与渔夫的出发点本身就是大相径庭的。

这里，我们同样能得到一个管理学启示，一味地说而不倾听这种死板的沟通方式，起不到任何的沟通效果。

从心理学的角度看，人们都希望自己能被尊重和重视。在与员工沟通的过程中，如果领导者能掌握下属的这一心理，多注意倾听员工的心声，那么，一定会收获员工的爱戴和敬重。

可以说，倾听是沟通的开始。关于这一点，有个著名的威尔德定理，由英国管理学家L.威尔德提出，他认为，人际沟通始于聆听，终于回答。

然而，对于沟通的真正定义，并不是所有的领导者都能领悟，同时，善于运用沟通的技巧，并能够进行有效沟通的领导者可能更少。甚至有相当一部分

管理者还是抱着古板的沟通观念和习惯，他们认为，作为下属和员工，听从自己的意见和指令都是理所当然的事，于是，他们经常会这样说："我说了这么多，你们觉得我的观点怎么样？"此时，可能根本没有人愿意回应你的话，这是为什么？因为你没有意识到倾听才是沟通的开始。

上帝之所以给我们两只耳朵一张嘴，就是要我们少说多听的。如果我们总是张着嘴说话，我们学到的东西肯定非常有限，了解到的真相也会少得可怜。因此，一位管理者要想成功，很有必要先听听自己的职员都在说什么，多听听他们的意见和建议，对你的管理工作相当有必要。

心理启示

几乎任何交流中，人们忽视的问题都是倾听。因此，作为一名领导者，无论是与下属还是上级沟通，也无论沟通的场合是严肃还是轻松，在你开口前，请记住一定要多听，只有倾听，才能帮助你在回答问题时提供更多的信息帮助。当我们养成倾听的习惯时，就必然会了解员工的问题、挫折以及需求。同样，只有能认真听取下属的意见，你才能很快建立一支高效能的队伍，并且，这样的高效还会很持久。

互惠定律：以心换心，给予才能有收获

心理学故事：

有这样一位经理：他不讲清面、自傲、铁石心肠。事实上，他并没有因为这种作风而占了多少便宜，甚至常被员工认为是愚不可及的。

一个周五的早晨，公司要召开一次重要会议。他的助手向他提出一项个人请求——他太太病了，现在必须送往医院，他是否可以不必参加下午的会议。当然，这位助手并不是下午会议的主角。事实上，他上午已经忧形于色地作了报告。

但面对助手的请求，这位经理却这样回答：“你替她叫部计程车。会议在五点钟就可以结束，你正好可以在探视病人的时间去看她。”一句话说完，助手再也不说什么了。

事实上，他对公司的任何员工都是这样的管理作风。

现实工作中，我们的周围并不乏这样的领导，他们虽然能在公司一时当道，但是后来都被罢官降职。他们全然不顾及部属的感受，使得他们失去了对部属的影响力，部属会搞花样来“整”他。当一位领导者因为得不到部属的合作而无法管理时，他最终会被这家企业剔除出局。

现代社会，人们对于所从事的工作有了更深一层次的要求，人们不再只是为了每个月定时发放的薪水而工作，而是开始把工作看成生活中的一部分，因此，在选择工作的时候，他们更喜欢为那些让他们感受良好的公司工作，而不愿意为那些自私、强硬的领导者领导的公司工作。正因为如此，很多领导者在管理中提出了人性化管理。人性化的管理就要有人性化的观念，就要有人性化的表现。其中重要的一条就是懂得给予。

正如心理学上的互惠定律所言：“给予就会被给予，剥夺就会被剥夺。信任就会被信任，怀疑就会被怀疑。爱就会被爱，恨就会被恨。”人都是感情的动物，士为知己者死，员工可以为那些人认可自己价值的领导出力、卖命！当你真诚地帮助员工的时候，员工才能真正地帮助你！

领导者与下属之间的关系是相互的，你对员工付出真感情、给予员工物质上和精神上的帮助，员工自然也会以忠诚来回报你和企业。在这中间，有两种非常重要的态度可以增强领导者的影响力，以及协助他有效地执行工作。这两种态度就是忠诚和关心别人。这二者可以协助一个团体的凝合，并且使得组织可以在对人人有利（共生），也对组织有利的方式下，执行它的职能。

具体来说，需要领导者做到忠诚于公司和员工。作为领导者，你要认识到，忠诚可以把各个工作群体变成一个团体，而非仅是一种个人的组合，团体行动的成效将大于单个行动所获成效的总和，如果缺乏对团体的忠诚，则在公司、领导者以及各个人之间，会产生抵消效果。当人人各行其是时，经常会以牺牲别人的方式来获取成效，最后亦必牺牲整体的成效。然而团体意识却不能

完全牺牲个人的意识。领导者忠诚的对象不仅仅是公司，还有员工，只有员工信任你，才会把个人前途和命运交给你。

其次，你要做到真正关心员工。对此，你不可认为这是一种长者之风，而应该把它当成一种投桃报李的态度。你要知道，对你有利的，也会对他人有利；反过来，对他人有利的，最终也将利于你。但实际上，似乎很少有领导者明白这一道理。

事实上，关心员工是实施温情管理、调动其积极性的重要方法。优秀的企业管理者会把关心送到员工生活中的方方面面，他们不仅关心员工的现状，而且关心员工的发展；既在平时关心理解员工，更在关键时刻体贴帮助员工；不仅关心员工的工作，而且关心员工的生活；甚至既关心员工本人，还要关心员工家属。比如，当员工过生日、结婚、搬迁等，他们都会代表工作单位表示祝贺；当员工遇到生活上的困难时，他们总是伸出援助之手；当员工生病了，他们也会代表同事第一时间探望，这样的领导必定备受员工爱戴。

总之，懂得互惠定律的领导者会支持属下，把应得的荣耀给他们，让他们躲开可能惹起的争执。这样，当所有人都能愉快地处在互利互惠的关系时，工作才能做得最好。这时他就可以拥有一个整体绩效大于个别努力的团体。

心理启示

“互惠原则”，是指受人恩惠就要回报。主要表现为，生活中人们经常会以相同的方式，回报他人为自己所付出的一切，即行为孕育同样的行为，友善孕育同样的友善，付出也会孕育同样的付出。你怎样对待别人，别人就会怎样对待你。因为，当人们给予他人好处后，他人心中会有负债感，并且希望能够通过同一方式或者其他方式还这份人情。

雷尼尔效应：用美丽的风光吸引员工

心理学故事：

美国西雅图华盛顿大学准备修建一座体育馆，在大学内部选择了一个地点，但方案还未实施前，众多教授们立刻提出强烈的反对意见，校方顺从了教授们的意思，取消了这项计划。教授们之所以有这样的情绪，主要是因为这个拟定的体育馆位置恰好挡住了原本他们在学校教职工餐厅可以欣赏到的湖光山色。

为什么校方又会如此尊重教授们的意见呢？原来，与美国教授的平均工资水平比华盛顿大学教授的工资要低20%左右。教授们之所以愿意接受较低的工资，而不到其他大学去寻找更高报酬的教职，这完全由于他们留恋西雅图的湖光山色。西雅图位于北太平洋沿岸，华盛顿湖等大大小小的水域星罗棋布，天气晴朗时可以看到美洲最高的雪山之一——雷尼尔山峰，开车出去还可以看到一息尚存的海伦火山。

教授们为了美好的景色而牺牲更高的收入机会，被华盛顿大学的经济学教授们戏称为“雷尼尔效应”。这一效应运用到企业管理当中，企业也可以用“美丽的风光”来吸引和留住人才。当然，这里的“美丽风光”是指一个良好的工作环境和企业文化氛围。它作为一种重要的无形财富，起到了吸引和留住人才的作用。

马斯洛的需求论告诉我们，在基本生理需求得到满足后，人们必会寻求更高层次的需求。同样，现代社会，人们工作的目的也并不再单单是为了物质需求，人们更愿意在以人为本的公司工作，更愿意为了解员工真正需要的领导者效力。

因此，任何企业的领导者，都要综合考虑薪资结构的变化，包括对个人自我需求最优化的考虑，即考虑如何提高个人的舒适度、个人自我实现度。同时，要寻求薪资量变化中的替代品，如用职位的变动来替代薪水的变化，用企业文化的认同来替代单纯的薪酬变化。只有这样，才能最大限度地吸引和留住

人才。

PS是索尼家用游戏主机的简称，营业额虽然只占索尼集团的10%，但纯利润却占全集团的三分之一。他们推出的升级版PS2游戏机，更被市场人士誉为是继“Windows95”后，最受全球瞩目的消费类信息产品。PS系列虽然如此风光，但是五年前刚上市时，索尼公司内部很少有人看好这个产品。原因之一是，PS的发明工程师久多良木健行事怪异，平常开会时常常自言自语，很少人知道他在讲什么，重要的公关场合，他又不在乎礼仪，这与注重“人和”的日本企业文化完全背道而驰。

幸亏索尼公司社长出井伸之慧眼识英雄，独排众议，全力支持久多良木健的创意，PS系列游戏机才得以绽放光芒。而索尼公司也靠PS系列撑住场面，加快了向家电王国的转型，避免了成为IT革命下的待宰羔羊。

从这个管理故事中，我们发现，在新的时代，对领导者而言，与员工分享权力已经不是选择之一，而是必须选择。只有为员工提供发展的足够空间，才能吸引并将其留住。

现在，越来越多的企业领导者认识到了优秀的企业文化是公司生存的基石，是企业能否留住人才的关键。企业只有做到尊重人才、尊重人才的劳动成果，才能真正留住人才。日本索尼PS游戏机则是主管尊重知识工作者创意，最后主雇双赢的例子。

那么，具体来说，作为领导者的你，该如何为员工营造舒适的空间呢?

首先，要为员工创造良好的工作环境和文化氛围，让员工觉得为企业效力是一件愉快的事，进而提高工作效率，为企业创造更高的业绩。

另外，你最好能做到深入到员工中间去体察民情，最关键的是实行“走动式”管理。一个整天忙忙碌碌、足不出户的领导决不是好领导，而事无巨细、事必躬亲的领导也不是好领导。领导只有从办公室中解放出来，经常深入基层，深入一线，才能了解员工的基本情况，倾听员工的真实心声，增强领导的亲和力，激发员工的积极性，提高企业的凝聚力。

心理启示

人们都希望在良好的氛围中工作，在愉悦的心情下，他们的工作效率会有所提高。为此，在企业的管理中，领导者应根据员工的这一心理需求，为他们提供良好的工作环境和文化氛围，从而为企业留住人才。

肥皂水效应：委婉的批评更有效

心理学故事：

约翰·卡尔文·柯立芝于1923 年成为美国总统，他有一位漂亮的女秘书，人虽长得很好，但工作中却常因粗心而出错。

一天早晨，柯立芝看见秘书走进办公室，便对她说："今天你穿的这身衣服真漂亮，正适合你这样漂亮的小姐。"这句话出自柯立芝口中，简直让女秘书受宠若惊。柯立芝接着说："但也不要骄傲，我相信你同样能把公文处理得像你一样漂亮的。"果然从那天起，女秘书在处理公文时很少出错了。

一位朋友知道了这件事后，便问柯立芝："这个方法很妙，你是怎么想出的？"柯立芝得意扬扬地说："这很简单，你看见过理发师给人刮胡子吗？他要先给人涂些肥皂水，为什么呀，就是为了刮起来使人不觉痛。"

这则故事中，柯立芝批评女秘书的方法是值得很多领导者学习的：将批评夹在赞美中。将对他人的批评夹裹在前后肯定的话语之中，减少批评的负面效应，使被批评者愉快地接受对自己的批评。以赞美的形式巧妙地取代批评，以看似简捷的方式达到直接的目的。这就是心理学上著名的肥皂水效应，它的提出者是约翰·卡尔文·柯立芝总统。

这一心理效应也可以运用到企业管理中。作为领导者，在员工管理的过程中，难免会遇到员工犯错误的情况，此时，你如何批评下属就体现了你的领导艺术。合理、中肯、委婉的批评往往更能让下属认识到自己的错误，同时，他

们会受到鼓舞，继而改正错误。

的确，批评下属，也要靠技巧。不要用恶语中伤他人，劝告他人时，如果能态度诚恳，语出谨慎，将会得到更多的友谊和人缘，达到事半功倍的效果。我们先来看看伏尔泰的批评技巧。

伏尔泰曾有一位仆人，有些懒惰。一天，伏尔泰请他把鞋子拿过来。鞋子拿来了，但布满泥污。于是伏尔泰问道："你早晨怎么不把它擦干净呢？"

"用不着，先生。路上尽是泥污，两个小时以后，您的鞋子又要和现在一样脏了。"

伏尔泰没有讲话，微笑着走出门去。仆人赶忙追上说："先生慢走！钥匙呢？食橱上的钥匙，我还要吃午饭呢。"

"我的朋友，还吃什么午饭。反正两小时以后你又将和现在一样饿了。"

伏尔泰巧用幽默的话语，批评了仆人的懒惰。如果他厉声呵斥他、命令他，就不会有这么好的效果了。

委婉式批评也称间接批评。一般采用借彼比此的方法，声东击西，让被批评者有一个思考的余地。其特点是含蓄蕴藉，不伤被批评者的自尊心。

那么，具体来说，领导者如何批评下属，才能起到真正的指正、激励作用呢？

1.批评要具体

批评千万不能无事生非，毫无根据，这样，你的下属是无法接受的，因此，在批评中，你的批评必须是具体的，要针对具体的事进行批评，并且，最好能帮助下属认识到问题的所在，并找出解决的方法。

2.诚恳礼貌

批评本身就是一件不愉快的事，没有人喜欢被他人批评，此时，批评能否起到效果，很多程度上是取决于你的说话态度的，所以，领导者应该注意自己在批评时的态度，即便有些个人成见，也始终保持友善的气氛。

3.客观公正、一视同仁

任何人被领导冤枉，都难免会心生不悦，为此，为了保证你的批评是正确的、客观的，你需要在批评之前先进行一番调查。并且，在批评的时候，不要

劈头盖脸地给人一顿批评，而应该给下属澄清、复述事情经过的机会。

另外，如果事件涉及一个团队或者几个人，那么，你就不要只对其中的某一位下属进行批评，而应该做到一视同仁，这样，你的批评才会显得公正，让下属信服。

4.不是所有事都要批评

人无完人，每个人都会在工作中犯一些错误，只是错误的轻重程度不同，领导者对于那些重大错误才需要批评，而对于一些无关紧要、稍微处理即可的事件就不可作吹毛求疵的批评。如果是因为工作习惯和风格不同而去批评下属，是非常错误的。

心理启示

和谐的上下级关系不是下属有了缺点和错误不加以批评、放任自流，而是领导者对下属进行批评教育时，要善于因势利导，循循善诱。领导者在批评和惩罚下属的时候，要注意技巧，要注意员工的感受，如果先对下属夸赞、激励一番，那么，下属接受起来也就容易得多。

海潮效应："重金"才能"聘才"

心理学故事：

公元前314年，燕国发生了内乱，此时，临近的齐国乘机出兵，侵占了燕国的部分领土。燕昭王当了国君以后，他消除了内乱，决心招纳天下有才能的人，他立志振兴燕国，收复失地。虽然燕昭王有这样的号召，但并没有多少人投奔他。为此，他专门向一个叫郭隗的人请教，向其讨教招贤纳士的办法。

在谈到这一问题之前，郭隗给燕昭王讲了一个故事：

从前有一位国君很爱马，为此，他向大臣们许诺自己愿意用千金买一匹千里马。但一匹好马真的很难寻到。三年过去了，也杳无音信。此时，国君手下

有一位不出名的人，自告奋勇请求去买千里马，国君同意了。接下来，此人开始致力于买马的工作，三个月后，他打听到某处人家有一匹良马。可是，等他赶到这一家时，马已经死了。于是，他就用500金买了马的骨头，回去献给国君。国君看了用很贵的价钱买的马骨头，很不高兴。买马骨的人却说，我这样做，是为了让天下人都知道，大王您是真心实意地想出高价钱买马，并不是欺骗别人。果然，不到一年时间，就有人送来了3匹千里马。

郭隗讲完上面的故事，又对燕昭王说："大王要是真心想得人才，也要像买千里马的国君那样，让天下人知道你是真心求贤。你可以先从我开始，人们看到像我这样的人都能得到重用，比我更有才能的人就会来投奔你。"

一语惊醒梦中人，燕昭王认为有理，就拜郭隗为师，还给他优厚的俸禄。并让他修筑了"黄金台"，作为招纳天下贤士人才的地方。消息传出去不久，乐毅、邹衍和剧辛等一大批贤士纷纷从各自的国家来到燕国，表示愿意帮助燕昭王治理国家。经过20多年的努力，燕国终于强盛起来，打败了齐国，夺回了被占领的土地。

人才乃强国之本。求贤纳士，选人用才，贵在诚心实意。燕昭王采纳郭隗建议，不以"才"小而不敬，敢向天下人昭示自己尊重人才、招募人才的诚心，所以四方贤士纷至沓来，燕国由此日渐强盛，给后人留下了深刻的启示。

关于这一点，心理学上有个著名的海潮效应。所谓海潮效应，指的是海潮与天体引力的关系，因为海水的涌起是靠天体的引力起作用的，引力大则出现大潮，引力小则出现小潮，引力过弱则无潮。此乃海潮效应。人才与社会时代的关系也是这样。社会需要人才，时代呼唤人才，人才便应运而生。事实上，故事中用"买马骨的方法来买得千里马，用修筑黄金台的方法来吸引天下的人才"，也都是海潮效应的体现。

依据这一效应，作为一个企业的领导者应获得启示，企业要想吸引人才、激发人才的工作动力，就要调节对人才的待遇。现在很多知名企业都提出这样的人力资源管理理念：以待遇吸引人，以感情凝聚人，以事业激励人。

我们不得不认识到的是，现代企业，员工们对自身权益的关注度在提高，也更崇尚那些公平、公正的企业规则。现在工作中，就是对涉及个人切身利

益——薪酬待遇问题更加关注。领导者在从事企业管理的工作中，如果刻意将这个问题模糊化，势必会让员工产生不满情绪，进而把负面情绪带到工作中，影响工作效率和企业的生产效益。那么，作为领导者，该如何完善企业的薪酬制度呢?

1.以物质激励为主要模式

任何一名员工，都不可能对薪酬待遇熟视无睹，毕竟物质需要是人类的第一需要，也是基本需求，因此，物质激励是激励的主要模式。

物质激励主要是改善薪酬福利分配制度使其具有激励功能。

一是用拉开档次的方法;

二是对合理化建议和技术革新者提供报酬，使这一部分的收入占员工收入的相当比例。

三是可实行薪酬沉淀制度，留住人才;

四是完善多种分配机制。对不同类型人员，不同工作性质的单位或部门应该制定不同的薪酬方案，使之能发挥激励作用。

五是管理阶层应把握住企业创新的原动力，采取国际上通行的技术入股、利润提成等措施，通过公平的分配体制，实现个人利益与企业利益的高度一致，使员工感觉到：有创造力就有回报。

2.重视非物质激励

非物质激励包括职位的迁升、权利的扩大、地位的提高，这些使他们在精神上产生满足感，同时也包括如进修、学习等提高其自身素质和生存能力的培训。而如果这种需求长期不能得到满足，必然会严重挫伤其工作的积极性。所以必须对员工的这种需求有所考虑，并通过适时的激励，提高其工作绩效。

心理启示

依据海潮效应，作为管理者，必须通过调节对人才的待遇，以达到人才的合理配置，从而加大本单位对人才的吸引力，同时加大对人才的宣传力度，形成尊重知识、尊重人才的组织文化，吸引外来人才加入。

鲶鱼效应：激发下属的竞争意识

心理学故事：

在北欧的挪威人都喜欢吃沙丁鱼，尤其是活鱼。

一般来说，活鱼的价格要比死鱼高许多，沙丁鱼也是如此。所以，渔民总是想方设法的让沙丁鱼活着回到渔港。可是虽然经过种种努力，绝大部分沙丁鱼还是在中途因窒息而死。

奇怪的是，在这些渔船中，却有一条渔船总是能让大部分沙丁鱼活着回到渔港。船长严格保守着秘密。直到船长去世，谜底才揭开。

原来，船长在装满沙丁鱼的鱼槽里放进了一条以鱼为主要食物的鲶鱼。鲶鱼进入周围充满沙丁鱼的鱼槽后，由于环境陌生，便四处游动。沙丁鱼看见陌生的鲶鱼，自然十分紧张，左冲右突，每一条鱼都四处躲避，加速游动。这样沙丁鱼缺氧的问题就迎刃而解了，沙丁鱼也就不会死了。这样一来，一条条沙丁鱼欢蹦乱跳地回到了渔港。

这就是“鲇鱼效应”的由来，“鲇鱼效应”告诉我们，竞争可以激发人们内在的活力。

好胜心是人的天性。无论是牙牙学语的孩子还是白发苍苍的老人，都有着强烈的好胜心理。比如，青年人用绳子拔河，没有哪个不竭尽全力的。各种各样的体育比赛，只要是上了场的运动员，不论年龄有多大，没有一个不想赢得这场比赛的……人如果没有这种好胜心，人类社会就不可能前进。而在企业中，如果每个员工都有强烈的好胜心，都争做第一，那么，这个企业就活了。

任何一个领导者都深知一个道理：团队的力量是无法估量的，而高效的团队效率则来自于充分运用团队中的那些有强大能力的特殊资源。然而，这些特殊的资源并不是那么容易管理的，要将他们团结在一起，就要善于运用“鲶鱼效应”，有效的激励会点燃员工的激情，促使他们的工作动机更加强烈，让他们产生超越自我和他人的欲望，并将潜在的巨大的内驱力释放出来，为企业的远景目标奉献自己的热情。

在员工的管理中引入竞争机制，毫无疑问会大大激发员工的工作热情，并使参与竞争的员工增长才干，得胜一方固然要前进一大步，另一方也肯定不再在原地踏步。因此，竞争总是有着一种热烈的欢乐场面。在竞争中，员工可以互相学习许多东西。还能增进了解，加深彼此之间的友谊。而作为一个管理者，如果能巧妙地组织、指挥竞争，并真心地帮助参与竞争的各方取得胜利，得到进步，必然会赢得每个参与竞争的下属的拥护和爱戴。

可以说，怎样让员工产生你追我赶的竞争态势，是每个领导者的本职工作。那么，作为领导者，该如何在对员工的管理工作中引入竞争机制呢?

1.做好表率，争做一个“鲶鱼”领导者

所谓领导者，就是影响他人完成任务的个人或组织。因此，如果企业整体就如同死气沉沉的沙丁鱼箱，那么，企业内部的这些员工自然就如同这些沙丁鱼，他们工作毫无积极性，效率低下，机构也是臃肿繁杂。而此时，“鲶鱼”领导者的到来，新官上任三把火，他势必会发挥自己的领导管理才能，在纪律上进行整顿，制度上进行规范，并做到合理配置岗位和人、财、物，经过一段时间的调整，企业的经营势必会有一定的起色：企业生产和管理成本降低，机构简化，员工受到激励，这样整个机构呈现欣欣向荣的景象，在“鲶鱼”领导者的带领下，整个企业的活力都被调动起来，员工的积极性也被激发出来。

2.完善奖惩制度

领导者对于那些工作积极、有突出成就的员工可以采取适当的物质和精神上的奖励，也可以采取以贡献论报酬的公平原则。这些都能激发起员工的好胜心，那么，竞争也就无形中形成了。

3.引导员工进行良性竞争

每一个管理者都应该十分明白：即使企业员工都是为了一个共同的目标——提高工作效率，增强企业的市场占有率而奋斗，但在员工之间，竞争依然是存在的，但竞争分为良性竞争和恶性竞争，此时，管理者就不可避免地履行自己的一个职责——遏制员工之间的恶性竞争，并在遇到员工之间进行恶性竞争时，积极引导他们参与到有益的良性竞争中。

心理启示

竞争的力量会让一个人发挥出巨大的潜能，创造出惊人的成绩。任何一个领导者，都应该做到强化员工的忧患意识，对于企业的规章制度和奖惩制度处理要完善和人性化以外，还应切实的加强“竞争力”和“执行力”意识的强化！打破以往的惯性管理，提出“以人为本”，调动员工的积极性，竞争意识！

权威效应：成为员工的精神领袖

心理学故事：

美国心理学家们曾经做过一个实验：某心理学家在给某大学心理学系的同学们讲课时，向同学们介绍一位新来的德语教师，并声称这位德语教师是从德国回来的著名的化学家。然后，这位所谓的化学家一本正经地开始了自己的化学实验，他拿出一个装有蒸馏水的瓶子，说这是他新发现的一种化学物质，有些气味，请在座的学生闻到气味时就举手，结果多数学生都举起了手，而实际上，这个瓶子里装的不过是毫无气味的蒸馏水。

对于本来没有气味的蒸馏水，为什么多数学生闻到了气味呢？由于这位“权威”的心理学家的语言暗示而使多数学生都认为它有气味。

人们都有一种“安全心理”，即人们总认为权威人物的思想、行为和语言往往是正确的，服从他们会使自己有种安全感，增加不会出错的“保险系数”。同时，人们还有一种“认可心理”，即人们总认为权威人物的要求往往和社会要求相一致，按照权威人物的要求去做，会得到各方面的认可。因此，这两种心理就诞生了权威效应。

心理学上权威效应，又称为权威暗示效应，是指一个人要是地位高，有威信，受人敬重，那他所说的话及所做的事就容易引起别人重视，并让他们相信其正确性，即“人微言轻、人贵言重”。

权威效应同样给那些身为领导者的人一个启示：领导者也可利用“权威效应”去引导和改变下属的工作态度以及行为，这往往比命令的效果更好。因此，一个优秀的领导肯定是企业的权威，或者为企业培养了一个权威，然后利用权威暗示效应进行领导。当然，要树立权威就必须要先对权威有一个全面深层的理解，这样才能正确地树立权威，才能让权威保持得更加长久。

那么，领导者如何才能让自己树立权威、成为领袖和榜样呢？

1.以身作则，严格要求自己

前日本经联会会长土光敏夫曾经说过：“身为一名主管，要比员工付出加倍的努力和心血，以身示范，激励士气。”也就是说，作为一名领导者，要想让员工做到积极工作，做到真正为组织、企业着想，你就要做好表率作用，上行下效，员工的积极性自然也会提高。

1965年，出任东芝电器社长的是土光敏夫。当时的东芝人才济济，但由于组织太庞大，层次过多，管理不善，员工松散，导致公司绩效低落。为此，土光敏夫决定好好整顿东芝。

土光敏夫在进入东芝后，立刻提出了“一般员工要比以前多用三倍的脑，董事则要十倍，我本人则有过之而无不及”的口号，以此来鼓舞东芝的士气，来重建东芝。

土光敏夫是个以身作则的人。每天，他都提早半小时上班，并空出七点半至八点半的一小时，欢迎员工与他一起动脑，针对公司出现的一些问题跟员工一起探讨。

一直以来，土光敏夫都强调公司员工要杜绝浪费，还借着一次参观的机会，给东芝一位董事上了一课。

有一天，东芝的一位董事想参观一艘名叫“出光丸”的巨型油轮。由于土光敏夫已看过九次，所以事先说好由他带路。

那一天是假日，他们约好在“樱木町”车站的门口会合。土光敏夫准时到达，董事乘公司的车随后赶到。

董事说：“社长先生，真不好意思，让您久等了，我们马上搭您的车去参

观吧。”很明显，董事以为土光敏夫也是乘公司的专车来的。

土光敏夫面无表情地说：“我并没乘公司的轿车，我们去搭电车吧！”

董事当场愣住了，羞愧得无地自容。

原来土光敏夫为了杜绝浪费，使公司合理化，乃以身示范搭电车，给那位浑浑噩噩的董事上了一课。

这件事立刻传遍了整公司，上上下下立刻心生警惕，不敢再随意浪费公司的物品。由于土光敏夫以身作则点点滴滴的努力，东芝的情况乃逐渐好转。

土光敏夫说：“要督促政府达成革新，再也没有比国民一齐监督更有效方法了。”

2.敢于认错，为自己的言行负责

我们对曹操“割发代首”的故事早已耳熟能详：

三国时期，曹操发兵宛城时规定：“大小将校，凡过麦田，但有践踏者，并皆斩首。”这样，骑马的士卒都下马，仔细地扶麦而过。可是，曹操的马却因受惊而践踏了麦田。他很严肃地让执法的官员为自己定罪。执法官对照《春秋》上的道理，认为不能处罚担任尊贵职务的人。曹操认为：自己制定法令，自己却违反，怎么取信于军？即使我是全军统帅，也应受到一定处罚。他拿起剑割发，传示三军：“丞相踏麦，本当斩首号令，今割发以代。”

心理启示

现实工作中，一个领导者要想在员工心中树立权威，就要做到有担当，严格要求自己，善于推功揽过，敢于承认自己的过失。当你成为一个有魅力的领导者的时候，也就形成了号召力。

第九堂课

听心理学家讲职场故事：好心态助你职场一路畅通

人们除了学习和生活外，还需要工作，这是我们获取物质财富的一个重要手段，然而，它的作用不仅在于此，它还是我们实现自身价值的一个途径。不可否认，和睦的工作环境，同事间亲和融洽，上下一心，的确是我们理想的工作环境。但现实生活中，很多人却不知道如何成为一个合格的职场人，不懂得如何和领导、同事打交道，以至于找不到努力的方向、感受不到工作的热情，而如果我们懂得将心理学运用到职场关系的维护中，那么，你便能成为一个面面俱到的员工，要知道，只有和谐的工作环境，才能让我们带着激情工作，才能在工作中有所成就、获得成就感，最终收获成功，达到自己的人生目标。

蘑菇定律：职场新人切忌太高调

心理学故事：

约翰是个很勤奋的小伙子，在获得企业管理的硕士学位后，他就在一家国际性的化学公司工作。因为学历相当，刚进公司，他就被安排在了管理层的职位上，他对给他的职位相当满意。但这令很多人不满意，尤其是那些和他年纪相当的小伙子们，因为他们还在基层摸打滚爬，为了服众，约翰请求也从基层做起，这令上司很欣赏。

但约翰并不聪明，甚至有点笨拙，在很多业务问题上，他总是做得很慢。约翰的迟钝是明显的，为此，他的上司也开始为他着急："抓紧点，约翰，动作快一些！"

然而，约翰并没有因为这句提醒的话而加快，看到约翰蜗牛般的速度，人们开始不满，并用各种语言嘲笑他："如果约翰去当邮递员的话，那么，我们永远别指望收到东西了。"

即使他们这样说，约翰也没有生气，没有说任何话，而是按照自己的进度工作、学习。

就这样，约翰来公司已经半年了。此时，公司决定举行一场专业知识和业务能力考核，而第一名将会被选拔为公司储备干部。

令大家奇怪的是，平时少言寡语、工作速度缓慢的约翰却一举夺得了第一名，此刻，他们才明白，做得多才是成功的硬道理。

故事中的约翰是个争气的职场新人，他做事慢条斯理、不缓不慢，看似愚笨，甚至被对手嘲笑，但他并不生气，也不与之辩驳，而是用行动来证明自己才是最优秀的，这是一种值得每个职场人学习的精神。

我们可以发现，职场中的很多新人，都和故事中的约翰一样，他们常常被置于阴暗的角落，不受重视的部门，只是做一些打杂跑腿的工作，有时还会受到无端的批评、指责、代人受过，组织或个人任其自生自灭，初学者得不到必要的指导和提携，这种情况与蘑菇的生长情景极为相似。因此被人们称为蘑菇管理定律。

据称，"蘑菇管理定律"一词有这样一个来源，20世纪70年代新兴了一个行业——电脑程序员，当时，人们对于这一职业的态度是怀疑、不理解甚至是轻视的，所以年轻的电脑程序员就经常自嘲"像蘑菇一样的生活"。因为他们的生存环境有极强的相似性。

任何人才的成长都是需要一个过程的，新人也需要不断学习的机会。因此，从新人自身角度考虑，初入职场的你，一定要明白自己所处的位置，凡事低调，切不可锋芒太露。诚然，职场竞争十分激烈。然而，在渴望"出人头地"的同时，一定要记住一点，职场里最忌讳的就是嚣张，"枪打出头鸟"更是中国社会竞争中的一个法则，本来这只"出头鸟"勇于表现，在能力上并不低于他人，但很多时候，他们却成为“出风头”的牺牲品，这就是因为他们不懂得把握火候。

古人称：“鹤立鸡群，可谓超然无侣矣，然进而观于大海之鹏，则渺然自小，又进而求之九宵之凤，则巍乎莫及。”身处职场，你要懂得“山外有山，人外有人”，你的那点小本事也许在那些真正的高手面前只不过是小把戏，班门弄斧只会让人笑话，因此，切不可太过嚣张、太有气焰。

可能，有些喜欢意气用事的人会说，不表现自己，怎么能受到上司的赏识呢？不能错过机遇。但你考虑没有，你能保证自己可以万无一失地解决问题吗？但别忘了，事物都有两面性，你的锋芒毕露就会让你树敌无数，让你身边危机四伏，让你失去本应属于你的机遇。“枪打出头鸟”说的就是这个道理。

当然，这并不是要身处职场的你做事畏首畏尾，不敢放手施展抱负。只是凡事都该有个“度”，低调做人，高调做事，张扬与内敛之间，就看你如何把握！

总之，在这个复杂的社会生活中，职场竞争日益激烈，作为职场新人，我们除了要懂得洞察他人的内心，更要懂得把握好藏与露的尺度，只有藏好自己，才不会轻易被人看穿，这样，即使对方想对我们“下手”，也会有所顾忌。

心理启示

蘑菇经历对于每个新人来说都是至关重要的，即使这是一个痛苦的过程，但只要经过这个阶段的磨炼，就能“守得云开见月明”，就能熟练地掌握到当前从事工种的操作技能，提升一些为人处世的能力，以及挑战挫折、失败的意志，这也是最重要的。

彼得定律：找到最适合自己的位置

心理学故事：

有这样一位年轻人，他在一家IT公司从事软件技术开发工作，毕业三年以

来他一直勤勤恳恳，工作很认真、努力，并为公司做出了很多贡献，为此，公司高层很赏识他，认为他是可造之材，于是，经商议后，便决定提拔他为项目研发部主管。面对领导们的提拔和知遇之恩，年轻人觉得自己应该更加努力了，于是，他把自己的工作时间排得更满了，无论下属们有什么事，他都大包大揽。但不久，他便感觉到自己无法胜任这个工作，因为他发现：第一，他自己除了要管理这个工作小组外，以前的技术开发工作也不能放，常常是忙得焦头烂额；第二，工作进程很不顺利，经常要加班到很晚还不能按时完成进度，同事怨言很大。第三，小组中资历比自己老的很多技术人员对自己不服气，自己又不好意思说什么。结果，上司、同事、自己都很不满意，他从优秀的技术专家变成了不称职的项目主管。

从这则故事中，我们发现，企业领导拔苗助长式的提拔导致了一个员工不能胜任现在的工作。实际上，这种现象在日常工作中并不少见。企业很多占据某一岗位的员工，并不一定能胜任他手头的工作，于是，那些能胜任的人往往只能怀才不遇，其危害之大可见一斑。

对于一个组织而言，相当部分的人被推到不称职的级别，就会造成组织的人浮于事，效率低下，导致平庸者出人头地，发展停滞。而对于我们自身而言，从事不适合自己的工作往往会导致我们工作效率低下、不能胜任、缺乏成就感等。

关于这一点，心理学上有个著名的彼得定律。彼得定律是由管理学家劳伦斯·彼得提出的，它指的是，在一个等级制度中，员工们都在朝着自己无法胜任的地位努力，这一原理是彼得根据千百万个有关组织中不能胜任的失败实例分析而归纳出来的。彼得指出，每一个职工由于在原有职位上表现良好、工作突出，他将会被提升到高一级的职位；其后，如果继续胜任则进一步被提升，直至达到他所不能胜任的职业。

由此导出的彼得推论是，“每一个职位最终都将被一个不能胜任其工作的职工所占据。”彼得定律无意中道破了所有阶层制度之迷。凡一切层级制度社会，如商业、工业、政治、行政、军事、宗教、教育各界，都受彼得原理控制。彼得原理描述了组织中随处可见的各种可笑事情。

当然，从这里我们发现，作为员工自己，在职场工作，也一定要找到最适合自己的位置，只有这样，我们才能尽自己最大的能力为企业工作，发挥自己的才能和价值，也才能激发出自己的工作热情。

那么，身处职场，我们该怎样才能找到适合自己的位置呢？

1.分析、综合判断自己的能力

对于很多人来说，晋升是梦寐以求的事，但你真的能胜任接下来的工作吗？不能胜任，你最终会不堪重荷。而如果你能清楚地认识到自己的能力，那么，即使你做不成一个好经理，但你有可能是个好主管，挖掘出自己的最大潜力并发挥自己的价值，你就是成功的。

2.根据自己的兴趣进行职业选择

据说，有一次，爱因斯坦上物理实验课时，不慎弄伤了右手。教授看到后叹口气说："你为什么非要学物理呢？为什么不去学医学、法律或语言呢？"爱因斯坦回答说："我觉得自己对物理学有一种特别的爱好和才能。"

这句话在当时听似乎有点自负，但却真实地说明了爱因斯坦对自己有充分的认识和把握。

3.给自己一个"试用期"

如果你对自己的实力并不了解，那么，你可以先给自己一个考察的试用期，试想，如果你在经理的职位上，你需要做什么类型的工作？你能胜任吗？或者你可以先请示上级设立经理助理、代理经理等职位。

心理启示

每个人只有在适合自己的岗位上，做自己喜欢并擅长的工作，他才能发挥最大的潜能，在工作中找到成就感，为企业创造利润。因此，你若想成为一个成功的职场人，就必须首先了解自己的兴趣和实力，然后找准自己的位置，努力向前，最终你会有所收获。

竞争优势效应：只有合作才能双赢

心理学故事：

一只河蚌刚刚爬上河滩张开壳晒太阳，不料，飞来了一只鹬鸟，扑过来啄它的肉，河蚌急忙合起自己坚硬的壳，把鹬鸟尖尖的长嘴紧紧夹住。鹬鸟说："今天不下雨，明天不下雨，就会有死蚌肉。"河蚌说："今天不放你，明天不放你，就会有死鹬鸟。"两个谁也不肯松口。这时，一个渔夫走过来，不费吹灰之力就把它们一起捉走了。

虽然这只是一个寓言，但是因为鹬蚌相争而被别人得利的事情，代不乏人。它形象地说明了人们的竞争意识有多么强烈，拼着自己与对手同归于尽，也不想给对方让步。

在双方有共同利益的时候，人们也往往会优先选择竞争，而不是选择对双方都有利的"合作"。这种现象，被心理学家称为"竞争优势效应"。其实，身处职场，我们身边也经常发生这样的事：同事之间为了一点利益问题产生纠葛，甚至互相诋毁，或者因言语失误而发生口角，更有一些人，对于自己不喜欢的同事，他们甚至连话都不愿意说……事实上，我们都知道，合作在当今职场的重要性，任何人，工作能力再强，表现再突出，他也不可能独揽所有事务，都需要在同事的配合下才能完成工作，因此，为了更好地工作，我们都有必要放下成见，与同事合作。另外，可能我们也有所发现，在气氛不安的环境下，我们也无法拥有工作热情，从这一点出发，我们也有必要与同事搞好关系。

当今社会，任何一个单个人都很难完满的完成一件事，需要团队的力量，善于借力才会成功。某些特殊的、你无法完成的工作，有必要求助于其他同事。当然，所谓团队，并不是几个或者许多人简单的集合在一起，而是一个有组织、有管理、有共同目标的结合。你只有将自己很好地融入团队，努力发挥自己对团队有用的一面，收起某些有损团队利益的行为，才能真正实现成功。因为团队是你成长和发展的基石，更是获得机会的重要保证，团队是你个人的成功之源，当你离开了团队，无疑成了无源之水，无本之木。而这，就要求你

融入你所在的团队，在团队所有成员的共同协作下，最大限度的发挥自己的智慧。也就是说，融入和谐团队，你才能如鱼得水。

那么，具体来说，我们该如何与同事合作呢？

1.消除心理成见

可能你会认为，与不喜欢的同事合作，这种想法不是太功利了吗？而其实，你想过没有，你之所以不喜欢这个同事，是谁的问题呢？如果他的人际关系很好，而唯独你不喜欢他，那么，这很可能就是你的问题了。因此，在与之合作前，你最好能消除对他的某些偏见。

2.信任你的伙伴

既是团队成员，就要相信自己的伙伴，相信他们能够与你协调一致，相信他们会理解你、支持你。一个团队只有在信任的氛围中才可能高效、有创造力的工作。如果大家相互猜忌、互不信任，那么分工就不可能，因为总有一些任务依赖于别的任务；同时猜忌的气氛让每一个人都不能全心投入到工作中去，也不利于成员们工作能力的发挥。

3.要努力形成自己的优势

任何一个团队都不可能只要一种人才。各个领域，各种能力的人形成互补的优势越强，团队的竞争力也就越强，成功的希望也越大。因此，团队需要每一个个体都能够有自己的优势，而这种优势最好是团队中其他的个体所不具有的，正好可以弥补上团队在某一领域的不足。

4.学会有效的沟通

心理学家还认为，沟通的缺乏也是人们选择竞争的一个重要原因。如果双方曾经就利益分配问题进行商量，达成共识，合作的可能性就会大大增加。沟通是传达、是倾听、是协调，也是一个团队和谐有序的润滑剂。在营销学里有一个“250定律”，是美国著名推销员乔·吉拉德在商战中总结出来的。他认为每一位顾客身后大约有250名亲朋好友，如果你赢得了一位顾客的好感，就意味着赢得了250个人的好感；反之，如果你得罪了一名顾客，也就意味着得罪了250名顾客。销售人员与顾客的交往如此，人与人之间的沟通也如此。所以，认真对待你身边的每一个人，尤其是团队中的成员，这样会帮你赢得团队

的信任，让生活充满热情，让工作更有效率。

总之，在现今社会中，单打独斗的个人英雄主义已经行不通，在这个分工越来越明确的时代，任何一项任务的完成，都不要指望一个人能做到。身处职场，我们要想获得帮助和支持，就要放下成见，只有这样，他们才会不断地给你提供各种资源，你才能有更多的成功机会。

心理启示

身处职场，我们与同事相处，只有用真诚和爱心，才能巩固起你的人际关系，也只有团结他人，你手中的力量才会更强大。一个人无论多么能干，多么聪明，多么努力，但如果他不能或是不愿意与团体一起合作，日后也决不会有什么大成就。

共生效应：加入良性的工作团队

心理学故事：

1968年，保罗·艾伦与比尔·盖茨相遇于湖滨中学，艾伦比盖茨年长两岁，他丰富的学识令盖茨敬佩不已，而盖茨在计算机方面的天分又使艾伦倾慕不已。就这样，他们成了好朋友，随后一同迈入了计算机王国。艾伦喜欢钻研技术，他专注于微软新技术和新理念的创新，盖茨则以商业为主，他一人包揽了销售员、技术负责人、律师、商务谈判员及总裁等职。在两人默契的配合下，微软掀起了一场至今未息的软件革命。

有人说，没有比尔·盖茨，也许就不会有微软，但如果没有保罗·艾伦，比尔·盖茨也没有今天的成就。他们能走到一起，并非偶然，比尔·盖茨说过："有时决定你一生命运的在于你结交什么样的朋友。"换句话说，你与怎样的人交往决定了你的未来。生活中，我们也常常听到人们说"近朱者赤，近墨者黑"，其实也是这个道理。

关于这点，心理学上有个著名的共生效应。它来源于自然界中的一个现象：当一株植物单独生长时，显得矮小、单调，而与众多同类植物一起生长时，则根深叶茂，生机盎然。人们把植物界中这种相互影响、相互促进的现象，称之为“共生效应”。

事实上，我们人类群体中也存在“共生效应”。在英国，有个著名的“卡迪文实验室”，从1901~1982年的81年间，先后出现了25位诺贝尔获奖者，这是共生效应的典型代表，我国历史上著名的有以孔融为首的“建安七子”，以阮籍为首的“竹林七贤”，以西晋文学家燔岳为首的“二十四友”，以南梁著名文学家、史学家沈约为首的“竟陵八友”……当年，西方及俄国的“文艺沙龙”则聚集着一批文学家、艺术家，也是很典型的。中国人常说的成语“物以类聚，人以群分”，也反映了交友的相聚和互相影响的关系。

我们作为社会中的一分子，没有人可以单独存在，都或多或少地和周围的人、事、物发生着关系，都有自己的生活圈子，另外，我们不难发现，那些善于利用人际关系建立良性生活圈的人，总是生活得更好。

在当今职场，遵从共生法则是必不可缺的职场精神。与同事打交道，我们不妨多与优秀的人交往，加入那些优秀者的生活圈，你也会变得优秀。如果你已经很优秀了，与更优秀的人交往，那么你们就能产生共生效应，取得了不起的成就。故事中的保罗·艾伦和比尔·盖茨走到一起并创立了微软就是最好的例证。

当然，我们不仅应该学会加入那些良性的工作团队，还应该打造融洽的团队关系。毕竟，现在很多工作不是靠个人单打独斗就能够完成，就像木桶效应，一个水桶中某块木板再长，盛水的多少还是取决于短板。所以一个团队的竞争力、战斗力有多强，看的是整体实力，任何一名成员的不足都会成为最终结果的短板。因此，工作中，建立互相帮助，取长补短的意识就越发重要了，正所谓“赠人玫瑰，手有余香”。

当然，根据共生效应，我们得到的关于人际交往中的心理启示远不止交优秀的朋友，具体来说，还有：

1.避开不良的共生圈

在犹太经典《塔木德》中，有一句名言：和狼生活在一起，你只能学会嗥叫；和那些优秀的人接触，你就会受到良好的影响。

晋、傅玄在《太子少傅箴》中说："近朱者赤，近墨者黑"，的确，"近小人则多鄙"，那么"共生效应"就应当引起我们的重视。很多犯罪分子，刚开始也并不是无恶不作的坏人，但因为他们处于鸡鸣狗盗、好吃懒做的人群中，久而久之，也就学会了一些坏习性。

因此，我们引以为戒，身处职场，我们要少与品行不良、态度消极、没有工作热情的同事交往。

2.重视职场小人物

团结就是力量，一木是木，两木成林，三木成森，许多树木聚在一起，就能具有抵抗龙卷风的力量。

共生效应告诉我们：任何一个人，想单打独斗取得成功是很难的，人只有通过人际交往、相互付出、互相进步和支持、精妙合作才能超越平凡，铸就辉煌。

当然，工作中，有时候能启发你的，未必是那些达官贵人，也很有可能只是一个不起眼的小人物。这就是说，我们不能只是与优秀者"共生"，还要重视小人物、平凡的人，多与他们交流，你也同样能增长见识。

因此，在与同事交往的时候，不能戴有色眼镜看人，对于那些不被人重视的同事，我们同样要以礼相待，以诚相待，真诚地与他们交往、交流，从而获得启发和支持。

心理启示

在职场中，合作能使人更容易体验到成功，使双方得到更多的益处。但只有在良好的团队中，我们的这一诉求才会实现。所以，请与优秀的人在一起，努力加入优秀者的团队，让自己在良好的氛围中获得成长。从他们的经历中，你既可以学到成功的经验，也可以吸取失败的教训，这会使你变得更优秀。

史密斯论断：付出努力，即使失败也不可耻

心理学故事：

1968年的世界奥运会是在墨西哥举行的。在男子马拉松比赛场地，发生了这样一件事：

距离比赛开始已经4个多小时了，距离马拉松比赛的冠军冲过终点赢取金牌，也已经过去了一个多小时了。但在赛场上，却依然有一个孤独的身影，那就是坦桑尼亚的一位选手阿赫瓦里，此时，很多观众已经离去了，他的腿缠满绷带，但还是缓慢地迈向终点。

这一切都被世界级纪录片制作人格林斯潘看在了眼里。他很好奇，是什么驱使这样一个年轻人这样做。于是，他走过去问阿赫瓦里："你在比赛途中受了伤，完全有理由放弃比赛，却为什么要这么吃力地跑至终点？"

阿赫瓦里回答说："我是代表我的祖国来参加奥运会，不是来参加比赛，而是来完成比赛的。"

从此，在奥运会的历史上，阿赫瓦里虽然没有获得任何名次，但他的名字比冠军更响亮。

故事中的阿赫瓦里没有获得任何名次，为什么人们却记住了他？因为他的坚持！作为一个奥运会选手，阿赫瓦里身上担的是他的祖国、他的人民赋予的责任。比赛中，即使遇到再大的困难，他也要坚持跑到终点，只有这样，才是对人民、国家负责。

身处职场，我们也要有阿赫瓦里的精神。无论上级交给什么任务，我们都要全力以赴、坚持到底。对此，美国联邦快递创始人史密斯曾提出一点：一件事经过深思熟虑，结果却失败了，这并不可耻。这就是心理学上的史密斯论断。

工作中，我们每个人都要做到尽力而为，哪怕结果并不如我们所想象的。艾森豪威尔说："在这个世界，没有什么比'坚持'对成功的意义更大。"然而，生活中，我们不难发现，一些人在刚开始从事某项工作时，他会满怀激

情，希望可以一展拳脚，做出一番成绩来，但现实告诉他们，必须要从最基础的工作做起，于是，他们就按耐不住，开始变得心浮气躁了。世界上的事情就是这样，成功需要坚持。那些看起来平凡的、不起眼的工作，只要我们能坚韧不拔地去做，坚持不懈地去做，那么，这种持续的力量就能帮助我们获得事业的成功。

伟大的发明家爱迪生曾经长时间专注于一项发明。对此，一位记者不解地问："爱迪生先生，到目前为止，你已经失败了一万次了，您是怎么想的？"

爱迪生回答说："年轻人，我不得不更正一下你的观点，我并不是失败了一万次，而是发现了一万种行不通的方法。"

在发明电灯时，他也尝试了一万四千种方法，尽管这些方法一直行不通，但他没有放弃，而是一直做下去，直到发现了一种可行的方法为止。他证实了大射手与小射手之间的唯一差别：大射手只是一位继续射击的小射手。

也许现在的你可能正在从事一项简单、繁琐的工作，你感觉到前所未有的压力，感受到自己的前途渺茫，但请你记住，这才是人生的精彩之处。反而，如果一个人，他的一生太幸运，太安逸，就远离了压力的考验，反而变得毫无追求，苍白暗淡。当工作中出现压力时，你应该告诉自己："感谢生命之中的压力，这是生活对我的挑战和考验。""这是上天催促我努力学习、积极工作、奋发向上的动力。"换个角度去看问题，改变态度，困难和压力也会很快减轻。

心理启示

一个人要想获得人生的幸福，那么每一天都应该勤奋工作。付出不亚于任何人的努力是一个长期的过程，只要坚持就一定能够获得不可思议的成就。如果你满腔热血却被现实浇灭，但扪心自问，问题却在自身，与其打着灯笼满世界找满意的工作，不如踏实下来，勤奋工作。要知道，没有伟大的意志力，就不可能有雄才大略。可能目前这份工作让你感到很沮丧，你觉得前途渺茫，但你真的做到了勤恳工作吗？既然没有，那么，何不尝试一下呢？

缄默效应：主动承认错误避免错上加错

心理学故事：

一天，一位绅士先生来到街角的一家裁缝店，需要将一件衬衫的袖子改一下长短。先生把衣服放下后，就走了，说第二天来取衣服。

这是件很容易的事情，于是师傅就交代一个已经学了一年的小伙子来修改这件衬衫。小小伙子虽然是个新手，但做事很努力，他认真地按照先生的要求修改衬衫。但是，也许是出于手艺不到家的关系，也可能是意识疏忽，衣服修改完后，居然两只袖子的长短不一。他很紧张，生怕师傅会教训他，然后赶紧过来道歉。

师傅可惜地摇了摇头，原本他想训斥小伙子，但看到小伙子的态度，也就没有怪罪于他，只是说："唉呀，这位先生很喜欢这件衬衫的质地，所以才想到要改一下继续穿的，这下子不行了。算了，这样吧，我和那位先生商量一下，看如果我免费为他重新做一件行不行。"

小伙子很惭愧也很尴尬，他深深为自己的失手而愧疚，他忐忑地对师傅说："师傅，我对自己的失误给您导致的损失深表歉意。不知您能不能再给我一次机会？我最近刚刚开始学习绣工，也许我可以想想办法挽救一下这件衬衫，请你给我一点时间好吗？"

师傅很欣赏这个小伙子的真诚与主动，反正只是一件破衬衫而已，就让他做试验吧，于是答应小伙子，看看小伙子到底能做什么。小伙子接下来问："师傅，关于修改衣服方面，我还有几个不懂的问题，比如……"

看到小伙子这么好学，师傅就认真地指点起来。

两天过去了，绅士再次来到裁缝店，看见小伙子拿着一件完好的衬衫展现在他面前，袖子上绣着精美的刀剑图案，简直完好如新，而且还由刺绣带来了不一样的风格，绅士很赞赏小伙子的手艺，赏了他一笔钱，并对老师傅说："这个小伙子很有胆量，也很有骨气，以后就让他专门给我裁衣服吧。"

"知错能改，善莫大焉。"美国当代名师莎伦·德雷珀说："犯错误是最好的学习方式"。故事中的这个小伙子之所以能得到师傅和客户的认可，就在于他不仅能主动承认自己的过错，还主动向师傅请教，以纠正自己的过错。

可以说，这个小伙子的学习态度值得很多职场新人学习。然而，职场中，在我们周围，有那么一些人，他们在犯错误之后，为了避免领导责罚，他们选择沉默、不坦诚错误，而最终造成的结果是更大的工作失误。同时，他们也因为缺乏责任心而被处以更大的责罚 。

关于这点，心理学上有个著名的缄默效应。所谓缄默效应，指人类知识体系中那些无法说清楚和言传的知识。缄默知识，亦作意会知识，也有人称为默会知识，隐性知识，顾名思义，缄默知识是不能言传的。

职场中，一些职员在工作上犯了错误后，因为害怕被责罚而保持“缄默”，这样上司便得不到正确的信息，结果就会因错误得不到及时纠正而造成日后的重大损失。缄默效应告诉我们，如果我们在工作中出现了失误，一定要坦诚，主动承担责任，这是避免出现更大错误的唯一方法。

可能很多职场人士会担忧，坦诚错误必然会招致领导责罚，又该怎么办？事实上，任何一个领导，都希望自己的下属能把公司利益放在第一位，当工作中出现失误的时候，能主动承认，为自己的失职负责，即使我们真的为公司带来了某些利益的损失，只要我们认错态度良好，一般情况下，领导是不会为难我们的，相反，他们会主动协助我们尽量将失误带来的负面影响降到最低程度。

美国成功学家格兰特纳说过这样一段话：如果你有自己系鞋带的能力，你就有上天摘星的机会！态度决定一切，工作中的失误，只要我们坦诚面对、态度良好，那么，即便领导原本很生气，也会变得缓和很多，对我们的处罚方式也就理智得多。因为人是有强烈感情色彩的动物，生活中情大于理的情况比比皆是，在感情与道理之间，人往往侧重于感情，领导者当然也不例外。

心理启示

工作中，“最大的失败，就是明知自己错了却不肯承认错。”如果你认识不到这一点，那你只能在失败的泥潭里越陷越深。每个人都要为自己的行为负责，不管什么原因，我们在工作上出现了失误，都得负起主要责任。这就要求我们主动接受责罚。可见，面对错误的，为了避免出现更大的错误，最明智的做法是，主动承认错误，将负面影响降到最低。

老鹰效应：别放过表现自己的机会

心理学故事：

苏妲·莎在软件销售行业是个家喻户晓的名字，她是全球著名软件公司SAP的王牌销售员。她是全美国最有价值的员工之一。

自2000年以来，她每天都为公司带来4000万美元以上的收入。对于很多销售员来说，毫无疑问，这是个令人叹服的数字。

苏妲·莎身上总是洋溢着激情和对销售行业的热情，在她看来，那些看似不可能完成的任务，却正是能让自己脱颖而出的机会。正是这种精神，使她成为南美和非洲电脑生意当之无愧的女王。

我们都知道，AMD是著名的半导体制造商，这家公司负责技术采购的首席信息官叫弗雷德·马普，2000年，苏妲想要AMD购买他们的软件，她和弗雷德·马普联系了一个月，但是对方都没给她回过一次电话，最后，马普终于不耐烦了，通过下属明确告诉苏妲："死心吧，不要再打电话过来了。"

这样的拒绝只能让苏妲另想办法。随后，她通过各种关系网寻找突破口。最后，她发现一点，AMD在德国的分部曾经购买过她们的产品，这是仅存的机会。苏妲联系到在德国负责这笔生意的销售代表，恳请他帮忙。在苏妲的努力下，这位德国同事找到了AMD在德国的联系人，请他去美国出差时和苏妲见上一面。这次会见，苏妲使出了浑身解数，终于促成了她和马普手下一位IT经理的面谈，这位经理随后将苏妲介绍给了马普。

客户的门终于被打开了，这是迈向成功销售的第一步，接下来，她告诉自己一定要征服客户。苏妲在和马普见面后，认真地聆听了马普对新软件的要求，并向公司作了详细的汇报，和公司的研发部门进行了充分的沟通。她一边电话追踪马普的反应，一边推动公司产品的改进，最终，马普被她打动了。这笔交易，最后的成交额超过了2000万美元。

可以说，苏妲·莎超强的工作能力就是在类似于这种艰巨的销售任务中练就的，也正是这种能力的获得，让她成为20世纪80年代全美国最有价值的员工

之一，成为一个高标准做事的女工程师。这样的员工，是任何一个领导所器重和欣赏的对象。

当今职场，竞争之激烈早已毋庸置疑，是金子，我们也要学会自己发光。我们只有抓住表现自己的机会，才能得到重用。关于这点，心理学上有个著名的“老鹰效应”。

众所周知，老鹰是鸟类中最强壮的种族。动物学家研究后认为，老鹰之所以是鸟类中最强壮的种族，可能与它的喂食习惯有关。

一般来说，老鹰一次生下四五只小鹰，而老鹰每次所猎捕回来的食物一次只能喂食一只小鹰，老鹰喂食的方法与其他鸟类的喂食方法不同，即不是依据公平的原则，而是哪一只小鹰抢得凶就喂哪一只小鹰。于是瘦弱的小鹰吃不到食物最终都饿死了，抢得最凶的小鹰存活下来，代代相传，老鹰这个种族就越来越强壮。人们将这种“适者生存”的现象称为“老鹰效应”。

从老鹰效应中，我们也看得到，“物竞天择，适者生存”的道理。身处职场，如果你是个平淡的人，你可能认为只要埋头苦干，做好自己的份内工作，你就是“先进工作者”了。实际上，这种想法是错误的。你这样做，只会给人留下老实、踏实的印象，一旦时间久了，你就会被领导忽略，职场如升职、加薪等好事自然也与你无关。任何一个领导，都喜欢充满激情，富有创新，敢说敢想的员工，而这样的员工通常都会得到重用。

因此，作为职场人士，你要找准容易出成绩的机会。选择一个容易出成绩的机会可以让你在很短的时间里成为公司里一颗耀眼的明星。打个很简单的比方说，如果你从事销售行业，你可以选择公司尚未开发的某些区域，做出一番成绩；或者是其他人开拓失败，但你能利用手头资源开拓成功的某些区域。当然，这也存在一定的风险，但是风险越大，回报也越大。

总之，身处职场的我们，要时刻准备着，抓住机会大胆地表现自己，这时你将会发现，从此你的工作和生活开辟出了一个新的天地！

心理启示

社会要进步就免不了要有激烈的竞争，人也是如此。身处职场，你若想获得领导的重用，想获得进步，不但要接受挑战，更要懂得抓住每一个表现自己的机会。

避雷针效应：善疏则通，化解职场矛盾

心理学故事：

慈禧太后爱看京戏，看到高兴时常会赏赐艺人一些东西，这也是常理中的事情，但是，有一次，艺人杨小楼却因此差点丧命，多亏太监李莲英的圆场。

那天，慈禧看完杨小楼的戏后，将他招到面前，指着满桌子的糕点说："这些都赐给你了，带回去吧。"杨小楼赶紧叩头谢恩，可是他不想要糕点，于是壮着胆子说："叩谢老佛爷，这些尊贵之物，小民受用不起，请老佛爷……另外赏赐点……"

"那你想要什么？"慈禧当时心情好，并没有发怒。

杨小楼马上叩头说道："老佛爷洪福齐天，不知可否赐一个'福'字给小民？"

慈禧听了，一时高兴，马上让太监捧来笔墨纸砚，举笔一挥，就写了一个"福"字。

站在一旁的小王爷看到了慈禧写的字，悄悄说："福字是'示'字旁，不是'衣'字旁！"杨小楼一看，确是如此，这字写错了！如果拿回去，必定会遭人非议；可不拿也不好，慈禧一生气可能就要了自己的脑袋。要也不是，不要也不是，尴尬至极。慈禧此时也觉得挺不好意思，既不想让杨小楼拿走，又不好意思说不给。

这个时候，旁边的大太监李莲英灵机一动，笑呵呵地说："老佛爷的福

气，比世上任何人都要多出一‘点’啊！”杨小楼一听，脑筋立即转过来了，连忙叩头，说：“老佛爷福多，这万人之上的福，奴才怎敢领呀！”

慈禧太后正为下不来台尴尬呢，听两个人这么一说，马上顺水推舟，说道：“好吧，改天再赐你吧。”就这样，李莲英让二人都摆脱了尴尬。

李莲英之所以能一直受慈禧的恩宠，恐怕与其嘴上功夫了得是分不开的，在这种情况下，换作其他人，恐怕只能胆战心惊、语无伦次地等待慈禧大发雷霆了，可是，他却能巧妙圆场，为慈禧铺了台阶，维护了其面子，其恭维的功夫真的可谓是炉火纯青！

实际上，一个人在职场之所以能成功的奥妙不仅在于学识高低、能力大小，还在于是否能处理好与同事、领导、下属之间的关系。一个员工，在遇到职场矛盾的时候，如果能巧妙疏导，那么，相信他一定有个好的职场人际关系。关于这一点，心理学上有个著名的“避雷针效应”。

我们都知道，避雷针的工作原理：在高大的建筑物顶端，都会安装一个金属棒，这个金属线与埋在地下的一块金属板连接起来，利用金属棒的尖端放电，继而使云层所带的电和地上的电逐渐中和，从而保护建筑物等避免雷击。

“避雷针效应”的寓意是：善疏则通，能导必安。

身处职场，我们每天都必须和周围的同事以及领导接触，学会为人处世以及说话都很重要。当你在处理各种人际关系的时候，很可能会遇到各种矛盾，或与客户争吵，或被上司批评，或被同级嘲笑……面对这些情况，你是怎么处理的？是大发脾气还是沉默不语？聪明的职场人通常都会寻找到一个最好的疏通方式，几句简短的话，就能让周围的人“破涕为笑”，他们做事面面俱到，兼顾周边的人；他们善解人意，还没等他人开口，就已心领神会……那么，在遇到职场矛盾时，我们该如何处理呢？

首先，自我检讨。遇到事情首先检讨自己，是一个人人格高尚的标准，更是与同事处事的准则。不要妄图改变他人的想法，更不要采取不合作的态度共事，不要孤立自己不喜欢的同事，而应该首先调整自己的态度，在尊重的基础上宽容看待对方的行为，才能和所有人友好相处。

其次，出现分歧应就事论事，如果真的出现冲突，应理智进行解决，就事论事，不要掺入以往的恩怨或者个人情绪，否则会更加复杂。尤其是双方在公事上出现较大分歧，应理智地说出自己这样处理的理由，然后询问对方这样处理的理由，综合考虑后再做出决断，不应意气用事，不应该武断认为对方在针对你，也不应该用过于激烈的情绪用词，更不应该进行人格侮辱或人身攻击。如果分歧不能达成一致，不妨做出两种方案，请上司裁断。

总之，身处职场，与他人关系处理得好，个人心情愉快，工作也容易出成绩；处理得不好，不但影响工作，而且会严重损害自己的身心健康。另外，我们还需注意的一点是，这里所说的良好关系，并不是说与同事的关系越亲密越好。距离产生美，即使你与同事的关系再好，也不能与对方保持零距离。

心理启示

人与人之间最基本的相处原则本身就是尊重，俗话说，“你敬我一尺，我敬你一丈”，身处职场，与他人的关系不像亲友之间，如果一时产生裂缝还可以修补，它不是以亲情、友情为纽带而建立起来的，而是以工作为纽带，一旦失礼，创伤难以愈合。所以，我们应妥善处理职场矛盾。

螃蟹效应：发扬团队精神，与企业共进退

心理学故事：

在美国标准石油公司里，有个叫阿基勃特的职员，在任何场合下的签名，他都会顺便在自己签名的下方加上一句公司的宣传标语“每桶4美元的标准石油”。他因此被同事叫作“每桶4美元”，而他的真名倒没有人叫了。

标准石油公司的董事长是著名的洛克菲勒先生，他听说此事后，把阿基勃特叫到了办公室，然后问他：“别人用‘每桶4美元’的外号叫你，你为什么不生气呢？”

阿基勃特答道：“‘每桶4美元’不正是我们公司的宣传语吗？别人叫我

一次，就是替公司免费做了一次宣传，我为什么要生气呢？”

洛克菲勒感叹道：“时时处处都不忘为公司作宣传，我们需要的正是这样的职员。”五年后，洛克菲勒卸下董事长一职，阿基勃特成为标准石油公司的下一任董事长。

他得到升迁的重要原因就是之前坚持不懈地为公司作宣传，从来不忘记自己的责任。同样，如果他对所在的公司缺乏强烈的荣誉感，总是只想回报，不愿付出，他是做不到时刻为公司做宣传的。可以说，任何一家企业都希望拥有阿基勃特这样的员工，能与企业共患难、共进退，对于这样的员工，他们通常也会更加信任，优先为他们考虑发展问题。

然而，在我们工作的周围，却有这样一些人，他总是把自己的利益放在第一位，无时无刻不想着能从公司捞到点好处，而却不想着为公司做贡献。每当公司出现困境时，他更不会想着如何和其他同事共进退，而是想着明哲保身，脱离现有团队。这样的员工在自己的职业生涯中会走很多弯路，总找不到适合自己发展的空间。

一个人再完美，也只是一滴水；而当他融入一个优秀的团队，他将享有大海的荣耀。身处职场的我们，也要具备这种强烈的团队归属感。如果你对自己的工作有足够的荣誉感，对自己的工作引以为荣，那么必定会焕发出无比的工作热情。

在企业内部，有这样一些人，他们目光短浅，只关注个人利益，而忽视团队利益；只顾眼前利益，而忽视长久利益，相互内斗，进而整个团队会逐渐丧失前进的动力。这种现象在心理学上被称为“螃蟹效应”。钓过螃蟹的人或许都知道，竹篓中放了一只螃蟹，必须要记得盖上盖子，多钓几只后，就不必再盖上盖子了，因为这时螃蟹是爬不出来的。因为当有两只或两只以上的螃蟹时，每一只都争先恐后地朝出口处爬。但篓口很窄，当一只螃蟹爬到篓口时，其余的螃蟹就会用威猛的大钳子抓住它，最终把它拖到下层，由另一只强大的螃蟹踩着它向上爬。如此循环往复，无一只螃蟹能够成功。

不论是国有企业，还是民营企业，也不论是数十万人的大企业，还是区区几十人的小企业，只要是一个单位，那就是一个团队，就应为团队的荣誉而尽

力。而一个没有荣誉感的团队是没有希望的团队，一个没有荣誉感的员工也不会成为一名优秀的员工。而从单个人角度看，在市场经济的今天，人人都可以自由自在的选择自己的工作，可以东跳西跳，可是不管你如何跳，你不融于你所在的团队，可以讲，你一事无成。

要防止螃蟹效应的产生，身为企业的成员，就应该培养自己的团队荣誉感，多为企业和他人考虑，不要把眼光放在蝇头小利上，更不要过于计较，其实，得失心太重，反而会舍本逐末。

事实上，只要我们尽职尽责，努力工作，工作同样会赋予我们以荣誉。我们工作的目的绝不仅仅是为了每月有一份不错的薪水，或者是为了有一份可以谋生的职业，我们会追求一种认同感、归属感和成就感，而这一切都建立在荣誉感的基础之上。只有这种荣誉，才能让我们对待工作全力以赴，才能让我们自觉地远离任何借口，远离一切有损于公司和工作的行为。在争取荣誉、创造荣誉、捍卫荣誉、保持荣誉的过程中，我们个人也不知不觉地融入了集体之中，获得更好的发展。

心理启示

“三个臭皮匠，赛过诸葛亮”，这句话很明确地表明了团队合作的意义：团队行动可以达到个人无法独立完成的成就。也就是说，只要团队中的每个人都能充分发挥个人的才智，就能将团队的力量发挥到最大。这里的充分发挥，很明显，首先就要搞好和每个人的关系，这需要我们放下一些自私观念，只有以团体荣誉为重时，我们才可以释放出无限的工作热情，并且，当你对别人寄予希望时，别人也同样会对你寄予希望。

第十堂课

听心理学家讲爱情故事：用心经营，赢得爱情

从古至今，关于爱情就被那些文人墨客浅唱低吟的经久不衰。行走之间，见惯了那些痛彻心扉，刻入骨髓的情爱。不知是哪一位哲人发出了一声慨叹：恋爱中的人智商为零。当面对来临的爱情时，人们似乎总是显得手足无措，甚至为爱迷失了自己。无论如何，你都要明白，只有爱还不够，一定还要掌握必要的婚恋心理学知识，会经营自己的爱情和婚姻，才能让自己爱得明白、幸福！

爱情心理学：只有付出与经营才能收获温暖的爱意

心理学故事：

有一个名女人，她有一个幸福的婚姻。她在经营自己的家庭生活中，有自己独特的一套：

她宠爱自己的丈夫：她给丈夫打电话，总是那么甜蜜，叮嘱他：少抽烟，多喝水，早休息。无微不至，就像他的姐姐、母亲一般宠爱他。在外边再强大的男人，也有心理最脆弱的地方。他有苦，有难，都要自己扛。所以，他需要女性的呵护、关怀和安慰。她认为，丈夫是用来疼爱，宠爱的。

她有一颗浪漫的心：再坚定和厚实的爱都经不起岁月的打磨和消蚀，但她很会经营婚姻，高招就是不断地制造浪漫，并且乐此不疲。她说：“当轰轰烈烈的

恋爱退守为平平淡淡的日常生活，我却在不断地制造浪漫。”不断地制造浪漫，给丈夫欣喜，让生活时刻充满新鲜感，这就是打造幸福婚姻的最大智慧。

她总是抓住每一个“表现”的机会：

每当孩子、丈夫、父母过生日，两人的结婚纪念日以及每年五一、十一、春节，大大小小的节日，都成了她发挥的机会。

有一次，她在丈夫过生日的头一天夜里，一个人悄悄地爬起来在客厅里给几十个大气球充上了气，并在每一个气球上写了一句祝福的话语。第二天一早，当丈夫走进客厅时，被眼前的景象惊呆了：“你是魔术大师吗？”不擅浪漫的丈夫被幸福簇拥着，情不自禁地紧紧拥抱住了她……

生活中，她凡事亲力亲为：从结婚的第一天起，每天早晨，她起床后的第一件事就是温习爱的功课：把丈夫早晨洗漱用的水杯、牙刷、牙膏、梳子、面霜，一样样按顺序放好；晚上睡觉前也一样，她会把丈夫第二天出门要带的东西，钱包、车钥匙、手机等一一放在他的床头柜上，早晨他可以拿了就走。天天如此，不论多忙。如果有一天没准备，那就是为了让丈夫知道——今天老婆生气了。自然，丈夫就会老婆长、老婆短地告饶。打理一件事并不难，难的是天天如此。但是，她做到了，她为此感到自豪和欣慰。

这个名女人就是中央电视台主持人黄薇。

黄薇就是用她绵绵细细的爱滋润着丈夫，滋润着这个家。她说：“爱情是必须努力经营的。也许，爱情就是这样的，它比花前月下的绵绵情话更动人，所有的付出，都是为了给爱情加分。”

心理学家指出，任何一段感情，只有在付出后，才会真正让我们感觉幸福。的确，爱情应该是一种很美妙的东西，因此，才会有那么多的人不断的追求和向往。爱情也应该是人世间最美好的一种情感，所以才会让人品味到一种难以言明的幸福。爱情应该有超强的磁力，所以人们不惜耗尽一生的精力去追求这种至纯至美的爱情。

可能很多人认为，被爱才是幸福的，我们都希望找到一个疼爱自己、呵护自己的另一半。开心时陪我们笑，不开心时逗我们笑，但你忽视了一点，想要感情长久只靠单方面的付出和努力是远远不够的，感情是相互的，不是你付出

多少就会得到多少。爱一个人不是看他能给你多少，而是看他是不是有多少就给多少！因为爱情本来就是不相等、不公平、甜蜜、痛苦的。

那么，我们该怎样为爱付出呢？

1.多理解，多包容

那些聪明的人，无论是在爱情还是婚姻中，都能在平淡的生活中寻找到那份惬意、那份关爱，他们明白，理解与包容就是对爱情最大的付出，也因此少了许多“无理”要求，也更能赢得爱人的疼爱和尊重。

2.与爱人共同经营好家庭

千里姻缘一线牵，两人在世相遇乃是天作之合。妻子没有丈夫的支撑像鱼儿离了水；丈夫失去妻子的辅助像瓜儿断了秧，两者之间的关系是相辅相成、密不可分的。当然，做爱人的左膀右臂，不仅仅是在事业上，还有生活和教儿育女方面。孩子的成长需要父母的共同陪伴和疼爱。

所以，我们一定要夫妻二人联合一体同心同意，系牢同心结，两人都为家业尽心尽力，夫唱妇随，用毕生的精力去劳动，去实践，你会拥有幸福的婚姻！

3.在平淡的爱情与婚姻中加点“蜜”

对于很多职场人来说，最困难的是平衡家庭和工作之间的矛盾。很多时候我们就像一个不够娴熟的“挑夫”，一头挑着工作，一头挑着家庭，为掌握它们之间的平衡而心力交瘁……但再忙再急，也不要忽视了你的爱人，忽视了幸福的婚姻才是家庭和睦的基础，为此，你不妨偶尔请爱人看场电影、吃顿自助餐。写封情书，或者偶尔放下工作，带着爱人来一次“私奔”行动……这些，都会让你的爱人感激不已！

心理启示

爱情是需要争取的、付出的，爱上一个人，只要一分钟，忘记一个人却需要一辈子。我们的一生当中也许会遇到很多爱你的人和你爱的人，但无论怎样，遇到了你生命力里爱人，就要懂得珍惜，任何一段感情，都经不住你源源不断的索取，所以，我们也要学会为爱情付出！

幸福递减定律：制造新鲜感，为爱情保鲜

心理学故事：

从前，一个国王率领士兵战斗，失败后为了躲避追兵，在兵荒马乱中好不容易逃了出来，在荒郊野外藏了两天两夜，又冷又饿。就在他走投无路的时候，遇到了一个老樵夫。老樵夫看他可怜，就给了他一个用玉米面和干白菜做的菜团子。

此时的国王已经饿得受不了了，三口两口就将菜团子吃光了，他觉得这是他吃过的最好吃的食物，就连平日里皇宫的山珍海味也比不上。

国王吃完后，问樵夫："这个好吃的东西是什么。"

樵夫告诉他："这叫'饥饿'。"

后来，国王被迎回王宫，尽管他又和从前一样，有享用不尽的美味，但是他总忘不了那个菜团子的味道，于是，他吩咐御膳房做"饥饿"给他吃。可是厨师们费尽周折，却总也满足不了国王的要求。

为什么国王王宫的山珍海味也比不上农夫的一个菜团子呢？心理学上的幸福递减定律能为我们做出解释。人从获得一单位物品中所得的追加的满足，会随着所获得的物品增多而减少。同一个人在不同时间里会有不同的感受，同样的物品对处于不同需求状态的人，其幸福效应是不一样的，人们对同一事物幸福的感觉，会随着物质条件的改善而降低。这就是著名的幸福递减定律。

一个饥饿的人吃第一个馒头会感到很香甜，吃第二个时感到很满足，吃第三个时感到饱胀，若再吃第四个、第五个就是负担了，快乐全无。

走在沙漠里的人，如能喝到一杯水，就会感觉幸福的像上了天堂。而当他历尽千辛万苦走出沙漠，来到泉边时，喝第一杯水感觉很甜美，喝第二杯水感到很清凉，等到喝第三杯、第四杯水就会感觉很饱胀，如果连续不停地喝，最终会成为一种负担。

一个男青年虔诚地用草编成戒指，给心仪的女孩戴上，两个人感觉这一刻就是人间的天堂。多年后，当他们步入中年、有钱有地位之后，丈夫再给妻子

买多少钻戒，都不如当初那枚草戒指带给他们的幸福。

这都是幸福递减定律的作用。没有感到幸福，往往并不是因为没有得到幸福，而是你正处于幸福之中，所以千万不要让感官的味蕾失去对幸福的敏感。

幸福递减定律也能告诉我们一些关于爱情和婚姻的启示，与爱人相处，我们要懂得制造新鲜感，只有为爱情保鲜，才能防止幸福感的递减。爱情就像养花，要学会精心陪护，才能开放出灿烂的爱情之花。现代研究表明，爱情极易在男女婚后18~30个月后消失，俗称“爱情昙花症”。它严重影响夫妻之间的感情和和睦的家庭生活。婚姻中，当当初那份心灵的悸动被烦琐的生活逐渐磨灭时，你意识到了吗？那么，到底怎样为爱情保鲜呢？有以下几条技巧：

1.经常表达对爱人的关注

你可以尝试一下，周末的早上，当你醒来以后，不要起床，静静地看着你的爱人，欣赏你的爱人，专心地陪陪他（她）。相信你的爱人一定会被这份专注感动。这是因为，表达对爱人的关注所表达的含义是：“我尊重你，我在乎你，我欣赏你”的意念，这份用心会让对方觉得备受尊重，而能满足他心中渴望被尊重的情绪需求。

2.创造生活情趣

一年三百六十五天，每天过的都是同样的生活，不是柴米油盐，就是锅碗瓢盆，谁都会腻，谁都会烦。因此，不妨转变一下生活方式，偶尔给对方一个惊喜，在穿着、发型上变换一下，或者将卧室内的布置变换一下，都会使爱人感到新鲜。

3.展现浓情蜜意

展现浓情蜜意，此处指的是要在肢体上有接触。生活中，别忘了拉拉你爱人的手、亲亲他，拥抱他一下，可能你会认为，这也太肉麻了吧？我们早已过了热恋期了，而其实，这才是让爱情保鲜的重要方面。

同时，心理学研究也表明，在爱情和婚姻里，抱不抱有差别，摸不摸有关系。

这是因为，爱人之所以是你的爱人，与其他的人际关系是有区别的，这很大程度也体现在关系是否亲密上，当你接触他的肢体上，他在心理上也会产生

变化，他能感受到你对他的爱和重视。

可见，透过碰触、拥抱和亲吻等这些肢体上的亲密动作，我们可以强烈地传递我们对爱人的爱，这是很多甜言蜜语都无法达到的效果。

4.小别胜新婚

不要总是二十四小时和你的爱人黏在一起，小别胜新婚，你不妨趁出差的机会给爱人一个想念你的机会；不妨偶尔和爱人分床而睡，这都会增加你的神秘感。

心理启示

婚姻是什么？贫穷不可以忍受，富裕不可以共享，平淡无奇？结婚几年过后，你们之间是不是已经毫无激情，剩下的只是无休止的争吵？你可曾反省过，在几年乃至几十年的婚姻中，你用心呵护过、为其保鲜过吗？

麦穗效应：合适的就是最好的

心理学故事：

苏格拉底是古希腊最伟大的学者之一，他有很多的学生，他并不是以灌输的方式教育学生，而是喜欢通过简单、普通的行为来让学生认识到哲理。

一天，他的学生问他怎样才能找到理想的伴侣，他并没有直接回答，而是带领学生来到一片金黄的麦地旁，这是麦子成熟的季节，饱满的麦穗在风中摇曳。

苏格拉底对学生们说：“现在，你们的任务是找到这片麦地中最大的麦穗，但任务的规则是，只许进不许退，千万别回头，我在麦田的尽头等你们。谁能找到那颗最大的麦穗，那谁就可以顺利毕业了。”听到老师的话后，学生们都出发了，在他们看来，这并不是一件多么难以完成的任务。

绿油油的麦地里，到处都是大麦穗，到底哪颗才是最大的呢？学生们只好

一直往前走，他们看看这一颗，好像不够大，再往前面看看，当他们拿到下一颗时，又觉得不够大，最大的肯定在前面，抱着这样的想法，他们总是扔掉了手中的麦穗。在他们看来，这么一大片麦田，还早着呢！

学生们一边低着头往前走，一边用心地挑挑拣拣，很长时间以后，他们突然听到了苏格拉底苍老的声音："孩子们，已经到头了。"这时两手空空的学生们才如梦初醒。

看到学生们失望的表情，苏格拉底对他们说："在这块长满成熟麦穗的麦田里，肯定有一颗是最大的，我们不能怀疑这一点，你们可能会遇见，但也可能遇不到，即使碰到了，也许你们也并不知道它是否是最大的那颗。因为你们总认为最大的那颗在前方。因此，只有抓住手里的那一株，它就是最大的，否则，你会一无所有。这就是爱情。"

学生们听完老师的话，才明白了老师让自己摘麦穗的用意，他们悟出了这样一个道理：寻找伴侣的过程，就像在麦田中寻找最大麦穗的过程，我们都在努力寻找，有的人见到了那颗粒饱满的"麦穗"，就不失时机地摘下它；有的人则东张西望，一再错失良机。当然，追求应该是最大的，但把眼前的麦穗拿在手中，这才是实实在在的。

这就是著名的麦穗效应的由来。这里，我们看到了苏格拉底的婚恋观：选择爱人，没有最好，只有最适合的，在对的时间、对的地点出现的人，就是你一辈子的爱人。

那么，什么样的配偶才是合适的人呢？

我们可能都有这样的体会：你的一个朋友买了一件很漂亮的衣服，她穿起来很漂亮，于是，你也想买一件，但在你试穿后，却发现，这件衣服再好看，却不适合自己的气质，你只能放弃……这只是生活中一个简单的道理，但从这件小事中，我们不难得出一点：适合自己的才是最好的。其实，在择偶这一问题上，我们也应获得启示，绝不可因为周围的人已经进入婚姻，而草草结婚，只有寻找到与自己有共同语言、相谈甚欢的人，我们才有可能经营出幸福的婚姻和人生。我们不妨先来看看下面两个故事：

我们都是在集体中生活的人，也都有自己的圈子，于是，我们常常可能会不经意地用周围人的眼光来审视自己的生活，认为别人已经成家，自己就应该结婚；一些人会感叹：如果我的爱人也这么漂亮，带出去该多有面子；如果我的老公也这么有钱，我就不用这么辛苦了……

许多时候，人们往往忽视了什么是真正的幸福，只有别人觉得自己是幸福的，才是真的幸福，而实际上，幸福是属于自己的，他人只能旁观，却不能真正感悟，一味地模仿别人的生活，很可能让自己离幸福的脚步越来越远。

新时代的人们，我们都应该有一颗独立自主的心，都能更明智地选择自己的配偶乃至人生，更加理智的去看待身边的人或事情，从而让我们的生活更加和谐，更加美好!

心理启示

“如人饮水，冷暖自知”。我们不能把自己的意识形态强加于别人，当然也不会轻易接受别人的思维。人是群居动物，不是特立独行的，我们不要用那些苛刻的条件来挑选配偶，只要与我们有共同语言、能相谈甚欢的人，就是合适我们的人。总之，请不要用别人的眼光去审视自己的幸福，幸福是属于你自己的，任何人都有话语权，但却没有决策权。

罗密欧与朱丽叶效应：遇到阻力，不可轻易放弃

心理学故事：

有这样一对情侣，他们大学时代就相识。刚开始的时候，男孩的父母是表示强烈反对的。因为男孩是家里的独子，所以父母一心想让他大学毕业后回到家乡内蒙工作。而女孩也是家里的独生女，她的父母也想让她大学毕业后回到家乡广东工作。这样一想，男孩的父母头都大了，这到底去谁家好呢？显然都是不合适的。最合乎理想的是大学毕业后先回到老家找一份稳定的工作，然后在本地找一个知根知底的女朋友，按部就班、万无一失地结婚、生子、过日

子。但是，男孩显然不愿意听从父母的建议。

其实，男孩的父母心里很清楚，儿子从小就主意正，自己拿定主意的事情很难改变想法，而且，男孩的逆反心理很重，如果父母说得不对他的心意，他就会坚定地选择与父母对着干。因此，父母想来想去，虽然表示了强烈的反对，但是却一直没有采取具体的行动，因为他们生怕起到相反的效果，导致事与愿违：万一儿子一生气决定去女友家发展了呢？

男孩是个聪明的小伙子，他知道父母肯定也想到了这点，于是，他和女友商量好，哪里都不去，就待在他们读书的城市——北京，并且，他也让女孩这么跟家里"斗心"，当他们把想法都告诉双方父母时，没想到四位老人都同意了，并且，他们还建议两个孩子再读个研究生，以后在北京落户也方便些。男孩喜出望外，马上就采纳了父母的建议。

其实，男孩敢于和父母对着干，是因为他了解自己的父母，他们害怕自己的儿子因为逆反而一气之下去了广州。而当得知儿子做出留在北京的决定之后，男孩的父母一颗心终于落地了，毕竟北京比广东距离内蒙近多了，而且儿子也不用去适应广东那与内蒙截然不同的环境气候与饮食习惯了。老两口自我安慰道：如果儿子能在北京落户，不也是很好吗？想儿子了随时就可以去看看，比去广州方便多了。而男孩的心里也美滋滋的，得到了父母的谅解与支持，他与女友的爱情就显得更加美满了。

真可谓有情人终成眷属，这样的结局是我们渴望看到的。这里，让我们感到欣慰的是，面对父母的反对，这对情侣选择来曲线救国，攻心为上，而不是放弃这一段已经维系多年的感情。

我们不得不承认，生活中，因为种种现实的原因，不少人的爱情都遇到了来自各方面的阻力，而在阻力面前，这些人倒更加坚定自己的信念，这是为什么呢？

对于这一问题，"罗密欧与朱丽叶效应"能为我们做出解释。这一效应的由来是：莎士比亚有部经典名剧《罗密欧与朱丽叶》，其中，男女主人公罗密欧与朱丽叶两人相爱了，但无奈，双方家庭之间却积怨已深，可谓世仇，于是，对于他们之间的爱情，双方家长都很反对，但即使面对外界强大的压力，

他们并没有结束爱情，而是选择了殉情。

“罗密欧与朱丽叶效应”就来源于这个故事，这一效应指的是，它一般情况下，长辈和父母越是反对儿女的感情，这对爱人之间的感情就越发坚固，他们会努力站在同一阵营，当然，这一外在干扰力量并不一定非要是来自父母的反对，也有其他因素。

这两人之间就越是会站在同一阵营，彼此之间的感情也会更深。就是说，如果出现干扰恋爱双方爱情关系的外在力量，恋爱双方的情感反而会更强烈，恋爱关系也因此更加牢固。

的确，人生在世，最珍贵的是什么？长久以来，大多数人认为世间最珍贵的东西是“得不到”和“已失去”。人们常说得不到的东西才是最珍贵的。是啊，因为得不到，我们才憧憬，才梦想，才穷其一生去追求。哪怕像飞蛾扑火，哪怕像空中楼阁，哪怕像懒汉仰头等待天上掉馅饼，哪怕像沙漠行者奔跑着扑向海市蜃楼。因为得不到，我们会怅然若失，会绝望，会撕心裂肺的痛。这种感觉会深刻的印在我们的记忆中，挥之不去，会时时困绕着我们的思想，影响着我们的生活，搅的我们寝食难安。我们念念不忘得不到的东西，于是便认定它才是最珍贵的。我们任何一个人，都希望自己爱情顺利、婚姻幸福，然而，正人们总是会遇到一些不和谐的因素，此时，就需要男女双方共同努力、共同经营，而不是轻易放弃。

心理启示

无论是爱情还是婚姻生活，也都是需要我们经营的，相爱的双方能够走到一起，是需要我们付出努力的，如果你的爱情受到了某种阻力，那么，千万不要轻易放弃，寻找积极的方法解决，最终你会收获幸福的婚姻。

婚后沉默心理：别让夫妻成为最熟悉的陌生人

心理启示：

陈太太最近因为婚姻问题很伤脑筋，对此，她的亲人们把她和丈夫约到了一起，以找出问题的症结所在。

“他是个以事业为上的人，总是忽略我的感受，甚至主观认为没有必要去主动关心我，因为他已经提供给了我很好的物质生活。这种没有爱情的婚姻比发生了婚外恋的婚姻更让人无法忍受，所以我也被弄得没什么兴趣和他说话了。”

对此，陈先生的回答是：“她是个性格内向的人，她习惯把所有的话都埋藏在心里，不交流。也许她的内心有着太多的念头和想法，但她却没有任何要和我分享的打算，对朋友说的话总是比我说的多。我们的夫妻生活，也是平淡无味。我曾去咨询过心理医生，医生分析说，她这样的人其实相当脆弱，并且害怕伤害，常常自我封闭。这些年不知道是不是受她的影响，我也变得沉闷不说话。”

后来，陈太太表态，她心里也十分想与丈夫沟通，但一直都因为太矜持，觉得应该由丈夫主动解决。不过庆幸的是，在亲友们出面的情况下，她决定心平气和地与丈夫进行一次沟通。而目前，陈太太正积极地接受与美容相关的培训，为自己寻找一份事业。

从这个故事中，我们可以看出，只有主动的沟通，才能即时解决婚姻生活中出现的种种问题，才能避免矛盾的淤积。那些正在享受幸福婚姻或是遭遇婚姻障碍的人们，都有着相同的感受：牢固、美满的婚姻是建立在坦诚的沟通之上的。

我们都知道，热恋中的男女总是如胶似漆，有着说不尽的甜言蜜语。而一旦结了婚，除了生活中的必要语言，他们就不再有过多的交谈了。有的夫妻一改热恋时的亲密与热烈，婚后对情感的表达往往显得忸怩，甚至无话可说，这就是心理学上的婚后沉默心理。

我们发现，周围的一些人，他们在外面可以和领导、同事、客户、朋友、

同学分享各种生活感受、人生经历，偏偏回到家就没有话对另一半说，久而久之，两人的共同话题越来越少，就算能够分享，也仅限于家务事。从婚前的千言万语到婚后的三言两语，两人渐渐成为“最熟悉的陌生人”，看上去客客气气，其实没有心灵的沟通。

不得不承认的是，不少夫妻最终走向离婚的结局，一个重要的原因就是长期的“婚后沉默症”造成的婚姻质量下降以及矛盾的长期积累。

心理学家指出，爱情需要经营，结婚以后也一样，夫妻之间对生活的感受也要经常分享。夫妻双方来自不同的家庭，不同的成长经历、文化背景、社会关系，导致双方价值观、思维方式、生活需求及解决问题的方式等存在差异，这些差异在恋爱阶段不易发现，婚后一起生活的时间长了，则越来越多地暴露出来。而良好的沟通，会使双方彼此了解，相互适应，有助于建立牢固的婚姻。

一位美国资深婚姻专家说：“没有不良的婚姻，只有不良的沟通。”在现实生活中，婚姻的许多问题正是由于沟通不良引起的。对此，浙江大学一位社会学教授也表示赞同：很多婚姻的破裂，就像《中国式离婚》中两位主人公一样，是由于生活中的种种误会、矛盾没能及时沟通，日积月累，最终使婚姻走到破裂的边缘。关于婚姻中的沟通，有几点需要我们记住：

1.学会沟通和谈判

沟通使对方了解你有什么需要、愿望、变化和感受，这是夫妻相互保持关系畅通、活跃的重要方式。

2.当婚姻面临挑战时，共同面对生活

夫妻双方应该是互动、和谐、互助的。当爱人脆弱的时候，你应该帮助他坚强起来，渡过难关。

3.精心呵护情感才能百年好合

当发生争吵时，如果是你的问题，你就要主动真诚的道歉，有了良好的认错态度后，对方自然会虚心的自我批评，一个和好的表示，都可以软化双方气愤的情绪，甚至因为得到沟通，宣泄了负面情绪而加深彼此的理解和爱情。

4.不断更新才能天长地久

永远的幸福就是能够保持新鲜活泼的感情关系。如果有一部分失去了，你

要再造它，如果破坏了，你要修复它。必须经常给你的婚姻注入新鲜活力，婚姻才能长盛不衰。

总之，夫妻之间过多的争论只会伤害感情，可以向对方多提一些希望和建议，而不是无休止的埋怨，多一些赞扬，少一些批评。保持幸福婚姻的技巧不是与生俱来的，需要在生活中不断学习，在生活过程中去获得。学会给自己的爱情充充电，敞开心扉，打开话匣子，表达自己，让对方了解，你会发现，原来和爱人分享生活感受是那么美好。

心理启示

要维系一个好的婚姻并不是不可能的，但关键不在于你是否够幸运能遇到一个不会有问题的爱人，而是你是否能在相处中学习沟通与成长，化危机为转机。所谓的沟通，不是要你说服对方顺从你的想法，而是要了解对方的想法，并找出异同之处，求同存异。而成长，也不是要一味指出对方的缺点要求他改变，而是要接纳对方所指出的自己的缺点，从改变自己做起。

沉没成本效应：学会放手，还彼此一份自由

心理学故事：

曾经有一个男人，英俊潇洒，按部就班地生活，他原本的生活很平静，很幸福。在他的内心世界里，只有家的温馨。年少时的梦已经在他的心里消失了。他很现实，很现实的过着和所有的普通人一样的生活。

有一天，他遇到了她，在网络中遇到了她。一个很安静的她。那个她，曾经是他年少时候的梦。于是他们相爱了。爱待很悄然，爱待很真诚，爱待很糊涂，爱待很无奈。就这样悄悄地过了几年，他们因为爱着对方，经常感觉到莫名的痛苦。原来爱也是痛苦的。他们曾经想到过牵手，但是不能，因为他们都有家。他们想到过分手，但是不能，因为他们都曾经是彼此年少的那美丽的

梦。他们苦痛，他们悲哀。他们感觉到命运的捉弄。因为这样的爱，他们不可以完全拥有。有时候他们感觉到幸福，因为他们彼此都爱着对方。他们觉得拥有爱，拥有一份真诚的爱恋，很满足。他们有时候感觉到绝望，因为他们不可以在一起，虽然相爱，但却是咫尺天涯。爱，爱不得，恨，恨不得。他们压抑，他们绝望。原来爱是这样的一种无奈。终于有一天，他们都感觉到了这一点，他们承受不住了这一点。于是，他们在莫名的苦闷中，慢慢的让自己在对方的世界里消失，消失，消失在对方的视线里。也许他们都顿悟到了一点：原来有一种爱叫作放手。无奈中，悲凉中，痛苦中，寂寞中，绝望中，他们分手了。不是因为不爱，而是因为深爱着。

的确，能够放手的爱也是美丽的。不能拥有的爱，就放手吧，不能得到的爱，就放手吧。只要你曾经拥有，你曾经幸福过，你的人生就是幸福的。

然而，我们发现，生活中有这样一些人，在恋爱中，他们迷失了自己，他们总认为，付出了就该有回报。面对已经逝去的爱情，他们依然不依不饶，而最终，他们的执着给双方都带来了伤害。

那么，他们为什么会这么执着呢？心理学有个沉没成本效应可以作出解释。沉没成本效应的原始定义为“如果人们已为某种商品或劳务支付过成本，那么便会增加该商品或劳务的使用频率”，这一定义强调的是金钱及物质成本对后续决策行为的影响。也就是说，一旦付出之后，人们有个成本心理，因而会继续自己的投资行为，即使这一行为并非明智的。

同样，爱情中，不少人也这样认为：“我为他付出了那么多，不能就这么放弃了。”“都十几年的婚姻了，说什么也不离婚，能将就就将就吧。”正是因为有这样的心理，他们即便很清楚爱情已经不存在，依然找不到自我，甘心付出很多，结果却是一败涂地。其实，爱情的意义不是让一个人为另一个人牺牲，而是两个人共同付出，彼此幸福。他们最需要的是从童话中走出来。

同时，真正的爱一个人，也会尊重对方的选择，处处为对方考虑，即使不能在一起，依然心中有爱，不会将爱变成一种伤害，化爱为恨。那种所谓爱不成，则因爱之深，恨之切，走向报复毁灭他人或自己的说法与做法，是不懂爱，误解爱，曲解爱的无稽之谈，狭隘的占有心理。即不可取，不可爱，不理

智，也玷污了爱的神圣和原意。

我们要记住，爱情就要拿得起放得下。有时候，失恋也未必不是好事。也许，那段你以为刻骨铭心的恋情，其实并不是你想要，你理解，你所真正需要的爱情。有道是：强扭的瓜不甜。爱是两个人的事，不能一厢情愿。爱与被爱，彼此欣赏，相敬如宾，忠贞不渝，互悦、互助、互动，才是爱的真谛和最高要义与外在形式。张小娴曾说过这样一句话：“谢谢你离开我”，这句话是要告诉所有处在失恋痛苦中的人们，爱情让人成长，失去的是一段感情，但你获得的，是人生的一次体验和成长。感谢那个离开你的人，是他让我们变得更好。

心理启示

可能你一度以为只有对爱执着，那才是一种真爱。但当你经历了无数次的痛之后你会明白，那样的执着根本不是爱，那样的执着只会伤了别人也痛了自己。那样的执着其实是一种贪念，也是一种占有。当一份爱情要以付出自由为代价时，还能有人再去敢言爱吗？

互补定律：为彼此的差异而喜悦

心理学故事：

“妻子有着一般女人的爱好——逛街，而且经常是日出时出门，日落时还不进门。因为这一点，我和妻子在结婚之初时闹过很多次矛盾。

记得那一次，五一长假的第一天，她就拉着我去陪她逛街。我只好硬着头皮去了，谁知道，妻子这个好动的女人，对什么都感兴趣，一会看看这个，一会看看那个，对于自己想买的东西，不仅要货比三家，还要讨价还价，我实在受不了，就催她赶紧付钱，结果妻子不高兴了。回家后，我们吵了一架。

自从那次后，只要妻子再拉我去逛街，我都千方百计地找借口推辞，时间

长了，她也就不喊我了，而是找自己的姐妹。

其实，刚结婚时，也希望能把妻子好动的性格扭转过来，希望她也能和我一样在家看看报纸，看看新闻，多学点东西，但被妻“改造”自己的情况说明，把个人喜好和性格强加于人，无异于帮助别人制造痛苦，我的打算也就此“流产”。

如何协调夫妻关系呢？后来，我在翻阅历史书和看新闻时，都看到“求同存异”四个字，这四个字给了我启示，夫妻间也可以求同存异。跟妻商量，她赞同这观点。于是，我们进行进一步协商，我们认为，妻好动，就由她去参与适合她的活动，我喜静，则由我去从事自己喜欢的事儿，只要不超原则，即互不干涉；同时，我们觉得，还必须挖掘出一些共同点，否则，两个人的话题会越来越少。于是，我们买了副网球拍，傍晚时，我们就去小区的网球场锻炼。

时间证明，我们这套相处方法还是有效的。妻再去逛街，一般只会告知我一声，我也不用跟着去了。而我则待在家中做自己喜欢的事，如上网聊天看新闻，读书看报写文章，互不干扰，各得其乐。如今我们的婚姻已过了七年之痒，期间少有矛盾摩擦，恩爱和睦。我和妻子的性格如此不同却能和睦相处，我想应该就是求同存异的结果吧!”

从这位先生的经验中，我们可以看出，他之所以能和妻子和睦相处，恩爱如初，就是因为他逐渐认识到人是有差异的，只有接受彼此的差异，遵循求同存异的相处之道，才会拥有幸福和谐的婚姻。

事实，在爱情中，我们往往都有互补心理。其实，两个人相爱，大部分也是被那些彼此所没有的特质所吸引，只是在不断相处的过程中，我们逐渐忘了这一点，要知道，每个人的性格不同，把自己的喜好、习惯强加于对方，必当会引发很多矛盾。

关于这一点，爱情心理学中有个著名的互补定律。所谓互补定律，是指双方在性格、气质、需求、能力、特长等方面存在差异，当双方的需要和满足途径恰好成为互补关系时，可以在交往中相互吸引。例如，沉稳有序的人，也许就是喜欢开朗外向的人；热情直率的人，也许喜欢害羞内向的人；主观的人，也许喜欢柔顺温和的人；严肃的人，也许喜欢那些随和的人。

根据互补定律，我们也就可以解释为什么许多漂亮的女孩终会与一个才华横溢而相貌平平的男子结合的心理动因。对自己缺乏的东西，人们通常有一种饥渴心理，而对自己所拥有的东西反而不太重视。

每个人都有自己的性格，脾气和心理特征，又都有自己的爱好和特长，还有自己的经历和经验。那么怎样做才能使彼此和睦相处、同舟共济呢？用求同存异原则去协调就是一个不错的办法。

爱人之间要做到接受真实的彼此，就是要尊重对方与自己不同的方面，尊重对方的个性，这也是一个人保持独立人格的基本要求。虽然大家生活在同一片屋檐下，但仍然是有自己思想的个体，依然有各自的爱好和价值观。当然这求同存异也不是放任对方，只要对方的行为不破坏家庭的稳定，有利于保持对方的身心健康，我们就支持。存异的目的是为了求同，这求同对于家庭来说，当然是为了家庭的温馨、家庭的幸福。

总之，爱一个人的真谛，就是要学会爱真实的对方，并接受彼此之间的差异。的确，我们总是带着面具走进爱情，总想展示自己最优越的一面，刻意隐藏平凡普通的那部分。你要接受一个人，不只是接受他的优越，而是看清了他的平凡普通却仍然去深爱。事实经常是：我们走着走着，就感觉对方变了，其实我们并没有变，只是我们走进对方最真实的地方，然后迷失了自己。

心理启示

任何一个人，都希望自己的爱情、婚姻幸福。相爱的两个人，通常都有着不同的性格和生活习惯，我们也正是被这些所吸引，但难免会出现一些不和谐的因素，只要我们能做到心平气和，尊重、理解和包容对方，是可以做到求同存异的。

蔡格尼克记忆效应：越是得不到的爱情，越是珍贵

心理学故事：

20世纪20年代，苏联心理学家B.B.蔡格尼克在一项记忆实验中发现了一个有趣的心理现象。被试者被要求做22件简单的工作，比如，从55开始倒数到17、写下一首喜欢的诗歌、把一些颜色和形状不同的珠子按一定的模式用线穿起来等。完成每件工作所需要的时间大致相等，一般为几分钟。在这些工作中，只有11件工作允许被做完，还有一半没做完时就被阻止了。允许做完和不允许做完的工作出现的顺序是随机排列的。做完实验后,在出乎被试意料的情况下，立刻让他回忆做了22件什么工作。结果是未完成的工作平均可回忆68%，而已完成的工作只能回忆43%。在上述条件下，未完成的工作比已完成的工作保持得较好，这种现象就叫蔡格尼克记忆效应。

蔡格尼克记忆效应是指人们对于尚未处理完的事情，比已处理完成的事情印象更加深刻。这个现象是由蔡格尼克通过实验得出的结论。

蔡格尼克效应说明一点，对于那些未得到或者未被完成的事，人们的渴求度会更高，这就是生活中人们常说的，越是得不到的，越是珍贵。

生活中，相信人们都有这样的心理感触：我们最讨厌电视剧中的插播广告，因为我们渴望尽快了解剧情；对于我们没有购买到的衣服，我们会念念不忘，但一旦到手，就可能弃之如敝履；打电话之前，我们会清楚地记得所要拨打的电话，一旦打完，就将其抛之脑后了……为什么会这样呢？其实，这都是蔡格尼克效应在起作用。

其实，对于爱情，又何尝不是如此呢？有人常说，越是得不到的爱情，越是珍贵。单相思固然苦，但也幸福。因为得不到，人们朝思暮想、甘愿付出，即便最后依然得不到爱人，他们依然愿意飞蛾扑火。

然而，对于已经得到的，人们却未必懂得珍惜。人间最珍贵的应该是把握好现在你手中的幸福，好好珍惜眼前人。日休禅师曾经说过：人生只有三天——昨天、今天和明天。活在昨天的人迷惑，活在明天的人等待，只有活在

今天的人最塌实。

有这样一个事例，两对夫妻组合打羽毛球，理所当然地应该是两位先生各自搭配自己的太太。怪的是，夫妻同一组打球，经常会以吵架收场，丈夫指责太太，太太指责丈夫，两个人互相埋怨，气得无法再打下去。这时候，裁判员建议他们换搭档，即各自的太太换到对方那一边去，去充当“敌人”继续打球。效果如何？通过这么调换之后，两边都“杀”得兴高采烈，满场飞腾。

其实，人们总是习惯于对自己身边的爱人过分苛刻，把宽容和客套留给了外人。婚姻中也是如此。丈夫或妻子可以对外人客客气气的，可以宽容别人对自己的伤害与过错，却不肯容忍自己的爱人一点点的错误，哪怕是这点点的错误根本不值得一提。对哪个人好都不如对自己的爱人好。当你遇到挫折的时候，是你的爱人安慰你、容忍你，任凭你发泄。当你深夜不归的时候，是你的爱人在担心你、惦记你。当你生病起不来的时候，是你的爱人嘘寒问暖、床前床后的照顾你。只有你的爱人，无论你曾经用多么重的话伤过他（她），曾经让他（她）感到多么的心寒，他（她）却一如既往地关心你。所以，还是珍惜身边的人，好好经营婚姻，学会宽容。

可见，曾经让我们拼尽全力追逐的，是我们心中的完美恋人，让我们逐渐感到厌倦的，却是我们真正的爱人。人无完人，即使曾经在你眼里完美无瑕的恋人，其实也有很多你可能并未发现的缺点，对此，我们的态度应该是逐渐适应和包容，而不是挑剔、苛刻，更不可不知足。

心理启示

人们天生有一种办事有始有终的驱动力，人们之所以会忘记已完成的工作，是因为欲完成的动机已经得到满足；如果工作尚未完成，这同一动机便使他对此留下深刻印象。这就是为什么人们常常感觉越是得不到的爱情才越觉得珍贵，然而，真正珍贵的是当下，是现在，因此，把握住幸福就要活在当下，珍惜当下！

参考文献

[1]弗洛伊德.梦的解析[M].上海：上海三联书店，2008.

[2]张新国.每天学点心理学[M].北京：线装书局，2015.

[3]荣格.荣格作品集:心理类型[M].上海：上海三联书店,2009.

[4]路西.世界上最经典的心理学故事大全集[M].北京：中国华侨出版社，2011.

[5]文成蹊.听心理学家讲故事:为心灵打开尘封的锁[M].北京：中国纺织出版社，2008.